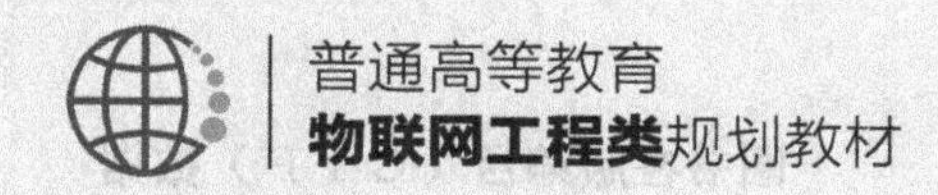

U0383177

物联网安全技术

王浩 郑武 谢昊飞 王平◎编著

人民邮电出版社
北京

图书在版编目（CIP）数据

物联网安全技术 / 王浩等编著. -- 北京 : 人民邮电出版社, 2016.9（2023.8重印）
普通高等教育物联网工程类规划教材
ISBN 978-7-115-43293-3

Ⅰ. ①物… Ⅱ. ①王… Ⅲ. ①互联网络－应用－安全技术－高等学校－教材②智能技术－应用－安全技术－高等学校－教材 Ⅳ. ①TP393.4②TP18

中国版本图书馆CIP数据核字(2016)第180342号

内 容 提 要

本书是作者从事网络安全相关研究工作实践的结晶，全书较全面、系统、深入地论述了物联网安全的基本理论和专业技术。本书注重利用列举应用实例的方法介绍抽象的安全技术原理，强调安全知识间的联系和安全技术在工业环境中的应用，全书共分 10 章，包括物联网安全概述、物联网安全的密码学基础、物联网的密钥管理、物联网认证机制、物联网安全路由、物联网安全时间同步、物联网访问控制、物联网安全数据融合、物联网的入侵检测、物联网安全系统实现。

本书可作为高等院校物联网工程、信息安全、测控技术与仪器、自动化、通信工程、计算机应用等专业的教材，也可供相关技术人员参考。

◆ 编　著　王　浩　郑　武　谢昊飞　王　平
责任编辑　税梦玲
责任印制　沈　蓉　彭志环

◆ 人民邮电出版社出版发行　　北京市丰台区成寿寺路 11 号
邮编　100164　　电子邮件　315@ptpress.com.cn
网址　http://www.ptpress.com.cn
北京天宇星印刷厂印刷

◆ 开本：787×1092　1/16
印张：12.5　　2016 年 9 月第 1 版
字数：309 千字　　2023 年 8 月北京第 9 次印刷

定价：36.00 元

读者服务热线：(010) 81055256　印装质量热线：(010) 81055316
反盗版热线：(010) 81055315
广告经营许可证：京东市监广登字20170147号

前言

信息技术的高速发展与广泛应用，引发了一场全球性的产业革命，推动着各国经济的发展与人类社会的进步。信息化是当今世界经济和社会发展的大趋势，信息化水平已成为衡量一个国家综合国力与现代化水平的重要标志。随着“工业化与信息化融合”“智慧地球”“传感器中国”等理念的提出，物联网作为战略性新兴信息产业的重要领域，掀起了第三次信息技术浪潮。

物联网是一个多学科交叉的综合应用领域，物体通过 RFID、传感器等信息感知设备与网络连接起来，进行信息交换和通信，实现智能化识别、定位、跟踪、监控和管理。尽管不同的人们基于各自不同的背景对物联网有不同的理解和体会，但是有一点是共同期待和坚持的，即“有了安全才有应用，有了应用才能够发展”。在不断发展的物联网技术快速地改变人类生活、生产方式的同时，越来越多的物联网安全问题暴露出来，解决物联网的安全问题势在必行。

编写本书的主要目的是为了满足当前高等院校的物联网相关专业的教学要求，本书在内容上详细阐述了物联网中的各项安全机制，通过合理的案例材料和表现形式，一方面为教师教学提供丰富的教学材料；另一方面也为学生提供直观的、易理解的教材内容。

由于物联网安全本身涉及的内容极其广泛，本书精心挑选了其中的关键问题、特色问题、重点问题进行讨论，给出相关的安全技术、方法和应用实例，并介绍了基于多种安全技术开发的物联网安全平台。

作者在写作的过程中特别遵循了以下新的思路。

（1）内容编排先总体再局部、兼顾广度和深度。首先给出物联网的体系结构和安全框架，物联网安全问题的共性和一般的解决思路；然后根据物联网中的关键安全技术，分章节依次探讨特定的安全机制；最后介绍物联网安全开发平台的实现方法，使读者充分地将安全理论和实际应用相结合，完成物联网安全技术的学习。

（2）选材新颖、理论联系实际。选材尽量突出基本的研究问题以及新的进展，理论的论述突出共性和一般原理（如密钥管理、认证机制、安全路由机制、安全时间同步、安全访问控制机制、安全数据融合和入侵检测机制），实践部分强调工程性。

（3）注重创新能力的培养，包括对一般原理的总结和归纳、协议设计方法的比较和分析，注重对问题本质的提炼。

（4）注重对国内自主知识产权和自主创新的介绍，包括传感器网络安全体系架构（参考国家标准《传感器网络 信息安全 通用技术规范》)、安全访问控制机制(部分安全访问控制机制参考国家标准《传感器网络 信息安全 通用技术规范》)、安全数据融合机制等。由于信息安全的行业特殊性和我国综合国力的提升,介绍这部分相关成果有利于激发读者和相关技术人员对我国自主创新成果的关注,提升我国自主知识产权成果的影响,促进我国自主知识产权成果的推广和应用。

(5)注重对实践能力的培养和对行业动态的关注。书中给出了多个密码算法(例如AES、RSA),以及多个基于密码算法的安全机制(基于ECC公钥算法的强用户认证协议、基于Hash算法的双向认证协议等),读者可深入学习后用于实践。

各章主要内容介绍如下。

章 序	章 名	主 要 内 容
1	物联网安全概述	详细介绍物联网的发展过程,以及物联网面临的安全问题
2	物联网安全的密码学基础	通过介绍相关密钥学知识,为后期学习安全技术方案奠定理论基础
3	物联网的密钥管理	密钥管理作为网络安全的重中之重,重点分析几种典型的密钥管理方案,并给出方案的优缺点,使读者深刻理解方案可行性
4	物联网认证机制	认证是物联网安全技术的第一道防线,也是物联网安全最为重要、最为基本的关键安全技术
5	物联网安全路由	通过分析物联网路由协议,指出其面临的安全威胁,介绍几种典型的安全路由协议,帮助读者深刻理解安全路由协议的基本过程
6	物联网安全时间同步	时间同步是节点与节点之间通信的关键技术,保证时间同步的安全是保障物联网设备正常通信的基础
7	物联网访问控制	目前安全访问控制技术在物联网中没有得到应有的重视,本章重点介绍国家标准《传感器网络 信息安全 通用技术规范》中提出的访问控制技术,以及通过介绍物联网访问控制方案设计例子,使读者能够充分了解安全访问控制技术的研究现状
8	物联网安全数据融合	重点分析物联网数据融合的安全问题,并针对这些问题介绍几种安全数据融合方案
9	物联网的入侵检测	重点介绍典型的入侵检测模型和算法
10	物联网安全系统实现	通过介绍电力传感器网络安全试验平台设计流程,以及该平台中所用的各种安全机制,使读者能够将理论与实践相结合,全方面地学习物联网安全技术

本书由重庆邮电大学王浩教授组织编写,第1、3、4、9、10章由王浩和陈伟编写,第2、5章由郑武和陈豪编写,第6、7、8章由谢昊飞和李勇编写,王平教授负责本书的审阅。特别感谢网络化控制重点实验室安全项目组的研究生张晓、方闻娟、王朝美等同学,以及参考文献中所列各位作者,他们在各自领域的独到见解和特别的贡献为作者提供了宝贵的参考资料,使作者得以汲取各家之长,形成本书。

作者

2016年5月

目录

第 1 章 物联网安全概述

随着物联网概念的提出，各国政府、企业和科研机构纷纷加入物联网的研究和建设工作。物联网是新一代信息技术的高度集成和综合运用，其建设与发展必然受到物联网安全和隐私问题的制约。本章节主要讲述当前物联网的起源、安全模型，以及面临的安全威胁和攻击等。

1.1 物联网概述

1.1.1 物联网的起源与定义

1999 年美国麻省理工学院自动识别中心（Auto-ID），提出“万物皆可通过网络互联”，阐明了物联网（Internet of Things，IoT）的基本含义。同年，在美国召开的移动计算机和网络国际会议提出：“传感网是下一个世纪人类面临的又一个发展机遇”。2005 年 11 月 17 日，在突尼斯举行的信息社会世界峰会（World Summit on the Information Society，WSIS）上，国际电信联盟（International Telecommunication Union，ITU）发布《ITU 互联网报告 2005：物联网》，引用了“物联网”的概念。如今，物联网的定义和范围已经发生了变化，覆盖范围有了较大的拓展，不仅是指基于 RFID 技术的物联网，还包括应用二维码、传感器等技术的物联网。

目前，对于物联网的定义争议很大，还没有一个被各界广泛接受的定义，各个国家和地区对于物联网都有自己的定义。以下是一些国家或者地区的定义。

（1）美国的定义：通过射频识别（RFID）、红外感应器、全球定位系统、激光扫描器、气体感应器等信息设备，按约定的协议，把任何物品与互联网连接起来，进行信息交换和通信，以实现智能化识别、定位、跟踪、监控和管理的一种网络。

（2）欧盟的定义：将现有互联的计算机网络扩展到互联的物品网络。

（3）国际电信联盟的定义：任何时间（anytime）、任何地点（anywhere），我们都能与任何东西（anything）相连。

（4）2010 年温家宝总理在十一届全国人民代表大会第三次会议上对物联网的定义：物联网是指通过信息传感设备，按照约定的协议，把任何物品与互联网连接起来，进行信息交换和通信，以实现智能化识别、跟踪、定位、监控和管理。它是在互联网的基础上延伸和扩展的网络。

结合各国家和各地区对物联网的定义，现对物联网概念做出如下总结。

物联网就是“物品的互联网”，它以“智能化”为核心，让没有生命、为人服务的物品能够“开口说话”，通过网络实现互联互通，允许人和物在任何时间（anytime）、任何地点（anywhere），使用任何网络（any network）、任何服务（any service）与任何的事物（anything）、任何人（anyone）无缝地联系（见图 1.1），从而加强人与物、物与物等信息交流，实现更高的工作效率，节省操作成本，体现“服务的智能化”和“科技惠及民生”的本质[1]。

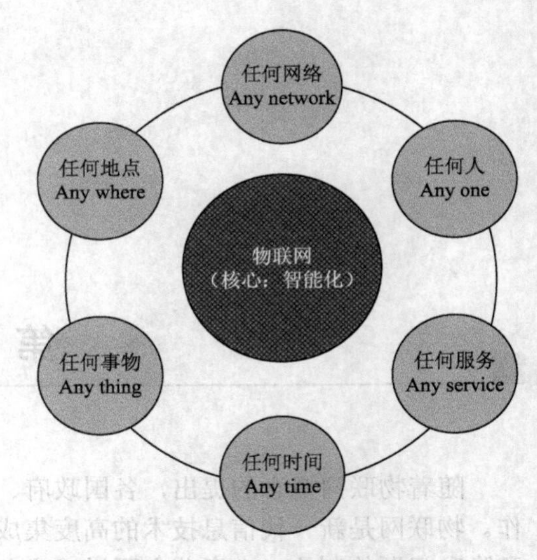

图 1.1 物联网的基本内涵

物联网的定义可以从技术和应用两个角度进行理解。

（1）技术角度：物联网是把物体的信息利用感应装置，经过传输网络，传送到指定的信息处理中心，最终实现物与物、人与物之间的自动化信息交互、处理的智能网络。

（2）应用角度：物联网是把世界上所有的物体都连接到一个网络中，形成“物联网”，然后又与现有的互联网结合，实现人类社会与物体系统的整合，从而以更加精细和动态的方式去管理生产和生活。

1.1.2 物联网的体系架构

物联网的价值在于让物体也拥有了“智慧”，从而实现人与物、物与物之间的沟通。物联网的特征在于感知、互联和智能的叠加。因此，物联网可由 3 个部分组成：感知层，即以二维码、RFID、传感器为主，实现对“物”的识别；网络层，即通过现有的互联网、广电网络、通信网络等实现数据的传输；应用层，即利用云计算、数据挖掘、中间件等技术实现对物品的自动控制与智能管理等。图 1.2 所示为物联网体系架构图。

在物联网体系架构中，三层的关系可以这样理解：感知层相当于人体的皮肤和五官；网络层相当于人体的神经中枢和大脑；应用层相当于人的社会分工。其具体描述如下。

（1）感知层

感知层是物联网的皮肤和五官，包括二维码标签、识读器、RFID 标签、读写器、摄像头和 GPS 等，其主要作用是识别物体，采集信息，与人体结构中皮肤和五官的作用相似。

（2）网络层

网络层是物联网的神经中枢和大脑，主要作用是信息的传递和处理，包括通信与互联网的融合网络、网络管理中心和信息处理中心等。

（3）应用层

应用层是物联网与行业专业技术的深度融合，与行业需求相结合，实现行业智能化，这类似于人的社会分工。

在各层之间，信息不仅有单向传递的，也有交互、控制等，所传递的信息多种多样，物品的信息是其中的关键，包括在特定应用系统范围内能唯一标识物品的识别码和物品的静态与动态信息。

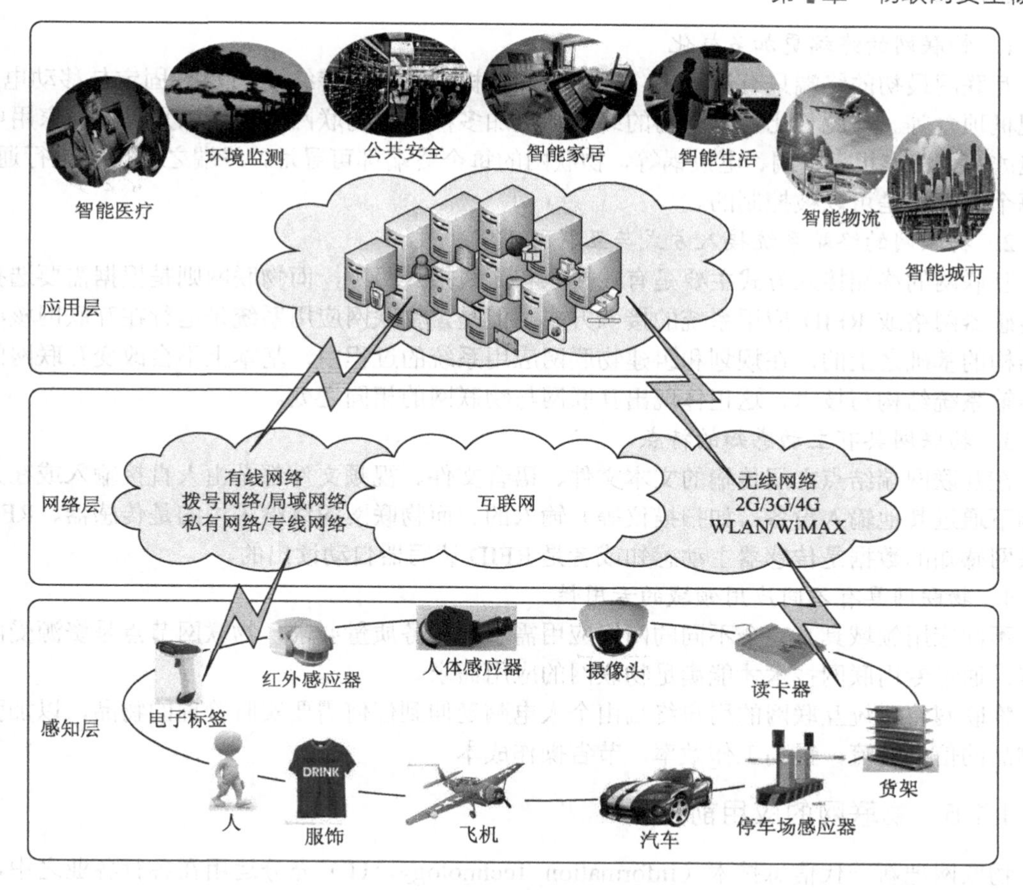

图 1.2 物联网体系架构图

1.1.3 物联网的主要特点

从物联网产生的背景及物联网的定义中，可以大致总结出物联网的 3 个特征。

（1）全面感知：利用 RFID、二维码、传感器等感知、捕获、测量技术随时随地对物体进行信息采集和获取。

（2）可靠传输：通过将物体接入信息网络，依托各种信息网络，随时随地进行可靠的信息交互和共享。

（3）智能处理：利用云计算、数据挖掘、人工智能及模糊识别等技术，对海量的数据和信息进行分析和处理，对物体实施智能化监测和控制。

1.1.4 物联网与互联网的关系

物联网和互联网的共同点是：技术基础是相同的，即它们都是建立在分组数据技术的基础之上的，它们都采用数据分组网作为它们的承载网；承载网和业务网是相分离的，业务网可以独立于承载网进行设计和独立发展，互联网是如此，物联网同样。

物联网与互联网的区别：可以从终端、接入方式、数据采集与传输、应用领域 4 方面将互联网与物联网进行比较。

1. 物联网的终端更加多样化

互联网最初的终端只有计算机，现在除计算机外还有手持终端 PDA、固定与移动电话、电视机顶盒等。与此相比，物联网的终端则更加多样化，物联网终端可以是我们的家用电器如电冰箱、洗衣机、空调、电饭锅等，物联网的每个终端都可寻址，终端之间可以进行通信，且每个终端都是可以被控制的。

2. 物联网的终端系统接入方式与互联网不同

互联网的终端接入方式主要是有线接入和无线接入两种，而物联网则是根据需要选择无线传感器网络或 RFID 应用系统的接入方式。但是，物联网应用系统是运行在互联网核心交换结构的基础之上的，在规划和组建物联网应用系统的过程中，基本上不会改变互联网的网络传输系统结构与技术，这正体现出互联网与物联网的相同之处。

3. 物联网具有主动感知的特点

在互联网端结点之间传输的文本文件、语音文件、视频文件都是由人直接输入或在人的控制下通过其他输入设备（如扫描仪等）输入的。而物联网的终端采用的是传感器、RFID，物联网感知的数据是传感器主动感知或者是 RFID 读写器自动读出的。

4. 物联网具有不同应用领域的专用性

不同应用领域具有完全不同的网络应用需求和服务质量要求，物联网节点是资源受限的节点，通过专用联网技术才能满足物联网的应用需求。

物联网将传统互联网的用户终端由个人电脑延伸到任何需要实时管理的物品，以加强人与物品的信息交流，提高工作效率，节省操作成本。

1.1.5 物联网的应用前景

物联网把新一代信息技术（Information Technology，IT）充分运用在各行各业之中，通过射频识别（RFID）、红外感应器、全球定位系统、激光扫描器等信息传感设备，按约定的协议，把任何物品与互联网连接，进行信息交换和通信，以实现对物品的智能化识别、定位、跟踪、监控和管理。其用途广泛，遍及智能交通、智能物流、智能电网、智能环境监测与保护、公共安全、智能家居、智能消防、工业监测、智能护理与保健等多个领域。

1. 物联网对经济的影响

物联网技术与社会连接在一起的结构将产生一种新的技术经济结构，对社会、经济活动产业产生巨大的影响。因此、将形成新的经济形态，表现出巨大的市场前景。

物联网是生产社会化、智能发展的必然产物，是现代信息网络技术与传统商品市场有机结合的一种创造。这种创造不仅可以极大地促进社会生产力发展，而且能够改变社会生活方式。我们可以充分利用物联网这一手段进行产业创新和提高商品竞争力，大大提高效率。同时，可以远程控制商品，随时随地查看和控制商品，可使得物流变得简单无比，等等。简而言之，未来的经济会因为物联网的出现而大大改变。

2. 物联网对信息产业发展的影响

如果把计算机的出现使信息处理获得了质的飞跃，视作信息技术第一次产业化浪潮；把互联网和移动网的发展使信息传输获得了巨大提升，视作第二次产业化浪潮。那么，以物联网为代表的信息获取技术的突破，将掀起第三次产业化浪潮。

物联网实现了由人操控的物与物的联系，相当于把现实世界和虚拟世界用信息联系了起来。这种新的概念的提出，必定会让人有新的想法和新的对事物的看法，这也会促使信息产业的创新，加快社会信息化的进程。

3. 物联网对安防的影响

北京奥运会期间，物联网在视频联网监控、智能交通指挥、食品安全追溯、环境动态监测等方面获得了非常大的用武之地。上海世博会期间，约 34 万人在世博园就餐，保证食品安全成为了首要目标。利用物联网，在现场就可快速追溯食品和原料的来源，确保供应渠道的安全可靠。世博会的火警警报装置也利用了物联网，消除了世博会期间的火险。汶川地震事件信息通过传感网被传递到后方的决策部门，有效规避了人员实地观测可能遭遇的伤亡风险。这一切都说明了物联网的有效应用可以保证人的安全，使危险在未发生的时候就被消除。

4. 物联网对军事的影响

实际上，任何新的技术，都会优先应用于军事领域，物联网技术也不例外。美国陆军已经开始建设“战场环境侦察与监视系统”，通过“数字化路标”作为传输工具，为各作战平台与单位提供“各取所需”的情报服务，使情报侦察与获取能力产生质的飞跃。

未来的信息化战争要求整个作战系统“看得明、反应快、打得准”。毫无疑问，谁能在信息的获取、传输、处理上占据优势，谁就能掌握战争的主动权。物联网技术的发展为实现智能化、网络化的未来信息化战争提供了技术支撑。

可以设想，从卫星、导弹、飞机、舰船、坦克、火炮等单个装备到海、陆、空各个战场空间；从单个士兵到大规模作战集团，通过物联网可以把各个作战要素和作战单元甚至整个国家军事力量都铰链起来，实现战场感知精确化、武器装备智能化、后勤保障灵敏化，这必将会引发一场划时代的军事技术革命和作战方式的变革。

5. 物联网对个人生活的影响

物联网对个人生活的影响现阶段主要体现在智能卡和手机的扩充功能上。智能卡的功能又主要表现在电子交付和身份识别两个方面。商场超市购物、医院看病、乘坐各种交通工具、旅馆住宿、饭店吃饭、各种费用缴纳等消费行为都能通过刷卡解决。此外，门禁卡、图书借阅卡等还具有身份识别的功能。手机不仅是通信工具，而且正在发展成为人们不能离开的工作、学习、娱乐、通信的信息中心。人们的一切工作、学习、娱乐等将有可能全部在手机上完成。如果需要大屏幕显示，办公室、家里及公共场合都有无线键盘和显示器、打印机等外部设备；如果去野外，有无线可折叠键盘、显示器等便携式外部设备，手机的定位技术将随时随地传递手机持有者的精确位置。除此，家中的冰箱不再只是保存食物，还可以是个好“管家”，食物不足了，它会提醒；食物过期了，它会提醒；甚至它还可以在网上帮主人收集菜谱。像这样的智能冰箱、智能洗衣机、智能电视机都将是物联网生活的一部分。

1.2 物联网安全模型与安全特性

1.2.1 物联网安全模型

物联网相比于传统网络，其感知节点大多部署在无人监控的环境，具有能力脆弱、资源受限等特点，并且由于物联网是在现有传输网络基础上扩展了感知网络和智能处理平台，传统网络安全措施不足以提供可靠的安全保障，从而使得物联网的安全问题具有特殊性。图 1.3 所示为物联网安全模型。

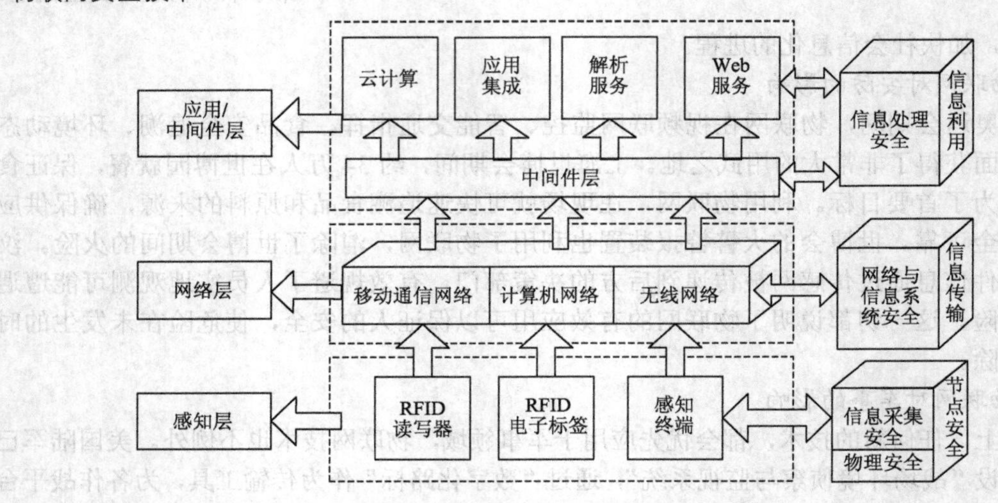

图 1.3 物联网安全模型

物联网主要由传感器、传输系统（泛在网），以及处理系统 3 个要素构成。因此，物联网的安全形态也体现在这 3 个要素上。

（1）物理安全：即传感器的安全（包括对传感器的干扰、屏蔽、信号截获等），是物联网安全特殊性的体现。

（2）运行安全：存在于各个要素中，涉及到传感器、传输系统及处理系统的正常运行，与传统信息系统安全基本相同。

（3）数据安全：存在于各个要素中，要求在传感器、传输系统、处理系统中的信息不会被窃取、被篡改、被伪造、被抵赖等。

传感器与传感网所面临的安全问题比传统的信息安全更为复杂，因为传感器与传感网可能会因为能量受限的问题而不能运行过于复杂的安全保护体系。因此，物联网除面临一般信息网络所具有的安全问题外，还面临物联网特有的威胁和攻击。

1.2.2 物联网安全特性

物联网安全特性包括物联网安全问题和物联网安全需求两个方面。从物联网的信息处理过程来看，感知信息经过采集、汇聚、融合、传输、决策与控制等过程，整个信息处理的过程体现了物联网安全的特征与要求，也揭示了所面临的安全问题。

1. 感知网络的信息采集、传输与信息安全问题

感知节点呈现多源异构性，感知节点通常情况下功能简单（如自动温度计）、携带能量少（使用电池），使得它们无法拥有复杂的安全保护能力，而感知网络多种多样，从温度测量到水文监控，从道路导航到自动控制，它们的数据传输和消息也没有特定的标准，所以无法提供统一的安全保护体系。

2. 核心网络的传输与信息安全问题

核心网络具有相对完整的安全保护能力，但是由于物联网中节点数量庞大，且以集群方式存在，因此会导致在数据传播时，由于大量机器的数据发送使网络拥塞，产生拒绝服务攻击。此外，现有通信网络的安全架构都是从与人通信的角度设计的，对以物为主体的物联网，要建立适合于感知信息传输与应用的安全架构。

3. 物联网业务的安全问题

支撑物联网业务的平台有着不同的安全策略，如云计算、分布式系统、海量信息处理等，这些支撑平台要为上层服务管理和大规模行业应用建立起一个高效、可靠和可信的系统，而大规模、多平台、多业务类型使物联网业务层次的安全面临新的挑战，是针对不同的行业应用建立相应的安全策略，还是建立一个相对独立的安全架构。

另外可以从信息的机密性、完整性和可用性来分析物联网的安全需求。

1. 机密性

信息隐私是物联网信息机密性的直接体现，如感知终端的位置信息是物联网的重要信息资源之一，也是需要保护的敏感信息。另外在数据处理过程中同样存在隐私保护问题，如基于数据挖掘的行为分析等等，要建立访问控制机制，控制物联网中信息采集、传递和查询等操作，不会由于个人隐私或机构秘密的泄露而造成对个人或机构的伤害。信息的加密是实现机密性的重要手段，由于物联网的多源异构性，使密钥管理显得更为困难，特别是对感知网络的密钥管理是制约物联网信息机密性的瓶颈。

2. 完整性和可用性

物联网的信息完整性和可用性贯穿物联网数据流的全过程，网络入侵、拒绝攻击服务、Sybil 攻击、路由攻击等都使信息的完整性和可用性受到破坏。同时物联网的感知互动过程也要求网络具有高度的稳定性和可靠性，物联网与许多应用领域的物理设备相关联，要保证网络的稳定可靠，如在仓储物流应用领域，物联网必须是稳定的，要保证网络的连通性，不能出现互联网中数据包时常丢失等问题，不然无法准确检测进库和出库的物品。

因此，物联网的安全特征体现了感知信息的多样性、网络环境的多样性和应用需求的多样性。同时网络的规模和数据的处理量大，决策控制复杂，给安全研究提出了新的挑战。

1.3　物联网面临的典型威胁和攻击

1.3.1　物联网面临的威胁

物联网除了面对传统网络安全问题之外，还存在着大量自身特殊的安全问题，而这些问题大多来自感知层。具体来说，物联网感知层面临的主要威胁有以下 5 个方面。

（1）物理俘获：由于物联网应用可以取代人来完成一些复杂、危险和机械的工作，物联网感知节点或设备多数部署在无人监控的场景中，并且有可能是动态的。这种情况下攻击者就可以轻易地接触到这些设备，使用一些外部手段非法俘获感知点，从而对他们造成破坏，甚至可以通过本地操作更换机器的软件和硬件。

（2）传输威胁：首先物联网感知节点和设备大量部署在开放环境中，其节点和设备能量、处理能力和通信范围有限，无法进行高强度的加密运算，导致缺乏复杂的安全保护能力；其次物联网感知网络多种多样，如温度测量、水文监控、道路导航、自动控制等，它们的数据传输和消息没有特定的标准，因此无法提供统一的安全保护体系，严重影响了感知信息的采集、传输和信息安全，这些会导致物联网面临中断、窃听、拦截、篡改、伪造等威胁，例如可以通过感知节点窃听和流量分析获取感知节点上的信息。

（3）自私性威胁：物联网感知节点表现出自私行为，为节省自身能量拒绝提供转发数据包的服务，造成网络性能大幅下降。

（4）拒绝服务威胁：由于硬件失败、软件瑕疵、资源耗尽、环境条件恶劣等原因造成网络的可用性被破坏，网络或系统执行某一期望功能的能力被降低。

（5）感知数据威胁：由于物联网感知网络与感知节点的复杂性和多样性，感知数据具有海量、复杂的特点，因而感知数据存在实时性、可用性和可控性的威胁。

1.3.2 物联网面临的攻击

结合物联网感知节点的部署特点，感知节点可能面临以下攻击。

（1）阻塞干扰：攻击者在获取目标网络通信频率的中心频率后，通过在这个频点附近发射无线电波进行干扰，使得攻击节点通信半径内的所有物联网感知节点不能正常工作，甚至使网络瘫痪，是一种典型的 DoS 攻击方法。

（2）碰撞攻击：攻击者连续发送数据包，在传输过程中和正常的物联网感知节点发送的数据包发生冲突，导致正常节点发送的整个数据包因为校验和不匹配被丢弃，是一种有效的 DoS 攻击方法。

（3）耗尽攻击：利用协议漏洞，通过持续通信的方式使节点能量耗尽，如利用链路层的错包重传机制使物联网感知节点不断重复发送上一包数据，最终耗尽节点资源。

（4）非公平攻击：攻击者不断地发送高优先级的数据包从而占据信道，导致其他感知节点在通信过程中处于劣势。

（5）选择转发攻击：物联网是多跳传输，每一个感知节点既是终节点又是路由中继点。这要求感知节点在收到报文时要无条件转发（该节点为报文的目的地时除外）。攻击者利用这一特点拒绝转发特定的消息并将其丢弃，使这些数据包无法传播，采用这种攻击方式，只丢弃一部分应转发的报文，从而迷惑邻居感知节点，达到攻击目的。

（6）陷洞攻击：攻击者通过一个危害点吸引某一特定区域的通信流量，形成以危害节点为中心的“陷洞”，处于陷洞附近的攻击者就能相对容易地对数据进行篡改。

（7）女巫攻击：物联网中每一个传感器都应有唯一的一个标识与其他传感器进行区分，由于系统的开放性，攻击者可以扮演或替代合法的感知节点，伪装成具有多个身份标识的节点，干扰分布式文件系统、路由算法、数据获取、无线资源公平性使用、节点选举流程等，从而达到攻击网络目的。

（8）洪泛攻击：攻击者通过发送大量攻击报文，导致整个网络性能下降，影响正常通信。

（9）信息篡改：攻击者将窃听到的信息进行修改（如删除、替代全部或部分信息）之后再将信息传送给原本的接收者，以达到攻击目的。

1.3.3 物联网的安全策略

传统的网络中，网络层的安全和业务层的安全是相互独立的，而物联网的安全问题很大一部分是由于物联网是在现有网络基础上集成了感知网络和智能处理平台带来的，传统网络中的大部分机制仍然适用于物联网并能够提供一定的安全性，如认证机制、加密机制等[2]。其中网络层和物理层可以借鉴的抗攻击手段相对多一些，但因物联网技术与应用特点使其对实时性等安全特性要求比较高，传统安全技术和机制还不足以使物联网的安全需求得到满足。

对物联网的网络安全防护可以采用多种传统的安全措施，如防火墙技术、病毒防治技术等，同时针对物联网的特殊安全需求，目前可以采取以下 6 种安全机制来保障物联网的安全。

（1）加密机制和密钥管理：是安全的基础，是实现感知信息隐私保护的手段之一，可以满足物联网对保密性的安全需求，但由于传感器节点能量、计算能力、存储空间的限制，要尽量采用轻量级的加密算法。

（2）感知层鉴别机制：用于证实交换过程的合法性、有效性和交换信息的真实性。主要包括网络内部节点之间的鉴别、感知层节点对用户的鉴别和感知层消息的鉴别。

（3）安全路由机制：保证网络在受到威胁和攻击时，仍能进行正确的路由发现、构建和维护，解决网络融合中的抗攻击问题，主要包括数据保密和鉴别机制、数据完整性和新鲜性校验机制、设备和身份鉴别机制以及路由消息广播鉴别机制等。

（4）访问控制机制：确定合法用户对物联网系统资源所享有的权限，以防止非法用户的入侵和合法用户使用非权限内资源，是维护系统安全运行、保护系统信息的重要技术手段，包括自主访问机制和强制访问机制。

（5）安全数据融合机制：保障信息保密性、信息传输安全和信息聚合的准确性，通过加密、安全路由、融合算法的设计、节点间的交互证明、节点采集信息的抽样、采集信息的签名等机制实现。

（6）容侵容错机制：容侵就是指在网络中存在恶意入侵的情况下，网络仍然能够正常地运行，容错是指在故障存在的情况下系统不会失效、仍然能够正常工作。容侵容错机制主要是解决行为异常节点、外部入侵节点带来的安全问题。

物联网作为正在兴起的、支撑性的多学科交叉前沿信息领域，还处于起步阶段，大多数领域的核心技术正在不断发展中，物联网所面临的安全挑战比想象的更加严峻，物联网安全尚在探索阶段，而网络安全机制还需要在实践中进一步创新、完善和发展，关于物联网的安全研究仍然任重而道远。我们既要迎接挑战，更要抓住这个机遇，充分利用现有的网络安全机制，并在原有安全机制基础上通过技术研发和自主创新进行调整和补充，以满足物联网的特殊安全需求，同时还要通过技术、标准、法律、政策、管理等多种手段来构建和完善物联网安全体系。

1.4 物联网感知层——传感器网络

1.4.1 传感器网络概述

微电子、计算机和无线通信等技术的进步，推动了低功耗多功能传感器的快速发展，使其在微小体积内能够集成信息采集、数据处理和无线通信等多种功能。无线传感器网络（Wireless Sensor Networks，WSNs）是由部署在监测区域内大量的廉价微型传感器节点组成，通过无线通信方式形成的一个多跳的自组织的网络系统，其目的是协作地感知、采集和处理网络覆盖区域中感知对象的信息，并发送给观察者。传感器、感知对象和观察者构成了 WSNs 的 3 个要素[3]。图 1.4 所示为无线传感器网络的体系结构。

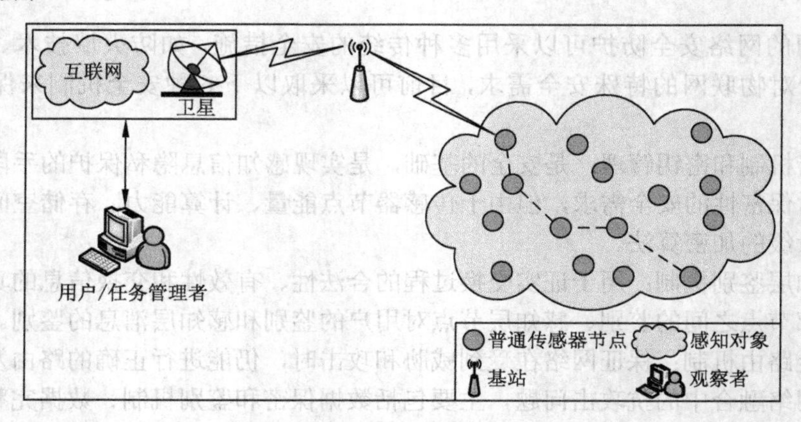

图 1.4 无线传感器网络体系结构

1. 传感器节点结构

传感器节点主要由传感器模块、处理器模块、无线通信模块和能量供应模块 4 个部分组成，如图 1.5 所示。其中传感器模块负责采集监测区域内的感应数据并实现数据转换；处理器模块作为传感器节点的核心部分主要负责控制整个传感器节点的操作，存储和处理本身采集的数据，以及其他节点发送的数据；无线通信模块负责与其他传感器节点进行无线通信，交换控制消息和收发采集数据；能量供应模块负责为传感器节点供应运行所需要的能量，通常采用微型电池作为能量供应模块。

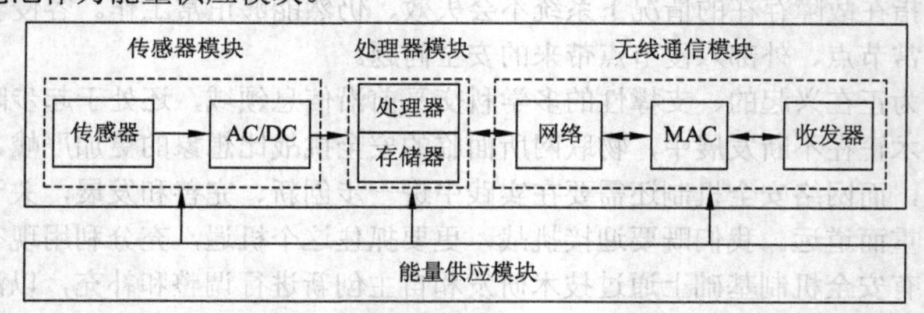

图 1.5 传感器节点结构图

2. 传感器网络的特点

（1）大规模网络

传感器网络的大规模主要体现在以下两个方面。

① 部署区域广阔。传感器节点通常部署在无人看守的区域，例如原始大森林采用无线传感器网络进行森林防火和环境监测。

② 数目众多。传感器节点部署很密集，即使在面积不是很大的空间区域内，也需要部署大量的传感器节点来采集周围的环境变量，保证所获取的信息的准确性、实时性和可靠性。

（2）传感器节点类型众多

传感器网络所具有的众多类型的传感器，可探测包括地震、电磁、温度、湿度、噪声、光强度、压力、土壤成分，移动物体的大小、速度和方向等周边环境中多种多样的现象。基于 MEMS 的微传感技术和无线联网技术为无线传感器网络赋予了广阔的应用前景。这些潜在的应用领域可以归纳为：军事、航空、反恐、防爆、救灾、环境、医疗、保健、家居、工业、商业等。

（3）自组网网络

传感器网络是一种特殊的 Ad-Hoc 网络，以数据为中心实现自组织功能；由于在实际应用中传感器节点的地理位置通常不能预先精确设定，节点之间的相互邻居关系预先也不知道，这样就要求传感器节点具有自组织能力，能够自动进行配置和管理，通过拓扑控制机制和网络协议自动形成多跳的无线网络系统。

（4）动态性网络

由于传感器节点成本低、能量有限以及经常被部署在无人看守的区域，部分传感器节点随时会死亡或失效，旧节点的撤离势必要有新节点的补充才能维持整个网络的正常通信，所以传感器网络是一个动态性很强的网络。

（5）可靠的网络

由于监测区域环境的限制和传感器节点数目巨大，不可能通过人工维护的方式来照顾每一个节点，所以这便要求传感器节点必须非常坚固，不易损坏，适合各种的恶劣环境。传感器网络通信的保密性和安全性也是十分重要的，一方面要防止外部攻击，另一方面要防止传感器内部节点的恶意攻击。因此，传感器网络的软硬件必须具有鲁棒性和容错性。

（6）应用相关的网络

传感器网络用来感知客观物理世界，获取物理世界的信息。然而，在客观物理世界中又存在着多种物理现象，这些物理现象的多样性、复杂性和不可预见性使得传感器网络也需要多种多样的应用系统。

（7）以数据为中心的网络

互联网是先建立计算机终端系统，然后再互联成网络，终端系统可以脱离网络独自存在。在互联网中，网络设备用网络中的唯一 IP 地址进行标识，资源定位和信息传输依赖于终端、路由器、服务器等网络设备的 IP 地址。如果需要访问互联网中的资源，首先要知道存放资源的服务器 IP 地址，可以说目前的互联网是一个以 IP 地址为中心的网络。

传感器网络是一种任务型网络，脱离了传感器网络谈论传感器节点没有任何意义。用户使用传感器网络查询事件时，直接将所关心的事件通告给网络，而不是通告给某个确定编号的节点。网络在获取指定时间的信息后汇报给用户。这种以数据本身作为查询或传输线索的思想更接近于自然交流的习惯，所以传感器网络是一个以数据为中心的网络。

1.4.2 传感器网络的安全体系模型

传感器网络是物联网的基础，存在许多安全威胁，在实施和部署传感器网络之前，应该根据实际情况进行安全评估和风险分析，根据实际需求确定安全等级来实施解决方案，使物联网在发展和应用过程中，其安全防护措施能够不断完善。

目前我国推出的国家标准《传感器网络 信息安全 通用技术规范》中规范了传感器网络的安全解决方案并提出了传感器网络安全体系（见图 1.6），国际标准 ISO/IEC 29180 中规范了泛在网相关的安全威胁及具体安全解决方案，基于以上两方面的国内外研究，我们从感知层在物联网体系架构中的重要性出发，结合感知层要保护的资产，提出一种物联网感知层的安全体系架构，并对其中各模块及具体安全解决方案进行详细介绍，最终为推进国际、国内物联网感知层安全标准化工作做出努力。

感知层主要是由二维码、传感器、GPS、读写器等设备组成用来数据采集、物体识别。通过这些感知层的典型设备实现对外界信息的智能感知。传感器是感知层的基础设备，它是物联网实现信息采集的关键，传感器技术的不断提高也对物联网技术起到了促进作用，传感器是通过多跳组织网和自身的电子编码共同感知被覆盖网络区域中的信息。但是传感器技术的安全问题仍然存在，例如网络链路脆弱、节点对信息的存储能力有限、网络拓扑不断变化等情况，因此想要加固感知层的安全，就需要对传感器技术安全进行研究，目前所拥有的主要技术有技术加密、密钥划分、路由安全等。

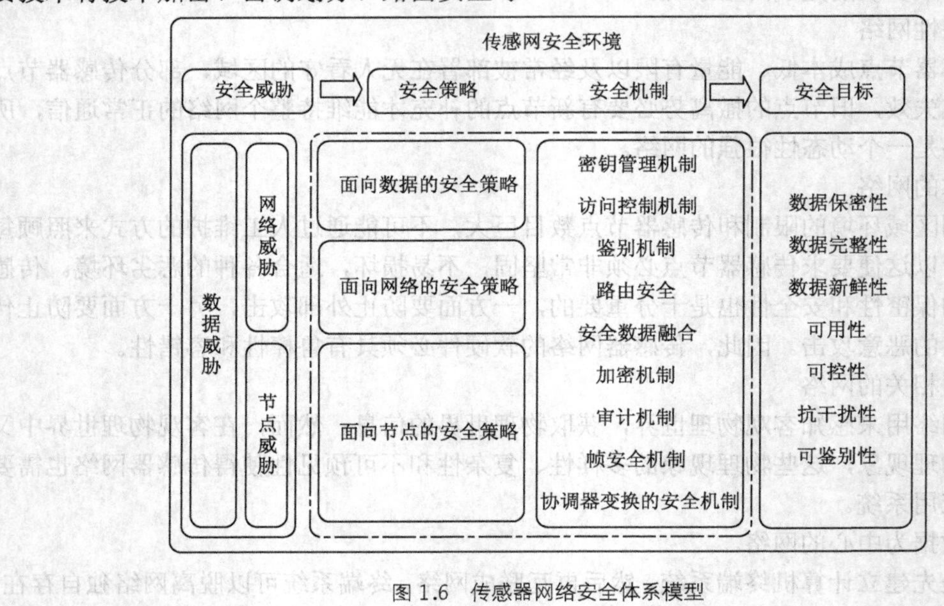

图 1.6　传感器网络安全体系模型

1.4.3　传感器网络的安全目标

无线传感器网络的安全目标与传统网络基本是一致的，即数据保密性、完整性、新鲜性、可用性、可控性、抗干扰性及可鉴别性，具体描述如下。

（1）保密性：使信息不泄露给未授权的个人、实体、进程，或不被其利用的特性。传感器网络需确保具有保密性要求的数据在传输过程中不被泄露给未授权的个人、实体、进程，或不被其利用。在需要时，还须确保数据在存储过程中不被泄露给未授权的个人、实体、进程，或不被其利用。

（2）完整性：数据没有遭受以未授权方式所做的更改或破坏的特性。传感器网络采用国家相关标准规定的完整性机制，通过自主完整性策略和强制完整性策略，能够检测所有数据以及敏感标记在传输和存储过程中是否被有意地改动和破坏，并提供更正被改动数据的能力。

（3）新鲜性：保证接收到数据的时效性，确保没有重放过时的数据。传感器网络需确保各类设备能够采用安全机制对接收数据的新鲜性进行验证，并丢弃不满足新鲜性要求的数据，以抵抗对特定数据的重放攻击。

（4）可用性：已授权实体一旦需要就可访问和使用的数据和资源的特性。

（5）可控性：在保障传感网中信息保密性、完整性、可用性的前提下，能够提供相应的安全控制部件，形成控制、检测和评估环节，构成完整的安全控制回路，这样的传感器网络是可控的。

（6）抗干扰性：传感器网络应采用适当的机制来防止对数据发送、接收和转发的无线干扰，避免对网络的信息传输造成严重影响。

（7）可鉴别性：可鉴别性分为数据可鉴别和身份可鉴别。数据可鉴别是指能产生有效性证据以验证特定传输中的数据内容没有被伪造或者篡改，确保数据内容的真实性。身份可鉴别是指传感器网络能够维护每个访问主体的安全属性，同时提供多种身份鉴别机制，以满足传感器网络不同安全等级的需求。在进行鉴别时，传感器网络能提供有限的主体反馈信息，确保非法主体不能通过反馈数据获得利益。

1.4.4　传感器网络的安全防御方法

针对传感器网络存在的安全问题，目前已经有许多解决方案，但是并不是所有的方案都有效，本节讨论3种比较有效的方案。

1. 通过信号强度检测可疑节点

通过信号强度检测可疑节点的方法的前提是假设网络中的节点有以下特征。

（1）所有方法都要使用相同的硬件和软件。

（2）所有的节点都要相互对称，每一个节点只与能够跟它通信的节点通信。

（3）所有的节点都要有固定的位置，不可以随意移动。

在满足上述条件后，在无线传感器网络中，如果有一个节点的信号强度和网络中所有节点认可的强度不一样，那么就会怀疑这个节点是恶意节点，从而归属于可疑节点。在网络中每一个节点都保存着一个表，来记录可疑和可信节点。这张表随着新确定的可疑节点或者可信节点而时刻更新，避免了将恶意节点归于可信节点，将可信节点归于可疑节点。如果网络中所有的节点都遵循上述3个特征要求，那么对于Hello洪泛攻击和虫洞攻击是很有成效的。

2. 利用确认信息时延检测可疑节点

利用确认信息时延检测可疑节点的方法要求所有接收节点都要向发送节点返回一个确认消息，发送节点会暂时把消息保存在缓冲区内，直到收到确认信息。如果在确定的时间内收到了确认信息，就认为接收消息的节点是可信的，否则就是恶意节点。这种判断基于以下事实：由于恶意节点通常距离较远，所以要花费较长的时间传回确认信息。测试表明此方法可以检测出恶意节点，但是耗费的资源比较多。

3. 使用密码技术

密码技术可用来实现数据的机密性、完整性以及身份验证。如上所述，由于传感器节点的计算能力有限，数据加密一般采取对称密钥加密技术，但是如何交换密钥仍然是需要解决的问题。目前的解决方法是使用合适的安全协议，比如SPINs协议，它是一个针对资源受限环境和对无线通信进行了优化的协议，主要包括两个模块，一个是SNEP协议，用来提供数据机密性、双方的数据认证和新鲜数据的功能；另一个是μTESLA协议，用来提供广播认证的功能，其详细过程将会在第三章和第四章中介绍。

通常会使用密码技术中的认证技术来实现消息的完整性，防止消息被篡改的同时保持节点的机密性。但是，不足之处就是这种方法不能长期使用，因为一旦有恶意节点进入网络，这个恶意节点就能访问所有储存的信息，包括安全密钥和口令，这样就会对整个网络造成威胁。所以如果传感器网络采用了防止恶意节点进入网络的安全机制，那么使用密码技术是最合适的，事实证明也是最有效的。

本章小结

尽管物联网具有广阔的应用前景，但是物联网的发展不是一蹴而就的。物联网面临着越来越多的挑战和机遇，需要更多的科研工作者投身于物联网的研究过程中。众所周知，应用需求是推动科学技术进步的不竭动力，竞争与挑战是推动技术进步的“催化剂”，那么，建立人与物理环境间快捷、可靠与安全联系的需求就是未来物联网发展不竭动力的源泉，也是物联网的基本内涵。在广大科研工作者和相关政府部门的不懈努力下，“物联天下”的时代正在到来!

练 习 题

1．简述物联网的定义。

2．简述物联网的主要特点。

3．简述物联网的安全模型。

4．简述物联网的主要安全技术。

5．简述传感器网络的主要特点。

第2章 物联网安全的密码学基础

信息安全已经成为一个全社会关注的问题。密码学与网络安全和国家的政治安全、经济安全、社会稳定，以及人们的日常生活密切相关。从技术角度看，密码学与网络安全是一个涉及计算机科学、网络技术、通信技术、密码技术等的综合学科，其重要性有目共睹。本章主要介绍密码学的基本概念，常用的密码算法，为本书后续章节的学习提供基础。

2.1 密码学与密码系统

2.1.1 密码学概述

密码学（Cryptology）是一门研究如何以隐密的方式传递信息的学科。通常情况下，密码学是对所传输信息的数学性研究，因此，其常被认为是数学和计算机科学的分支。著名的密码学者 Ron Rives 解释道："密码学是关于如何在敌人存在的环境中通信"，所以说，密码学不单指如何采用编码技术完成对信息的加密，还应该包括如何使用密码分析技术完成对信息的解密。总之，密码学详细的定义是：密码学包括密码编码学和密码分析学，其中，密码编码学是密码体制的设计学，而密码分析学则是在未知密钥的情况下从密文推演出明文或者密钥的技术。

1. 密码编码学（Cryptography）

密码编码的核心是通过研究密码变化的客观规律，将密码变化的客观规律应用于编制密码，以实现对信息的隐蔽。密码编码学主要从 3 个方面确保通信信息的机密性，即密钥数量，明文处理的方式，以及从明文到密文的变换方式。

2. 密码分析学（Cryptanalysis）

通过研究密码、密文或密码系统，着力寻求其中的弱点，在不知道密钥和算法的情况下，从密文中得到明文是密码分析学的宗旨。在密码分析学上有很多技术，结合密码破译者想要获取的原文、密文或者密码系统的其他方面，一些常见的典型破译方法如表 2.1 所示。

表 2.1 密码分析学中常见的破译方法

破译方法	方法描述
已知明文的分析	破译者知道密文中的部分明文信息，利用这些信息，攻击者采用穷举法攻击的方式找到产生密文的密钥

续表

破译方法	方法描述
选择性明文分析（亦称微分密码分析）	破译者拥有明文和密文，密钥并没有被分析处理，而是通过对比这个明文和密钥来推断密钥，RSA 加密技术易受到这种类型分析的攻击
只知道密文的分析	密码破译者没有任何原文信息，只能分析密文
调速/微分力量分析	这是一种诞生于 1998 年 6 月的新技术，在对抗智能卡方面非常有用，它测量一段时间内具有安全信息功能的芯片中电量的不同。这种技术用来获得在加密算法和其他功能的安全设备上的密钥信息

注释：RSA（Rivest-Shamir-Adleman）加密技术的介绍请参考 2.2.2 节。

2.1.2 密码系统概述

密码系统（Cryptosystem）又称为密码体制，是指能完整地解决信息安全中的机密性、数据完整性、认证、身份识别、可控性及不可抵赖性等问题中的一个或几个的系统。一个完整的密码系统包括 5 个要素：①明文（Plain-text）；②密文（Cipher-text）；③密钥（SecretKey）；④加密算法（Encryption Algorithm）；⑤解密算法（Decryption Algorithm），其中每个要素的具体解释如表 2.2 所示。

表 2.2　　密码系统的 5 个要素

要素名称	描述
明文	作为加密输入的原始信息，即消息的原始形式，通常用 m 或 p 表示（本书采用 p 表示消息的原始形式）。所有可能明文的有限集称为明文空间，通常用 M 或 P 来表示
密文	明文经加密变换后的结果，即消息被加密处理后的形式，通常用 c 表示。所有可能密文的有限集称为密文空间，通常 C 用来表示
密钥	参与密码变换的参数，通常用 k 表示。一切可能的密钥构成的有限集称为密钥空间，通常用 K 表示
加密算法	将明文变换为密文的交换函数，相应的变换过程称为加密，即编码的过程，通常用 E 表示，即 $c=E_k(p)$
解密算法	将密文恢复为明文的变换函数，相应的变换过程称为解密，即解码的过程，通常用 D 表示，即 $p=D_k(c)$

对于有实用意义的密码系统而言，总是要求它满足：$p=D_k(E_k(p))$，即用加密算法得到的密文总是能用一定的解密算法恢复出原始的明文，而密文消息的获取同时依赖于初始明文和密钥的值。

密码系统是用于加密与解密的系统，就是明文与加密密钥作为加密变换的输入参数，经过一定的加密变换处理之后得到的输出密文，由它们所组成的一个系统。图 2.1 所示为一个典型的保密通信模型，该保密通信模型包括密钥系统的五要素。图中，在信源处，明文信息经过密钥和加密算法协同作用形成密文，密文信息可以采用两种信道模式（普通信道和安全信道）发送至信宿。其中，在普通信道上存在一个密码攻击者或者破译者，该攻击者可以拦截普通信道上的密文信息，并在不知道密钥的情况下，尝试性的从密文信息中恢复出明文信息或密钥信息。

在设计和使用密码系统时，需要遵循著名的“柯克霍夫原则”，它是荷兰密码学家柯克霍夫于 1883 年在其名著《军事密码学》中提出的密码学的基本假设：密码系统中的算法即使为密码分析者所知，也对推导出明文或密钥没有帮助。也就是说，密码系统的安全性不应取决于不易被改变的事物（算法），而应只取决于可随时改变的密钥。

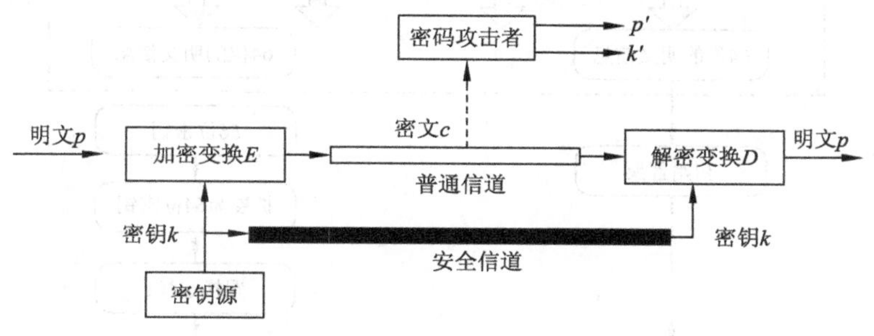

图 2.1　典型的保密通信模型

综上所述，判定一个提供机密性服务的密码系统是实际可用的，需满足以下基本要求。

（1）系统的保密性不依赖于对加密体制或算法的保密，而仅依赖于密钥的安全性。一切秘密寓于密钥之中是密码系统设计的一个重要原则。

（2）满足实际安全性，使破译者取得密文后在有效时间和成本范围内无法计算出密钥或相应明文加密和解密算法应适用于明文空间、密钥空间中的所有元素。

（3）加密和解密算法能有效地计算，密码系统易于实现和使用。

2.2　密码体制的分类

密码体制就是用来完成加密和解密功能的密码方案，所以，按照加密算法和解密算法所使用的密钥是否相同，将密码体制分为对称密码体制和非对称密码体制。

2.2.1　对称密码体制

对称密码体制是一种传统的密码体制（也称为传统加密体制和单钥加密体制），是 20 世纪 70 年代公钥密码产生之前唯一的加密类型。本章节中，我们将首先重点介绍对称密码体制的模型，其次重点介绍使用最广泛的对称密码算法：数据加密标准（Date Encryption Standard，DES）和扩展的 DES 加密算法（双重和三重 DES）、高级加密标准（Advanced Encryption Standard，AES），最后对 5 种对称加密模式进行详细介绍。

1. 数据加密标准

1997 年美国国家标准局（National Bureau of Standard，NBS），即现在的美国国家标准与技术研究院（National Institute Of Standards And Technology，NIST）推出了数据加密标准。该算法采用 56 位的密钥长度①完成对 64 位的明文分组长度②进行加密，解密端采用相同的步骤和密钥完成解密工作。DES 一经推出就被社会各界广泛接受，但是在实际应用中，DES 的安全强度也受到了各界的质疑。直到 1998 年 7 月，电子前哨基金会（Electronic Frontier Foundation，EFF）宣布了一台造价不到 25 万美元的特殊设计的机器“DES 破译机”破译了 DES 时，DES 终于被清楚地证明是不安全的，但是这次破译攻击所消耗的时间为 3 天左右[4]。

为了简单说明 DES 加密算法的流程，图 2.2 对该加密算法的整个流程进行了描述。

---

① 实际上 DES 加密算法希望采用 64 位的密钥，但是却采用了 56 位的密钥，其余的 8 位可以随意设定。

② 64 位的明文分组长度是指将明文信息分割成 64 位的明文块，若明文信息不够 64 位，则需要填充成 64 位。

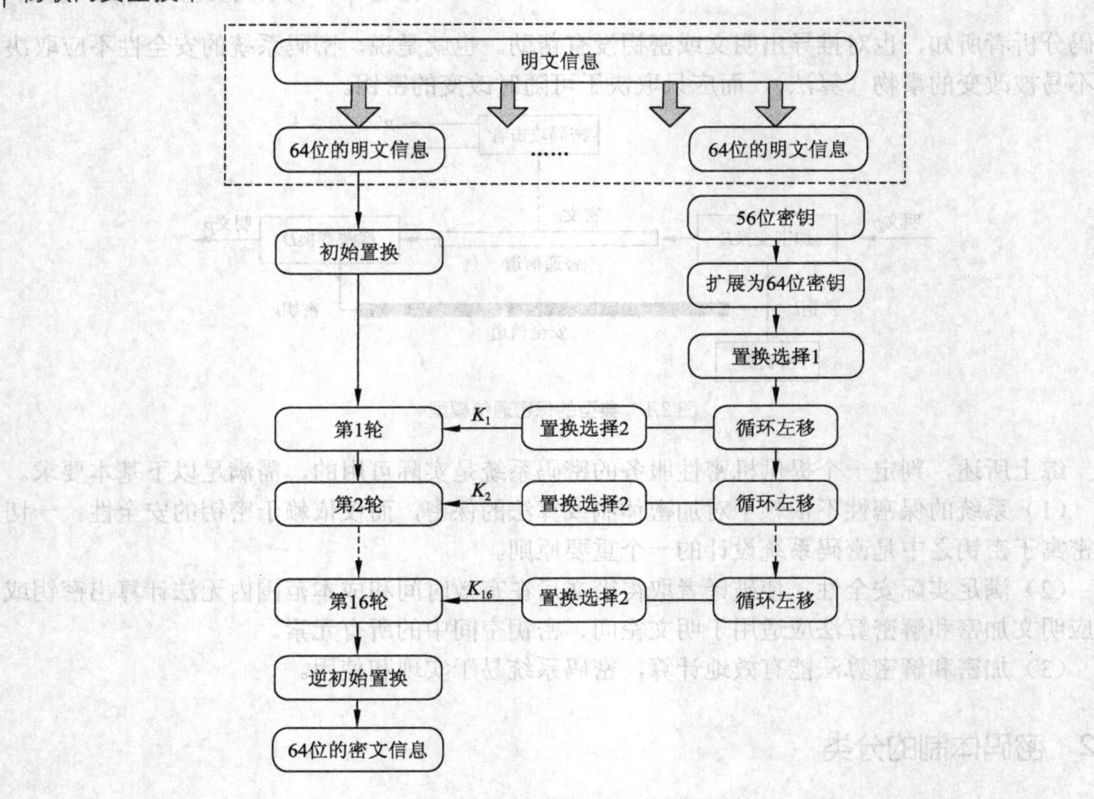

图 2.2 DES 加密算法的总体描述

对于任意的加/解密方案，总是有两个输入和一个输出，即明文输入和密钥输入，以及密文输出。图 2.2 中，首先将明文划分为若干个 64 位的明文块（图中仅针对一个 64 位的明文块进行说明），其次将一个 64 位的明文块进行初始置换（初始置换操作其实就是将明文快中的信息进行打乱重排），再次将 56 位的密钥扩展成 64 位的密钥，接着进行 16 轮相同函数的作用，每一轮作用都包括置换和代替操作，最后将预输出的结果进行逆初始置换，即可得到 64 位的密文信息。在图 2.2 中的右半部分给出了密钥的使用方法，即密钥在每一轮的使用过程中都是不一样的，每一轮使用的密钥都需要对上一轮密钥进行循环左移和置换操作③，以此保障每一轮使用的密钥互不相同。

2. 双重 DES 和三重 DES

由于 DES 容易遭受穷举攻击，可采用一种替代加密方案，即用 DES 进行多次加密，且使用两个密钥，如图 2.3 所示。

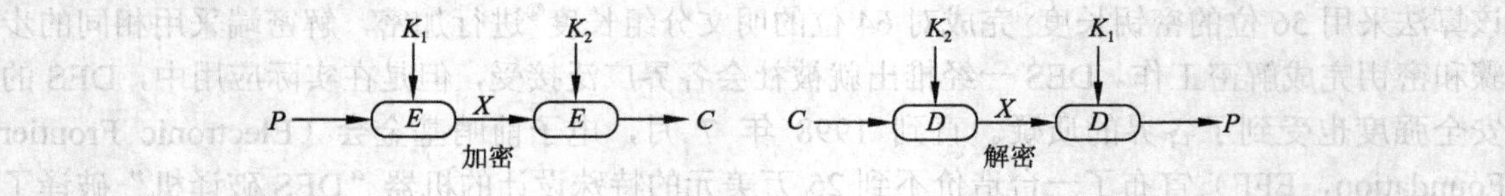

（a）双重 DES

图 2.3 双重 DES 和三重 DES

③ 本书仅将 DES 加密算法的流程进行介绍，至于循环左移和置换操作不为本书的重点，请读者自行参考文献[4]了解循环左移和置换操作过程。

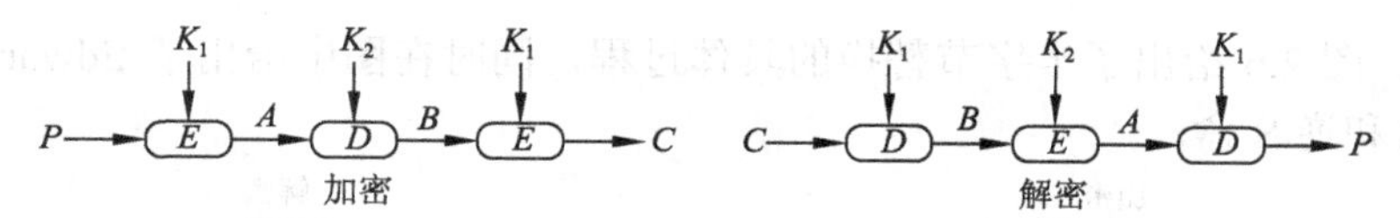

（b）三重 DES

图 2.3 双重 DES和三重 DES（续）

（1）双重 DES

对于给定明文 P 及密钥 K_1 和 K_2，密文 C 按下述方式生成。

$$C = E(K_2, E(K_1, C))$$

解密时逆序使用这两个密钥：

$$P = D(K_1, D(K_2, C))$$

对于 DES，这种方法的密钥长度为 56×2=112 位，密码强度增加了。

（2）三重 DES

在设计三重 DES 时，若使用 3 个不同的密钥，那么密钥长度为 56×3=168 位，这将显得比较笨拙。Tuchman 建议仅使用两个密钥进行三次加密。其运算过程是加密—解密—加密（EDE），加密方式如下。

$$C = E(K_1, D(K_2, E(K_1, P)))$$

其解密方式为

$$P = D(K_1, E(K_2, D(K_1, C)))$$

目前，使用两个密钥的三重 DES 已经广泛地替代了 DES。

3. 高级加密标准

2001 年，NIST 发布了高级加密算法（Advanced Encryption Standard，AES）。正是由于 DES 加密算法的不安全因素，AES 加密算法旨在取代 DES 加密算法。由于 AES 加密算法描述起来非常复杂且不易理解，所以本章节首先介绍简化版的 AES 加密算法（S-AES），然后再介绍 AES 加密算法，方便读者充分了解 AES 加密算法的流程。

S-AES 是由 Santa Clara 大学的 Edward Schaefer 教授及他的几个学生开发出来的，该算法与 AES 的特征和结构非常相似，只是参数规模小了点。下文将对 S-AES 的加密过程和解密过程进行详细描述，其加/解密流程如图 2.4 所示。

图 2.4 给出了 S-AES 的整体结构。此结构包括加密和解密两个过程，即加密和解密过程是相反的。S-AES 加密过程是：以 16 位明文分组和 16 位的密钥为输入，以 16 位的密文信息为输出；解密过程是：以 16 位的密文和 16 位的密钥为输入，以 16 位的明文信息为输出。

针对图 2.4 中的密钥加函数、半字节替代、行移位、列混淆和密钥扩展做出如下解释。

（1）轮密钥加函数

轮密钥加函数的主要作用是将一个 16 位的 State 矩阵④和 16 位的轮密钥按位进行异或（xor）运算。为了增加描述的直观性，举例说明 16 位的 State 矩阵和 16 位的轮密钥按位进行 xor 运算的过程，如图 2.5 所示。

（2）半字节代替

半字节代替的核心思想是：将 16 位的 State 矩阵通过 S 盒的方式映射出一个全新的 16 位

④ State 矩阵是指：将 16 位的信息按照 4×4 的矩阵方式进行表示，每个矩阵元素可以看成半个字节，即 4 位。

的 State 矩阵。图 2.6 给出了半字节替换的具体过程，同时在图中给出了 Edward Schaefer 等人给出的 S 盒和逆 S 盒。

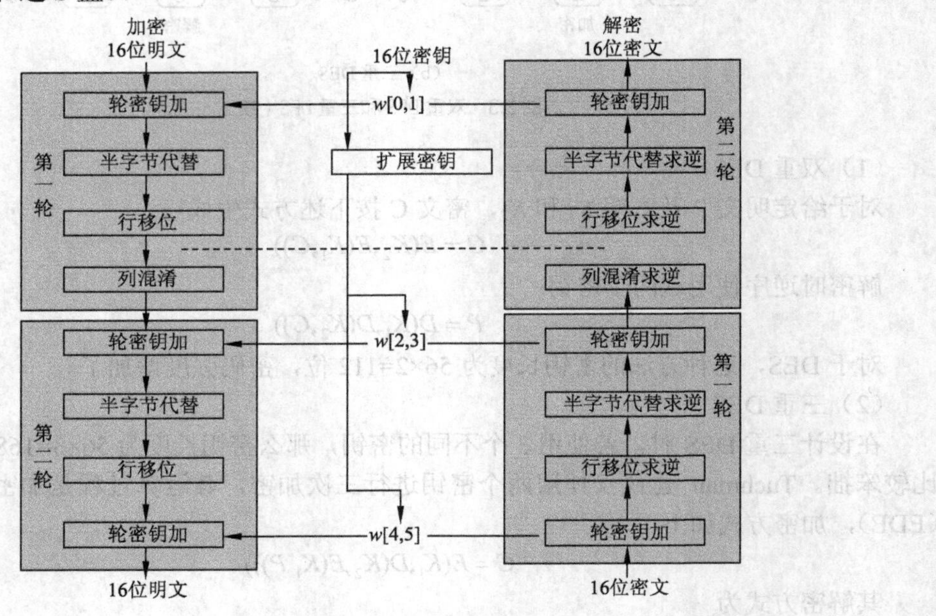

图 2.4　S-AES 加密和解密过程

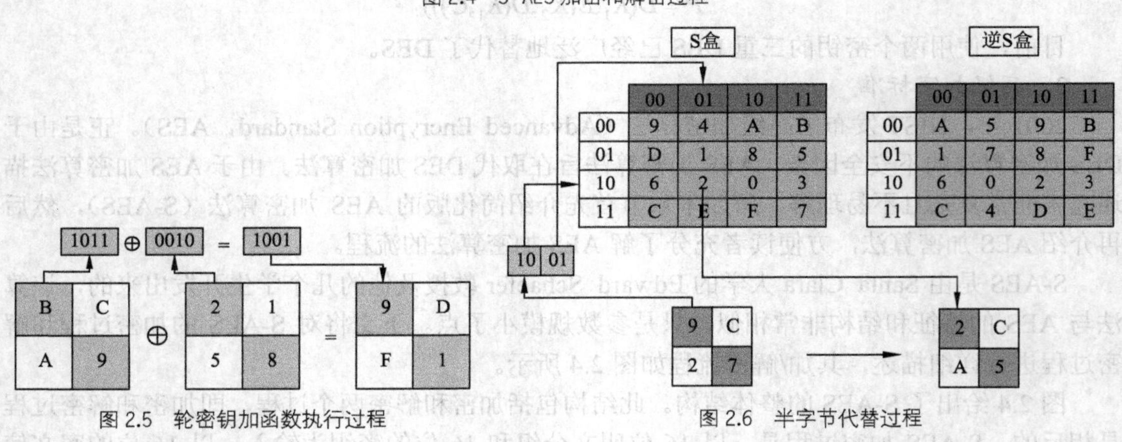

图 2.5　轮密钥加函数执行过程

图 2.6　半字节代替过程

（3）行移位

行移位操作是把对 16 位的 State 矩阵的第二行进行一个半字节的循环移位，第一行保持不变，如图 2.7 所示。

图 2.7　行移位操作过程

（4）列混淆

Edward Schaefer 等人设计的列混淆操作主要是将一个 4×4 固定矩阵 $\boldsymbol{M}$ 与 16 位的 State 矩阵相乘，将得出的新矩阵作为列混淆变换后的矩阵，如公式（2-1）⑤所示。

$$\boldsymbol{M}\times\begin{bmatrix}6 & 4\\ C & 0\end{bmatrix}=\begin{bmatrix}1 & 4\\ 4 & 1\end{bmatrix}\times\begin{bmatrix}6 & 4\\ C & 0\end{bmatrix}=\begin{bmatrix}3 & 4\\ 7 & 3\end{bmatrix} \tag{2-1}$$

⑤ 公式（2-1）的计算过程不是单纯的矩阵运算，该运算方法是在有限域 $GF(2^4)$上的乘法和加法运算，详细过程可以参考文献[4]中提供的 $GF(2^4)$的计算方法。

其中，固定矩阵 $\boldsymbol{M}$ 的格式如公式（2-2）所示。

$$\boldsymbol{M}=\begin{bmatrix}1 & 4\\ 4 & 1\end{bmatrix} \tag{2-2}$$

Edward Schaefer 等人还设计了列混淆操作的逆运算方法，如公式（2-3）所示。

$$\begin{bmatrix}9 & 2\\ 2 & 9\end{bmatrix}\times\boldsymbol{M}\times\begin{bmatrix}6 & 4\\ C & 0\end{bmatrix}=\begin{bmatrix}9 & 2\\ 2 & 9\end{bmatrix}\times\begin{bmatrix}1 & 4\\ 4 & 1\end{bmatrix}\times\begin{bmatrix}6 & 4\\ C & 0\end{bmatrix}=\begin{bmatrix}1 & 0\\ 0 & 1\end{bmatrix}\times\begin{bmatrix}6 & 4\\ C & 0\end{bmatrix}=\begin{bmatrix}6 & 4\\ C & 0\end{bmatrix} \tag{2-3}$$

（5）密钥扩展

密钥扩展算法是将初始的 16 位的密钥（w_0w_1）按照一定的扩展规则扩展成 48 位的密钥链（$w_0w_1w_2w_3w_4w_5$），扩展规则如图 2.8 所示。

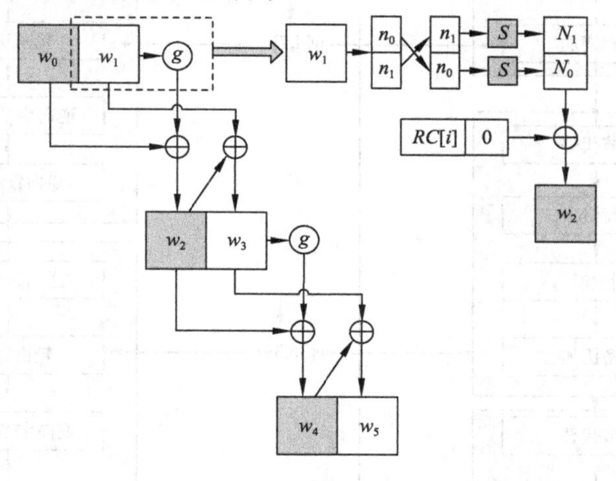

图 2.8 S-AES 密钥扩展规则

注释：图 2.8 中的 $RC[i]$ 定义为：$RC[i]=x^{i+2}$，因此 $RC[i]=1000$，$RC[i]=x^4\bmod(x^4+x+1)=x+1=0011$。

由密钥加函数、半字节替代、行移位和列混淆 4 个不同的函数或变换构成的加密轮函数的操作如图 2.9 所示。

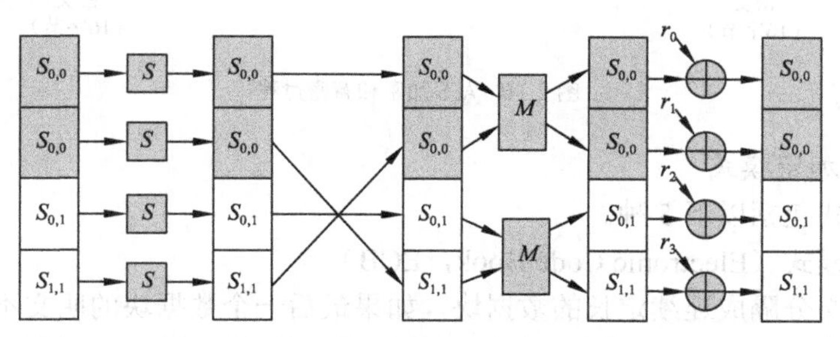

图 2.9 S-AES 加密轮函数

介绍完 S-AES 加密算法的基本过程后，接下来介绍 AES 加密算法，AES 加密算法的过程相对比较繁琐，初学者若能将 S-AES 加密算法理解，再结合相关资料进行学习，AES 加密算法会变得相对容易理解。图 2.10 所示为 AES 加密和解密的过程，该过程采用的密钥长度是 128 位，根据密钥长度不同，AES 算法可以分为 AES-192 或 AES-256 等。图中最重要的 4 个部分是：字节替换、行移位、列混淆和轮密钥加。这 4 部分其实就是 S-AES 算法中对应 4 部分的扩展，所以请读者自行参考文献[4]进行详细理解。

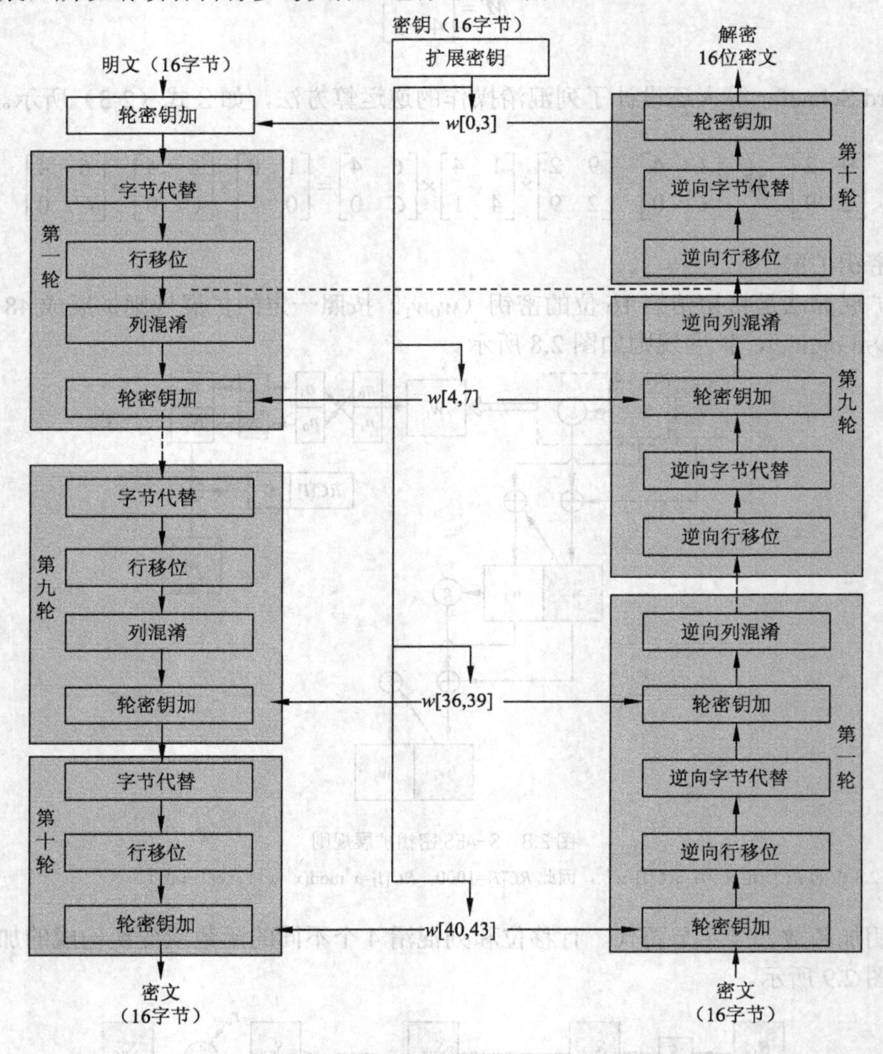

图 2.10 AES 加密和解密过程

4. 5 种对称加密模式

对称加密模式包括以下 5 种。

（1）电码本模式（Electronic Code Book，ECB）

方法：将明文分隔成连续定长的数据块，如果最后一个数据块的明文不够定长，则将最后一片的明文填补至定长，然后用同样的密钥逐个加密这些数据块（见图 2.11）。

优点：加密方式简单，适合于数据较少的情况；用同一密钥加密的消息，其结果不会错误传播。

缺点：对于很长的消息，该加密方式是不安全的，因为同一密文组总是对应同一明文组，这会暴露明文组的数据格式，从而容易遭到攻击。

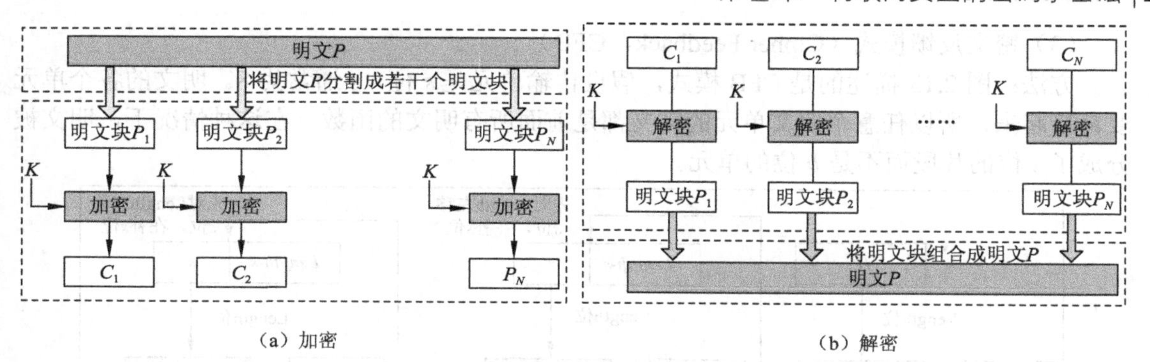

（a）加密　　　　（b）解密

图 2.11　电码本模式

（2）密文分组链接模式（Cipher Blok Chaining，CBC）

方法：加密过程如图 2.12 所示，可以看出，CBC 模式使得同样的明文块不再映射到同样的密文块上。

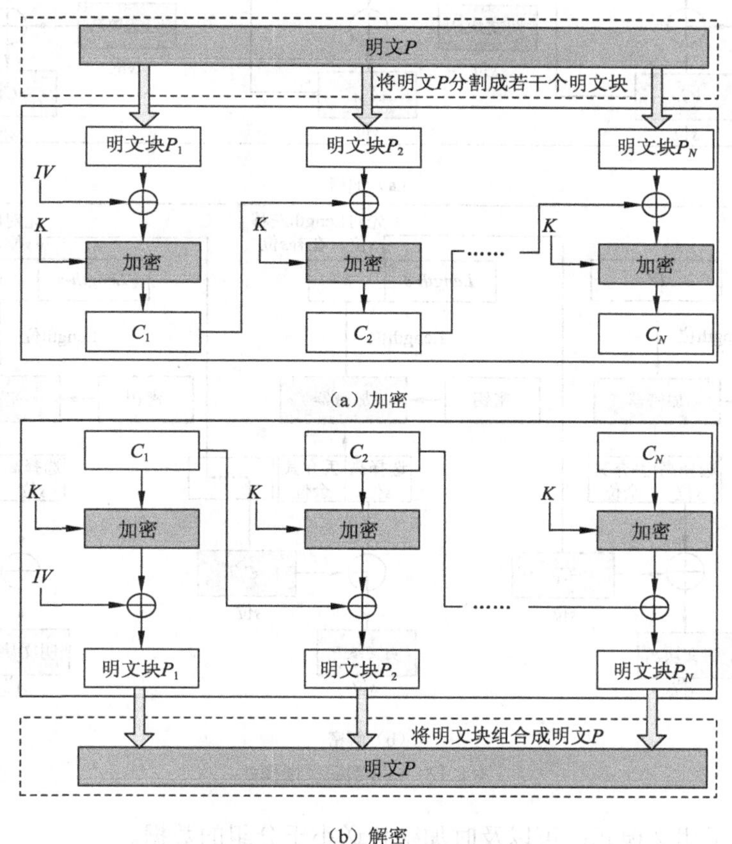

（a）加密

（b）解密

图 2.12　CBC 密码块链式模式

优点：不容易主动攻击，安全性好于 ECB，适合传输长度长的报文。

缺点：密文内容若在传输过程中发生错误，则其后续的密文将被破坏，无法顺利解密还原；不利于并行传输；需要初始化向量 ***IV***。

（3）密文反馈模式（Cipher Feedback，CFB）

方法：图 2.13 描述的是 CFB 模式，假设传输单元是 s 位，s 通常为 8。明文的各个单元要链接起来，所以任意个明文单元的密文都是前面所有明文的函数。在这种情况下，明文被分成了 s 位的片段而不是 b 位的单元。

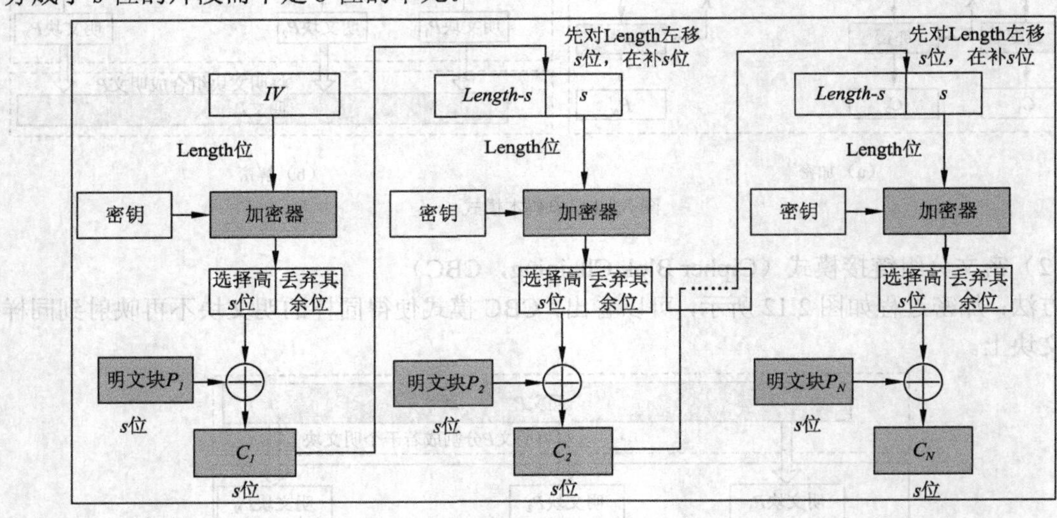

（a）加密

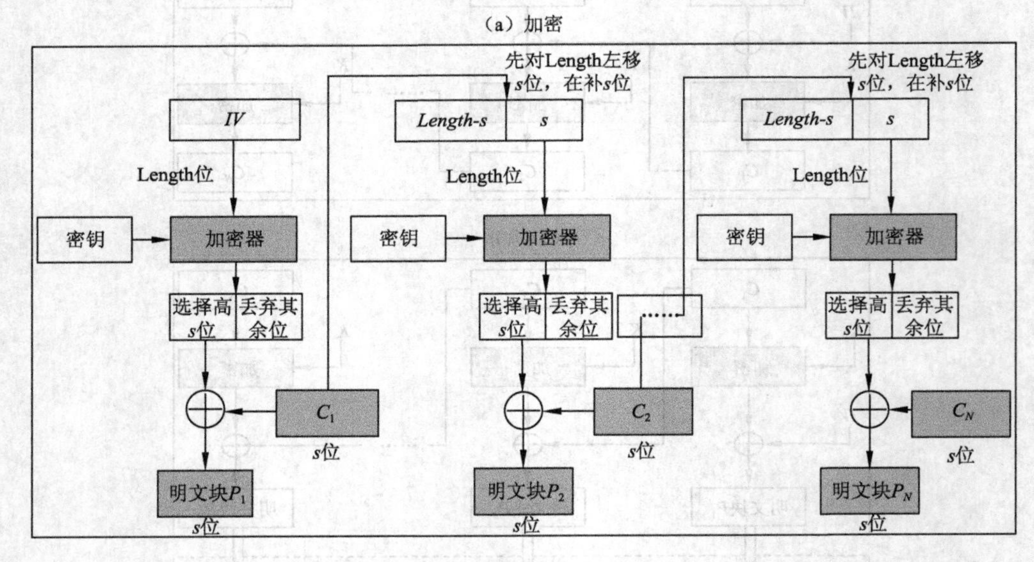

（b）解密

图 2.13 CFB 密码反馈模式

优点：隐藏了明文模式；可以及时加密传送小于分组的数据。

缺点：不利于并行计算；误差传送：一个明文单元损坏影响多个单元；需要唯一的 IV。

（4）输出反馈模式（Output FeedBack，OFB）

方法：OFB 的结构和 CFB 很相似，其用加密函数的输出填充移位寄存器，而 CFB 是用密文单元来填充移位寄存器。其他的不同是，OFB 模式对整个明文和密文分组进行运算，而不是仅对 s 位的子集运算（见图 2.14）。

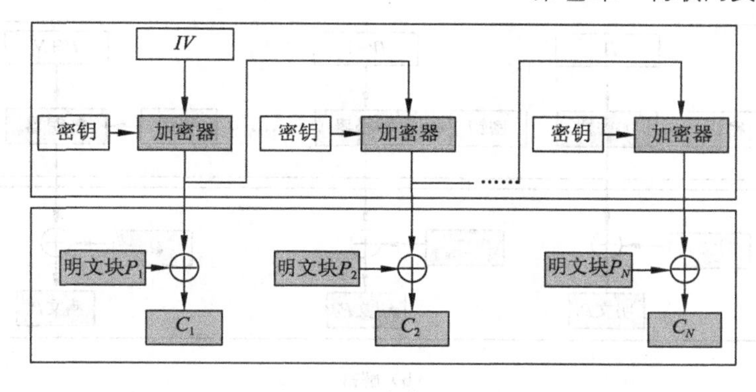

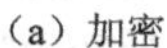

（a）加密

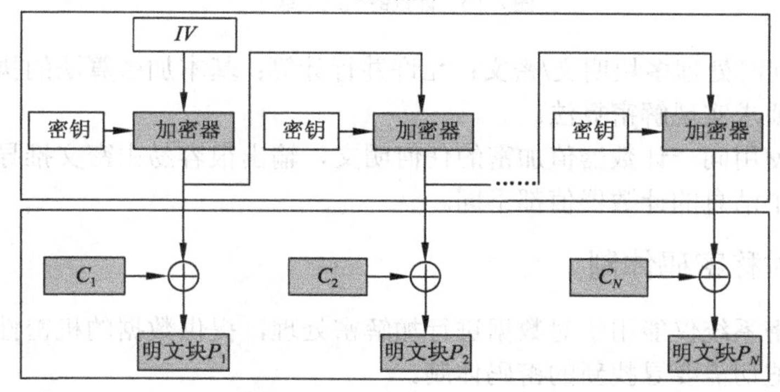

（b）解密

图 2.14　输出反馈模式

优点：传输过程中在某位上发生的错误不会影响其他位。

缺点：抗消息流篡改攻击能力不如 CFB，即密文中的某位取反，恢复出的明文相应位也取反，所以攻击者有办法控制对回复明文的改变，不利于并行传输。

（5）计数器模式（Counter，CTR）

方法：由于磁盘文件通常以非顺序的方式进行读取，因此，为了随机访问加密后的数据，不仅需要将数据和密码独立，而且加密不同数据块的密码也需要相互独立。选取初始向量 IV，则和第一块明文进行异或的密钥值为原始密钥加密 IV 的值，和第二块明文进行异或的密钥值为原始密钥加密 IV+1 的值，依此类推（见图 2.15）。

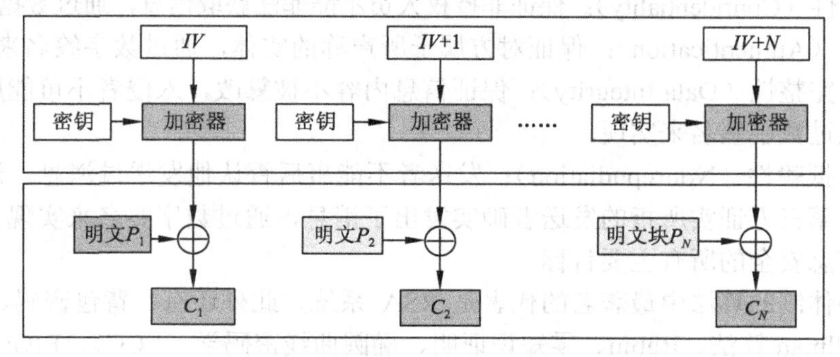

（a）加密

图 2.15　计数器模式

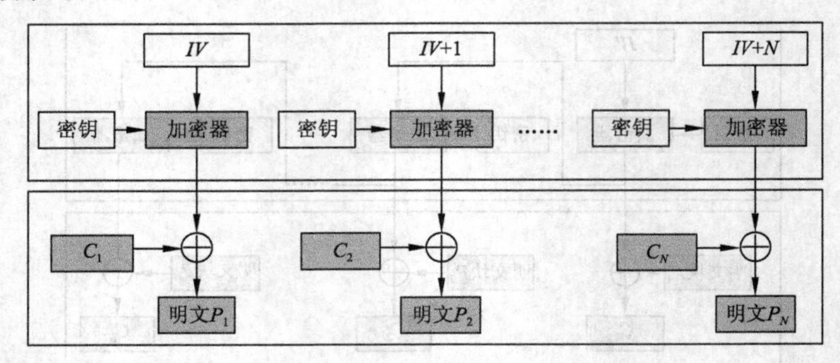

（b）解密

图 2.15 计数器模式（续）

优点：允许同时处理多块明文/密文；允许并行计算；基本加密算法的执行不依靠明文或密文的输入；不要求实现解密算法。

缺点：对于使用同一计数器值加密的任何明文，输出很容易由密文推导出相应的明文，所以要保证每一个消息的计数器值都不同。

2.2.2 非对称密码体制

由于对称加密系统仅能用于对数据进行加解密处理，提供数据的机密性，不能用于数字签名。因而人们迫切需要寻找新的密码体制。

非对称密码体制也叫公钥加密技术，该技术就是针对私钥密码体制的缺陷被提出来的。在公钥加密系统中，加密和解密是相对独立的，加密和解密会使用两种不同的密钥，加密密钥（公开密钥）向公众公开，谁都可以使用，解密密钥（秘密密钥）只有解密人自己知道，非法使用者根据公开的加密密钥无法推算出解密密钥，故其可称为公钥密码体制。如果一个人选择并公布了他的公钥，另外任何人都可以用这一公钥来加密传送给那个人的消息。私钥是秘密保存的，只有私钥的所有者才能利用私钥对密文进行解密。

公钥密钥的密钥管理比较简单，并且可以方便地实现数字签名和验证。但算法复杂，加密数据的速率较低。公钥加密系统不存在对称加密系统中密钥的分配和保存问题，对于具有 n 个用户的网络，仅需要 $2n$ 个密钥。公钥加密系统除了用于数据加密外，还可用于数字签名。公钥加密系统可提供以下功能。

（1）机密性（Confidentiality）：保证非授权人员不能非法获取信息，通过数据加密来实现。

（2）认证（Authentication）：保证对方属于所声称的实体，通过数字签名来实现。

（3）数据完整性（Data Integrity）：保证信息内容不被篡改，入侵者不可能用假消息代替合法消息，通过数字签名来实现。

（4）不可抵赖性（Nonrepudiation）：发送者不能事后否认他发送过消息，消息的接收者可以向中立的第三方证实所指的发送者确实发出了消息，通过数字签名来实现。可见公钥加密系统满足信息安全的所有主要目标。

公钥密码体制的算法中最著名的代表是 RSA 系统，此外还有：背包密码、McEliece 密码、Diffe_Hellman 算法、Rabin、零知识证明、椭圆曲线密码学（ECC）、EIGamal 算法等。下面对 RSA、ECC 算法进行描述。

1. RSA算法

RSA算法的理论基础是一种特殊的可逆幂模运算，它的安全性是基于数论中大整数的素因子分解的困难性。RSA算法的具体流程如下。

（1）密钥的生成：选择两个互异的大素数p,q，计算$n=p\cdot q$，$\varphi(n)=(p-1)\cdot(q-1)$。随机选择一个整数$e(0<e<\varphi(n))$，使得$god(e,\varphi(n))=1$，即$e$和$\varphi(n)$互质。计算$d=e^{-1}\bmod\varphi(n)$，得到公钥$\{e,n\}$和私钥$\{d,n\}$。

（2）加密明文：$M(M<n)$，$C=M^e\bmod n$。

（3）解密密文：$M=C^d\bmod n$。

其中，M表示明文，C表示密文，e表示加密密钥，d表示解密密钥。

为方便读者学习RSA算法，给出图2.16所示的一个例子。

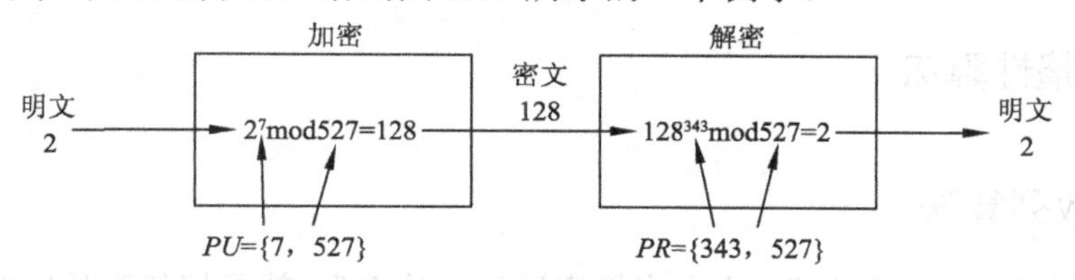

图2.16 RSA算法举例

密钥产生过程如下。

（1）选择连个素数，$p=17$，$q=31$；

（2）计算$n=p\cdot q=17\times31=527$；

（3）计算 $\phi(n)=(\mathrm{p}-1)(\mathrm{q}-1)=16\times30=480$；

（4）选择$e=7$；

（5）确定d使得$de=1\bmod480=1$，得$d=343$。

故所得公钥$PU=\{7,527\}$，私钥$PR=\{343，527\}$。加密时计算$C=2^7\bmod527=127$，解密时计算$M=128^{343}\bmod527=2$。

2. ECC

ECC算法是基于椭圆曲线离散对数问题，具体流程如下。

（1）系统的建立：选取基域$GF(p)$，定义在该基域上的椭圆曲线$E_p(a,b)$及其上的一个拥有素数n阶的基点$G(x,y)$。这些参数都是公开的。

（2）密钥的生成：在区间[1, $n-1$]中随机选取一个整数d作为私钥。计算$Q=d\times G$，即由私钥计算出公钥。由于离散对数的难解性保证了在知道Q的情况下不能计算出d。

（3）加密过程：查找Alice的公开密钥Q，Bob将消息M表示成一个域元素$m\in GF(p)$。在区间[1, $n-1$]中随机选取一个整数k。计算$(x_1,y_1)=kG$,$(x_2,y_2)=kQ$,$c=mx_2$。传送加密数据(x_1,y_1,c)给Alice，其中(x_1,y_1)为Bob的公钥。

（4）解密过程：Alice在接收到消息后，使用它的私钥d计算$(x_2,y_2)=d(x_1,y_1)$，因为$(x_2,y_2)=kQ=k\times d\times G=d\times k\times G=\mathrm{d}(x_1,y_1)$。通过计算$m=cx_2^{-1}$恢复出消息$m$。

优点：相比于RSA，可以用短得多的密钥长度换取同样的安全强度。表2.3为对称密钥算法和公开密钥算法的比较。

表 2.3　　对称密钥算法和公开密钥算法比较

	对称密钥算法	公开密钥算法
优点	（1）加密、解密处理速度快 （2）密钥相对较短	（1）用户只用保存自己的私钥，N 个用户仅需要产生 N 对密钥，密钥少 （2）密钥分配简单，不需要复杂的协议 （3）可以实现数字签名
缺点	（1）密钥分发过程复杂 （2）N 个用户需要 $N(N-1)/2$ 个密钥，导致用户存储的密钥过多 （3）数字签名困难	（1）加密，解密处理速度较慢 （2）同等安全强度下密钥位数多

2.3　数据完整性算法

2.3.1　散列算法

Hash，一般翻译为“散列”，也有直接音译为“哈希”，就是把任意长度的输入（又叫作预映射，Pre-Image）通过散列算法变换成固定长度的输出，该输出就是散列值。这种转换是一种压缩映射，也就是，散列值的空间通常远小于输入的空间，不同的输入可能会散列成相同的输出，而不可能从散列值来唯一的确定输入值。数学表述为：$h=H(M)$，其中 $H(M)$为单向散列函数，M 为任意长度明文，h 为固定长度散列值。

在信息安全领域中应用的 Hash 算法，还需要满足其他关键特性。

（1）单向性（One-Way）。从预映射能够简单迅速地得到散列值，而在计算上不可能构造一个预映射，使其散列结果等于某个特定的散列值，即构造相应的 $M=H^{-1}(h)$是不可行。这样，散列值就能在统计上唯一的表征输入值。因此，密码学上的 Hash 又被称为“消息摘要（Message Digest，MD）”，就是要求能方便地将“消息”进行“摘要”，但在“摘要”中无法得到比“摘要”本身更多的关于“消息”的信息。

（2）抗冲突性（Collision-Resistant）。即在统计上无法产生 2 个散列值相同的预映射。给定 M，计算上无法找到 M'，满足 $H(M)=H(M')$，此所谓弱抗冲突性；计算上也难以寻找一对任意的 M 和 M'，使满足 $H(M)=H(M')$，此所谓强抗冲突性。要求“强抗冲突性”主要是为了防范所谓“生日攻击（Birthday Attack）”，在一个 10 人的团体中，你能找到和你生日相同的人的概率是 2.4%，而在同一团体中，有 2 人生日相同的概率是 11.7%。类似的，当预映射的空间很大的情况下，算法必须有足够的强度来保证不能轻易找到“相同生日”的人。

（3）映射分布均匀性和差分分布均匀性。散列结果中，为 0 的 bit 和为 1 的 bit，其总数应该大致相等；输入中一个 bit 的变化，散列结果中将有一半以上的 bit 改变，这又叫作“雪崩效应（Avalanche Effect）”；要实现使散列结果中出现 1 bit 的变化，则输入中至少有一半以上的 bit 必须发生变化。其实质是必须使输入中每一个 bit 的信息，尽量均匀地反映到输出的每一个 bit 上去；输出中的每一个 bit，都是输入中尽可能多 bit 的信息一起作用的结果。

Damgard 和 Merkle 定义了所谓“压缩函数（Compression Function）”，就是将一个固定长度的输入，变换成较短的固定长度的输出，这对密码学实践上 Hash 函数的设计产生了很大的影响。Hash 函数就是被设计为基于通过特定压缩函数的不断重复“压缩”输入的分组和前一次压缩处理的结果的过程，直到整个消息都被压缩完毕，最后的输出作为整个消息的散列值。尽管还缺乏严格的证明，但绝大多数业界的研究者都同意，如果压缩函数是安全的，那么以上述形式散列任意长度的消息也将是安全的。这就是所谓 Damgard/Merkle 结构。

任意长度的消息被分拆成符合压缩函数输入要求的分组，最后一个分组可能需要在末尾添上特定的填充字节，这些分组将被顺序处理，除了第一个消息分组将与散列初始化值一起作为压缩函数的输入外，当前分组将和前一个分组的压缩函数输出一起被作为这一次压缩的输入，而其输出又将被作为下一个分组压缩函数输入的一部分，直到最后一个压缩函数的输出，将被作为整个消息散列的结果。

目前应用最广泛的 Hash 算法是 MD5 和 SHA1，这两种 Hash 算法都是以 MD4 为基础设计的。MD5 是 Rivest 于 1991 年对 MD4 的改进版本，它要求输入仍以 512 bit 分组，其输出是 4 个 32 bit 的级联，与 MD4 相同。SHA1 是由 NIST NSA 设计为同 DSA 一起使用的它对长度小于 264 bit 的输入，产生长度为 160 bit 的散列值，因此抗穷举（Brute-Force）性更好。SHA-1 设计时，基于同 MD4 相同原理，并且模仿了该算法。因为它将产生 160 bit 的散列值，因此它有 5 个参与运算的 32 位寄存器字，消息分组和填充方式与 MD5 相同，主循环也同样是 4 轮，但每轮进行 20 次操作，非线性运算、移位和加法运算也与 MD5 类似，但非线性函数、加法常数和循环左移操作的设计有一些区别，

2.3.2 数字签名

手写签名是一种传统的确认方式，如写信、签订协议、支付确认、批复文件等。在数字系统中同样有签名应用的需要，如假定 Alice 要发送一个认证消息给 Bob，如果没有签名确认的措施，Bob 可能伪造一个不同的消息，但声称是从 Alice 收到的；或者为了某种目的，Alice 也可以否认发送过该消息。很明显，数字系统的特点决定了不可能沿用原先的手写签名的方法来实现防伪造或抵赖，这就提出了如何实现数字签名的问题。

数字签名是电子信息技术发展的产物，是针对电子文档的一种签名确认方法，所要达到的目的是：对数字对象的合法性、真实性进行标记，并提供签名者的承诺。随着信息技术的广泛应用，特别是电子商务、电子政务等的快速发展，数字签名的应用需求越来越大。

根据数字签名的应用需求，需要满足的条件如下。

（1）接收方可以验证发送方所宣称的身份。

（2）发送方在发送消息后不能否认该消息的内容。

（3）接收方不能够自己编造这样的消息。

数字签名具有验证的功能，其设计要求为以下 6 个方面。

（1）签名必须是依赖于被签名信息的一个位串模板，即签名必须以被签名的消息为输入，与其绑定。

（2）签名必须使用某些对发送者是唯一的信息。对发送者唯一就可以防止发送方以外的人伪造签名，也防止发送方事后否认。

（3）必须相对容易地产生该数字签名，即签名容易生成。

（4）必须相对容易地识别和验证该数字签名。

（5）伪造数字签名在计算复杂性意义上具有不可行性，既包括对一个已有数字签名构造新的消息，也包括对一个给定消息伪造一个数字签名。

（6）在存储器中保存一个数字签名副本是现实可行的。

数字签名又可以分为基于对称密钥的数字签名、基于公开密钥的数字签名及基于消息摘要的数字签名，对这 3 种数字签名的描述如下。

1. 基于对称密钥的数字签名

数字签名的一种做法是设立一个人人都信任并且又熟知一切的中心权威机构（BB）。然后每个用户选择一个秘密密钥，并且亲手将它送到 BB 的办公室。因此只有 Alice 和 BB 才知道 Alice 的秘密密钥 K_A，以此类推。

当 Alice 想要给 Bob 发送一条签名的明文消息时，她生成 $K_A(B,R_A,t,P)$，这里 B 是 Bob 的标识，R_A 是 Alice 选择的一个随机数，t 是一个时间戳（可用来保证该消息的新鲜性），P 是 Alice 发送给 Bob 的明文，$K_A(B,R_A,t,P)$是指用它的密钥 K_A 加密之后的信息。然后，Alice 按照图 2.17 所示的方式将该消息发送出去。BB 看到该消息来自 Alice，于是解密该消息，并按照图中所示给 Bob 发送一条消息。给 Bob 的消息包含了 Alice 的原始消息的明文 P 和一条经过签名的消息 $K_{BB}(A,t,P)$。Bob 收到消息后即可执行 Alice 的请求。

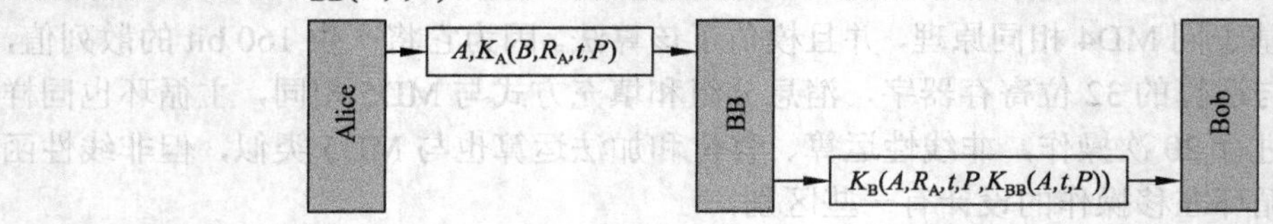

图 2.17　通过 BB 的数字签名

在该签名协议中，一个潜在的问题是 Trudy 可能会重放其中某一条消息，为了使这个问题的危险性降低到最小，可以在每一个环节上用时间戳进行控制。而且，Bob 可以检查所有最近接收到的信息，看一看在这些消息中是否也用到过 R_A。如果确有消息用到 R_A，则他可以将新收到的消息作为重放消息而丢弃。请注意，利用时间戳机制，Bob 将拒绝接受过时信息。为了对付短时间内的重放攻击，Bob 只要检查每条进来消息中的 R_A，以判断在过去的一个小时内是否曾经收到过来自 Alice 的这条消息。如果没有的话，则 Bob 就可以安全地认为这是一个新的请求。

2. 基于公开密钥的数字签名

利用对称密钥密码技术来实现数字签名的一个结构性问题是：每个人都必须信任 BB，而且 BB 能够解读所有签名的消息。从逻辑来看，最有可能运行 BB 服务器的候选机构是政府、银行、会计事务所和律师事务所，但是若签名文档的时候不要求通过一个可信的权威机构，则可以解决人们对于上述组织不能给予足够信任的问题。幸运的是，公开密钥密码学为这个领域做出了重要的贡献。我们假设公开密钥的加密算法和解密算法除了具有常规的 $D(E(P))=P$ 属性以外，还具有 $E(D(P))=P$ 属性。同时假设，Alice 为了向 Bob 发送一条签名的明文消息 P，它传输的是 $E_{PUB}(D_{PRA}(P))$。请注意，Alice 知道它自己的私有密钥 PRA 及 Bob 的公开密钥 PUB，所以 Alice 构造这条消息是可以做得到的。

当 Bob 收到这条消息时，他像往常一样利用自己的私钥 PRB 对消息做变换，从而得到 $D_{PRA}(P)$，如图 2.18 所示。他将这份信息放在一个安全的地方，然后通过使用 Alice 的公钥 PUA 可得到原始的明文。

为了看清这种签名特征的工作原理，不妨假设 Alice 后来否认自己曾经给 Bob 发送过消息 P。当这个案子被提到法庭的时候，Bob 可以同时出示 P 和 $D_{PRA}(P)$。法官很容易验证 Bob 是否真的拥有一条由 PRA 加密的消息，他只需要简单地在消息上应用 PUA 即可。由于 Bob

并不知道 Alice 的私钥是什么，所以，Bob 能获得由 Alice 私钥加密消息的唯一途径是 Alice 给他发送了这样的消息。

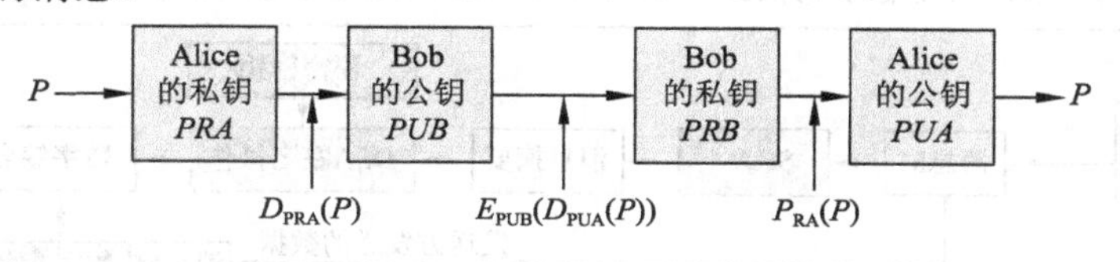

图 2.18 利用公开密钥技术的数字签名

3. 基于消息摘要的数字签名

通常情况下，认证是必要的，但是保密性并不一定是必需的。下面介绍的消息摘要就不需要加密整条消息。

这个方案以单向散列函数的思想作为基础，这里的单向散列函数接受一个任意长度的明文作为输入，并且根据此明文计算出一个固定长度的位串。这个散列函数 *MD* 通常被称为消息摘要，它有以下 4 个重要的特征。

（1）给定 *P*，很容易计算 *MD*(*P*)。

（2）给定 *MD*(*P*)，想要找到 *P* 在实践中是不可能的。

（3）在给定 *P* 的情况下，找到满足 *MD*(*P*)= *MD*(*P'*)的 *P'*的概率非常小。

（4）在输入明文中即使只有 1 位的变换，也会导致完全不同的输出。

为了满足第 3 条，散列结果应该至少 128 bit。为了满足第 4 条，散列结果必须彻底弄乱明文中的每一位，譬如在对称密钥加密算法中看到的那样。从一段明文来计算一个消息摘要必须比用公开密钥算法来加密这段明文要快得多，所以消息摘要可以被用来加速数字签名算法。

目前已经有许多种消息摘要函数，其中最为广泛使用的函数是 MD5（Rivest，1992）和 SHA-1（NIST，1993）。前者是 Ronald Rivest 设计的一系列消息摘要算法中的第 5 个算法。它通过一种足够复杂的方法来弄乱明文消息中的所有位，每一个输出位都要受到每一个输入位的影响。简要地说，它首先将原始的明文消息填补到 448 bit（以 512 为模）的长度。然后，消息的长度被追加成 64 bit 整数，因而整个输入的长度是 512 bit 的倍数。最后一个预计算步骤是将一个 128 bit 的缓冲区初始化成一个固定的值。后者是由 NSA 开发，而且得到 NIST 的赏识，并被标准化在 FIPS 180-1 中。和 MD5 一样，SHA-1 也按照 512 bit 的块大小来处理输入数据，唯一与 MD5 不同的是，它生成的是一个 160 bit 的消息摘要。

消息摘要也可以用在公开密钥密码系统中，如图 2.19 所示。在这里，Alice 首先计算明文的消息摘要，然后她针对消息摘要使用私钥进行签名，并且将签名之后的摘要与明文本身一起发送给 Bob。

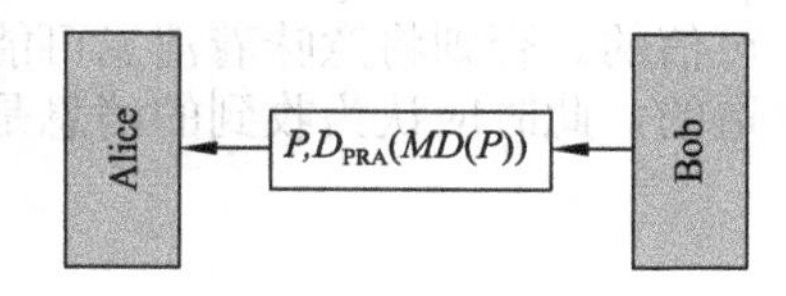

图 2.19 使用消息摘要的数字签名

使用消息摘要的数字签名算法中最具代表性的为 DSA 算法。数字签名标准（Digital Signature Standard，DSS）是美国国家标准技术研究所（NIST）在 1994 年 5 月 19 日正式公布的联邦信息处理标准 FIPS PUB 186，于 1994 年 12 月 1 日被采纳为数字签名标准 DSS，DSS 最初只支持 DSA（Digital Signature Algorithm）数字签名算法。它是由 ElGamal 签名方案改进得到，安全性基于计算离散对数的难度。该标准后来经过一系列修改，目前的标准为 2000 年 1 月 27 日公布的扩充版 FIPS PUB

186-2，新增加了基于 RSA 和 ECC 的数字签名算法。

DSA 中规定了使用安全散列算法（SHA-1），DSA 的数字签名与验证过程如图 2.20 所示。

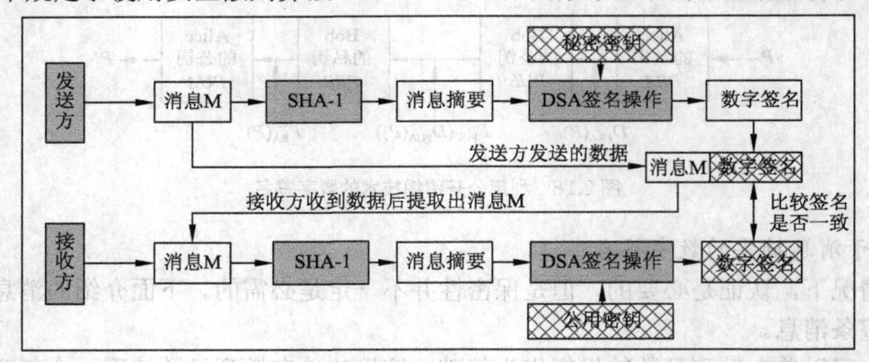

图 2.20　DSA 的数字签名与验证过程

（1）DSA 的参数

① 全局公开密钥分量：p,q,g 可以为一组用户公用。p 是一个素数，要求 2exp(L−1)＜p＜2exp$L$，512≤L≤1 024，并且 L 为 64 的倍数，即比特长度为 512～1 024，长度增量为 64 位。q 是 p−1 的素因子，2exp159＜q＜2exp160，即比特长度为 160 位。$g=h^{(p-1)/q}\mathrm{mod}p$。其中 h 是一个整数，1＜h＜p−1，并且 $g=h^{(p-1)/q}\mathrm{mod}p>1$。

② 用户私有密钥 x(0＜x＜q)，x 为随机或伪随机数。

③ 用户公开密钥 $y=g^x\mathrm{mod}p$。可见公开密钥由私有密钥计算得来，给定 x 计算 y 是容易的，但是给定 y 求 x 却是离散对数问题，这被认为在计算上是安全的。

④ 与用户每个签名相关的秘密数 k，每次签名都要重新生成 k。

（2）签名过程

发送方随机的选取 k，计算 $r=(g^k\mathrm{mod}p)\mathrm{mod}q$ 和 $s=[k^{-1}(H(M)+xr)]\mathrm{mod}q$，其中 $H(M)$是使用 SHA-1 生成的 M 的散列码，则(r,s)就是基于散列码对消息 M 的数字签名。$k$exp(−1)是 k 模 q 的乘法逆，并且 0＜$k$exp(−1)＜q。签名者应该验证 r=0 或 s=0 是否成立。如果 r=0 或 s=0，就应另外选取 k 值并重新生成签名。

（3）验证过程

接收方接收到 M,r,s 后，首先验证 $0<r<q,0<s<q$，通过计算 $w=s^{-1}\bmod q,\mu_1=\left[H\left(M\right)w\right]\bmod q$，$\mu_2=\left(rw\right)\bmod q,v=\left[\left(g^{\mu_1}y^{\mu_2}\right)\bmod p\right]\bmod q$。如果 $v=r$，则确认签名正确，可以认为收到的消息是可信的。否则将意味着消息可能被篡改，消息可能未被正确地签名或签名可能是被攻击者伪造的，此时应认为收到的消息是不可信的。

本 章 小 结

密码学是一个可被用来加密信息以确保信息完整性和真实性的工具。所有现代的密码系统都建立在 Kerckhoff 原则的基础上，即算法是公开的，但密钥是保密的。密码算法可被分为对称密钥算法和公开密钥算法，对称密钥算法将数据位通过一系列用密钥作为参数的轮变换，从而将明文变成密文。而公开密钥算法加密和解密使用不同的密钥，且加密秘钥不可能推导出解密密钥。许多法律的、商业的和其他的文档需要有签名。因此，人们设计了许多数字签名方案，有的使用对称密钥算法，有的使用公开密钥算法。通常，需要被签名的消息首先使用像 MD5 或者 SHA-1 这样的算法来计算散列值，再对散列值进行签名。公钥的管理可以通过证书来完成，证书需要由可信机构来签名，在使用时，信任链的根证书必须提前获得，因此浏览器通常已经内置了许多根证书。

练　习　题

1．简述密码体制的要素及其分类。
2．对称加密模式分为几种？各有什么特点？
3．对称加密体制和非对称加密体制各有什么特点?
4．散列（Hash）算法有哪些特性？
5．数字签名应满足哪些要求？

第3章 物联网的密钥管理

密钥管理用于处理密钥自产生到最终销毁的整个过程中的所有问题，包括系统的初始化，密钥的产生、存储、备份、更新、控制、吊销和销毁等。在物联网中需要用密钥来保证数据的可认证性、机密性和完整性等，所以密钥管理是物联网系统安全的基础和保障。本章对物联网感知层中所用到的几种经典密钥管理技术进行了详细描述，并结合 WIA-PA 标准规定的密钥类型，描述了一种适用于 WIA-PA 标准的密钥管理方案。

3.1 密钥管理类型

密钥管理是密码学的一个重要分支，负责密钥从产生到最终销毁的整个过程，包括密钥的生成、建立、更新、撤销等。近年来，物联网密钥管理的研究已经取得许多进展。不同的方案和协议其侧重点也有所不同，依据这些方案和协议的特点对密钥管理进行适当的分类，如图 3.1 所示。

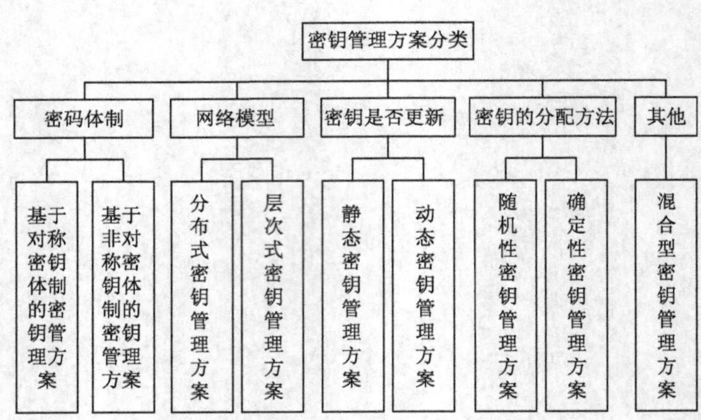

图 3.1 密钥管理方案的分类

1. 基于对称密码体制和非对称密码体制的密钥管理

在密码学编码中，将密码体制分为对称密码体制和非对称密码体制。根据所使用的密码体制不同，物联网密钥管理方案可以分为基于对称密码体制和非对称密码体制的密钥管理方案。基于对称密码体制的密钥管理方案的特点是：①密钥长度不长；②物联网节点设备的计算开销相对较小；③对微处理器的存储开销要求相对较低；④物联网节点设备之间的通信开销相对较低。正是由于这些特点，促使对称密钥管理方案更加适用于物联网。因此，基于对称密码体制的密钥管理方案是物联网密钥管理的主流研究方向。

与对称密码体制不同，非对称密码体制是基于数据函数的复杂度而不是基于代替和置换的方式来保证明文信息的安全。除此以外，在密钥应用问题上，非对称密码体制采用两个相互独立的公/私钥来确保明文信息的安全，而对称密码体制采用相同的对称密钥来确保明文信息的安全。由于基于非对称密码体制的密钥管理方案对物联网节点的硬件要求比较高，所以曾一度被认为不适用于物联网。

2. 分布式密钥管理和层次式密钥管理

在物联网感知层中，网络的模型多种多样（例如，簇型网络、树型网络和 Mesh 网络等），不同的网络模型在一定意义上决定了密钥管理方案的不同。所以，依据不同的网络模型，物联网密钥管理方案可分为分布式和层次式密钥管理方案。在分布式密钥管理方案中，传感器节点具有相同的计算、存储和通信能力，物联网节点间密钥的协商和更新是通过使用预配置的密钥材料和密钥协商协议相互协作来完成的。而层次式密钥管理方案更多的专注于将网络进行层次式划分来实现密钥的管理，即依据角色和功能强弱的不同，将物联网节点分为全功能设备（Full Function Device，FFD）和精简功能设备（Reduced Function Device，RFD），以 FFD 为核心，实现密钥的预分配、协商、更新和撤销等工作。

3. 静态密钥管理和动态密钥管理

在物联网感知层中，当物联网节点部署完成后，节点根据密钥协商协议完成密钥建立。密钥建立完成后，是否对密钥进行更新是密钥管理分类的另外一个依据。所以，根据物联网节点在密钥建立后是否进行更新，将物联网密钥管理分为静态密钥管理和动态密钥管理。在静态密钥管理中，由基站（安全管理者）为传感器节点预配置一定数目的密钥，传感器节点被部署在物联网中后，通过密钥协商协议完成通信密钥的建立，该通信密钥在整个网络运行期间不进行更新和撤销过程。而在动态密钥管理中，密钥拥有自己的生命周期，即密钥周期性进行分配、建立、更新和撤销等操作。从安全性能上分析，静态密钥管理方案相比动态密钥管理方案，其安全性相对较弱，因为被攻击的传感器节点可以继续参与网络的操作，所以单一密钥长期使用势必会给物联网带来更多的安全威胁。由于静态密钥管理不需要消耗更多的能量资源进行密钥的更新和维护，所以在计算和通信开销方面，静态密钥管理比动态密钥管理具有优势。

4. 随机密钥管理和确定性密钥管理

在物联网感知层中，密钥的分配方式多种多样，结合不同的密钥分配方法，将物联网密钥管理分为随机密钥管理和确定性密钥管理。在随机密钥管理中，密钥的协商是随机性的，例如 E-G 方案中规定，通过预先从一个大的密钥池中选取一个密钥环，并将此密钥环加载到物联网节点中，部署后的物联网节点利用自身存储的密钥环和密钥协商协议完成通信密钥的建立，或者通过从多个密钥空间中随机选取若干个密钥空间分配给传感器节点。然后，物联网节点通过密钥协商协议完成密钥的建立。确定性密钥管理方案则不同于随机密钥管理方案，密钥环或密钥空间的选取是固定的。所以，随机性密钥管理方案的优点是密钥分配便捷，传感器节点的部署情况不受过多地约束；缺点是密钥的分配具有一定的盲目性，节点与节点之间的密钥建立存在盲区，并且节点需要存储大量的密钥以提高密钥协商的准确性，然而，这样的密钥协商方案势必浪费了存储资源有限的物联网节点的存储空间。确定性密钥管理方案的优点是密钥的分配具有针对性，不存在密钥建立盲区现象，物联网节点的存储开销小；缺点是物联网节点部署受到一定的限制，网络灵活性较低。

5. 混合型密钥管理方案

为了使物联网满足更高级别的安全需求，将两种或两种以上的密钥分配特性混合起来的密钥管理方案称为混合型密钥管理方案。例如，椭圆曲线密钥体制和对称密钥体制相结合的密钥管理方案，其基本思路是：①首先通信双方随机产生一个基值，其次通信双方使用自己的私钥加密基值和身份标识符形成密文信息，并构建隐藏证书（隐藏证书中内嵌自己的合法公钥）；②通信双方将密文信息和隐藏证书发送至通信方，然后通信方从隐藏证书中提取发送方的合法公钥，并以合法公钥解密密文信息获得基值和身份标识符；③若基值认证通过，通信双方依据身份标识符和基值派生出链路密钥（对密钥），并采用对称加密的方式保证通信链路的安全。

3.2 密钥管理安全问题及安全需求

3.2.1 安全问题

密钥管理是为通信双方提供密钥关系建立和维护的一整套技术和过程。在物联网感知层中，除了单播通信方式还存在多播的通信方式。其中，单播通信的安全主要依靠对密钥进行保障，而多播通信的安全主要依靠组密钥进行保障。依据通信方式的不同，密钥管理的安全问题分为：对密钥管理问题和组密钥管理问题。

1. 对密钥管理问题

对密钥管理问题是：应该如何保障通信双方建立可靠的对密钥，如何确定通信双方的身份以及如何安全地撤销和更新对密钥。

2. 组密钥管理问题

在物联网感知层中，多播通信具备了信道开放的特点，因此其面临着更多的安全威胁。组密钥管理是解决多播通信安全的关键。组密钥管理面临的问题是：应该如何满足不同的组成员数量、行为（加入或撤销）及地理分布等多种需求，且能否抵抗来自非法节点的攻击，保障网络的前向安全性和后向安全性。

3.2.2 安全需求

结合物联网感知层的特性，密钥管理方案应该满足以下5种安全需求。

（1）真实性（Authenticity）。密钥管理技术应该满足通信双方之间的相互认证。

（2）机密性（Confidentiality）。机密性用来确保密钥信息不被泄露给未授权的用户。攻击者可能通过获取物联网中的数据来分析出物联网节点使用的密钥，或者以直接捕获物联网节点的方式来提取其内部存储的密钥信息。一个好的密钥管理方案能够保障即使有部分传感器节点妥协，网络中使用的密钥仍被认为是安全可靠的，网络中的通信数据仍然具备良好的机密性。

（3）完整性（Integrity）。完整性是指有关密钥的信息在传输的过程中不会存在丢失或篡改等现象，确保接收节点收到的信息与发送节点发送的信息完全一样。

（4）可扩展（Scalability）。由于物联网感知层节点是不断变化的，所以应用于物联网中的密钥管理方案应具备良好的扩展性。密钥管理方案不仅可以保障小型网络的安全，而且可以应用于大型网络中，并且其具备的相关特性应该维持不变。

（5）灵活性（Flexibility）。密钥管理方案应该能够适用于各种应用环境，不受网络拓扑及节点地理位置的影响，能够很好地支持节点的动态部署。

3.3　全局密钥管理方案

BROSK（Broadcast Session Key Negotiation Protocol）协议是以预配置主密钥（全局密钥）为基础，确保每个传感器节点与其邻居节点能够协商出会话密钥。协议的具体描述如下。

（1）假设。BROSK 协议在 3 个假设的基础上进行实现。这 3 个假设分别是：①传感器节点的资源有限；②传感器节点是静止的或者有较低的移动能力；③每个传感器节点共享一个主密钥 K，并且该主密钥 K 是绝对安全的。

（2）网络初始化。由安全管理中心（Security Operation Center，SOC）为所有传感器节点预配置主密钥，即主密钥 K 以秘密的方式加载到每个传感器节点中，并且该主密钥从网络组建开始到最终的消亡是绝对安全的，不会被恶意攻击者捕获。

（3）会话密钥的建立。每个传感器节点向自己的邻居节点广播密钥协商消息，该消息的格式为：$ID_i||N_i||MAC_K(ID_i||N_i)$，其中 ID_i 表示节点 i 的身份信息，N_i 表示节点 i 产生的随机数，$MAC_K(ID_i||N_i)$表示使用主密钥 K 产生信息 $ID_i||N_i$ 的消息鉴别码（Message Authentication Code，MAC），||表示字符串连接符。一旦节点收到其邻居节点的密钥协商消息，其依据自身产生的随机数和邻居节点产生的随机数产生会话密钥。

如图 3.2 所示，假设节点 A 与节点 B 建立会话密钥，节点 A 广播密钥协商消息 $ID_A||N_A||MAC_K(ID_A||N_A)$，与此同时，节点B广播密钥协商消息$ID_B||N_B||MAC_K(ID_B||N_B)$。当节点 A 和节点 B 收到对方发送的密钥协商消息时，首先完成消息完成性认证，认证通过后，双方分别依据以下方式产生会话密钥 K_{AB}

$$K_{AB}=MAC_K(ID_B||N_B)$$

全局密钥方案的优点是计算复杂度低，节点存储的密钥个数少，并且对传感器节点的存储和计算能力要求不高；缺点是密钥空间小，导致节点抗捕获能力差，倘若一个节点被攻击者捕获，造成的严重后果是整个网络节点的密钥都会被泄露。

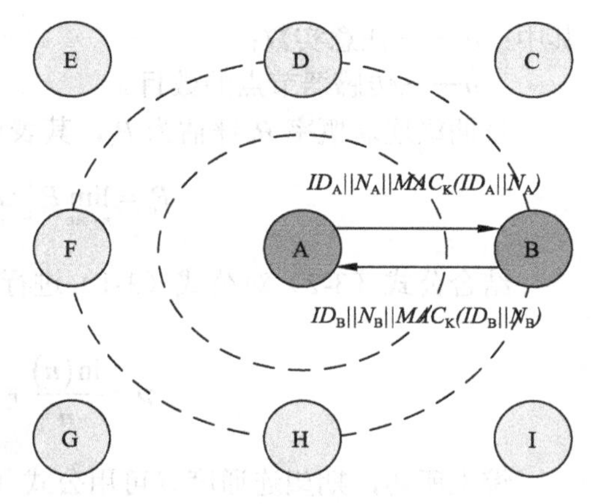

图 3.2　节点 A 与节点 B 会话密钥协商图

3.4　随机密钥预分配方案

3.4.1　随机预共享方案

随机密钥预分配方案，亦称 E-G 方案。E-G 方案的主要思路是：在 WSNs 完成部署前，由安全管理者从一个大的密钥池 P 中随机选出 k 个密钥构成密钥环，并将该密钥环加载到传感器节点中。由于每个传感器节点中存储的 k 个密钥是随机从密钥池 P 中选取出来的，所以并不能保证所有的传感器节点之间存在共享密钥的概率为 1。针对这个问题，E-G 方案提出了路径密钥构建思路。

在介绍 E-G 方案之前，首先注明 4 个符号的概念，如表 3.1 所示。

表 3.1　E-G 方案符号说明

符号	描述
P_r	期望连通概率
p	表示网络中两个节点之间存在共享密钥的概率
n	表示网络中节点的总数目
d	表示节点的期望连通度，即节点与邻居节点之间的期望连通度

E-G 方案需要解决的两个重要问题如下。

问题 1：一个什么样的期望连通度才能够使得整个网络中的节点相互连通？

通过研究随机图论原理[5]，L. Eschenauer 等人对该问题作出如下解释：首先对网络的期望连通概率做出假设，期望连通概率 P_r 越高越好，可以是 0.99，也可以是 0.999，还可以是 0.999 9 等。当知道网络规模为 n 的时候，便可以得到期望连通度 d 的取值，即 $d=p\times(n-1)$。

在文献[5]中做出这样的推倒：公式（3-1）规定了一个特别的阈值函数 $p()$，

$$p=\frac{\ln(n)}{n}+\frac{c}{n} \tag{3-1}$$

其中：c——任意实数；

n——传感器节点的数目。

将期望连通概率 P_r 评估为 P_c，其表达式为：

$$P_c=\lim_{n\to\infty}P_r\left[G(n,p)\text{is connected}\right]=e^{e^{-c}} \tag{3-2}$$

结合公式（3-2）对公式（3-1）进行化简，得到公式（3-3）：

$$p=\frac{\ln(n)}{n}+\frac{c}{n}=\frac{\ln(n)}{n}-\frac{\ln(-\ln(P_c))}{n} \tag{3-3}$$

综上所述，期望连通度 d 可用公式（3-4）进行表示：

$$d=p\times(n-1)=\left(\frac{\ln(n)}{n}-\frac{\ln(-\ln(P_c))}{n}\right)\times(n-1) \tag{3-4}$$

使用 MATLAB 仿真软件对公式（3-4）进行仿真，得到图 3.3 所示的仿真图。该图充分反映出节点的期望连通度随着邻居节点的数目和期望连通概率的变化而变化的情况。所以，当确定了网络规模，确定了期望连通概率 P_r，即可确定期望连通度 d。

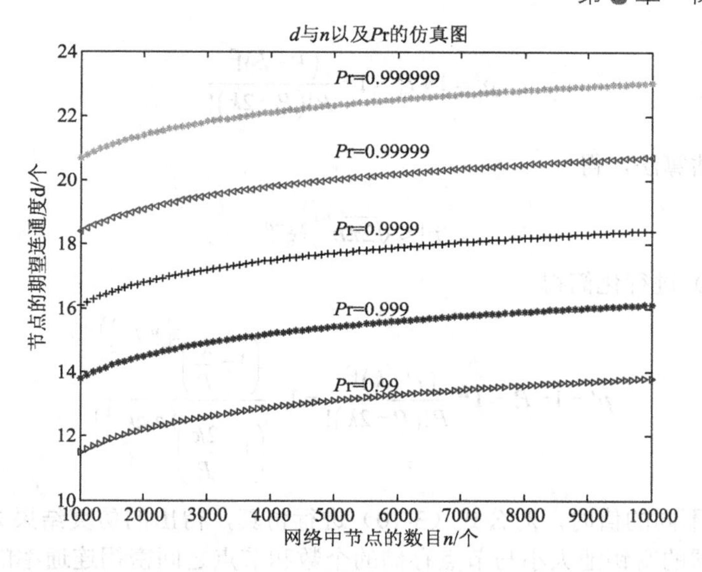

图 3.3 节点的期望连通度与网络规模大小和期望连通概率的关系

问题 2：密钥池的大小怎么决定，节点中密钥环的大小怎么决定？

值得注意的是：前面在计算期望连通度 d 的时候过于理想化，因为当网络规模非常大的时候，一个节点的实际邻居节点的个数 $n'-1$ 远远小于 $n-1$，所以实际的连通概率 $p'=\frac{d}{n'-1} << p=\frac{d}{n-1}$。通过随机图论的方式评估出实际的连图概率 p'，详细过程如下。

任意两个节点至少存在一个共享密钥的概率为 $p'=1-P_t$，其中 P_t 表示任意两个节点没有共享密钥的概率。为了计算概率 p'，首先需要计算出概率 P_t。P_t 的详细计算过程如下。

由于节点存储的密钥环是从密钥池 P 中以随机且可重合的方式选取出来的，所以从密钥池 P 中随机选出 k 个密钥的方法为

$$C_P^k=\frac{P!}{k!(P-k)!} \tag{3-5}$$

假设已从密钥池 P 中随机选取一个拥有 k 个密钥的密钥环 l，那么要从密钥池 P 中找到另外一个密钥环 l'，且保证该密钥环 l'中所有的密钥均与密钥环 l 无重合密钥，则第二次选取密钥环的方法为

$$C_{P-k}^k=\frac{(P-k)!}{k!(P-2k)!} \tag{3-6}$$

结合公式（3-5）和（3-6）得出两个节点间不存在共享密钥的概率 P_t 如公式（3-7）

$$P_t=\frac{C_{P-k}^k}{C_P^k}=\frac{\frac{(P-k)!}{k!(P-2k)!}}{\frac{P!}{k!(P-k)!}}=\frac{(P-k)!^2}{P!(P-2k)!} \tag{3-7}$$

综上所述，任意两个节点至少存在一个共享密钥的概率为

$$p' = 1 - P_t = 1 - \frac{\left((P-k)!\right)^2}{P!\left(P-2k\right)!} \tag{3-8}$$

依据$n!$的评估算法，得

$$n! \approx \sqrt{2\pi n}\, n^{n+\frac{1}{2}} \mathrm{e}^{-n} \tag{3-9}$$

对公式（3-8）进行化简得

$$p' = 1 - P_t = 1 - \frac{\left((P-k)!\right)^2}{P!\left(P-2k\right)!} = 1 - \frac{\left(1-\dfrac{k}{P}\right)^{2\left(P-k+\frac{1}{2}\right)}}{\left(1-\dfrac{2k}{P}\right)^{\left(P-2k+\frac{1}{2}\right)}} \tag{3-10}$$

当 P 和 k 取不同的值时，对公式（3-10）进行仿真，得出的仿真结果如图 3.4 所示。该图充分反映了不同的密钥池大小与节点存储的个数和节点之间密钥连通率的关系。

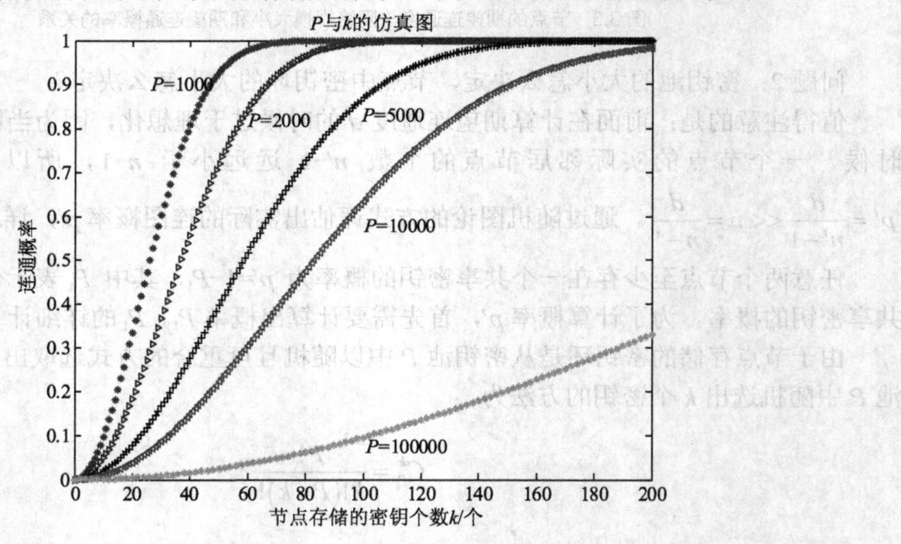

图 3.4　两个节点至少有一个共享密钥的概率图

解决了以上两个重点问题，E-G 方案的详细描述过程如下。

1. 密钥预分配阶段

密钥预分配阶段主要分为 5 步：①安全管理者产生密钥池，并为密钥池中的每个密钥设定独一无二的身份标识符 K_{ID}；②安全管理者随机从密钥池中选取 k 个密钥构成一个密钥环；③安全管理者通过离线的方式为网络中的每个传感器节点加载密钥环及密钥环中密钥的身份标识符；④安全管理者保存所有传感器节点的 ID 信息；⑤安全管理者设定若干个安全控制节点，这些控制节点与网络中所有传感器节点具有共享密钥。

2. 共享密钥发现阶段

传感器节点部署完成后，每个传感器节点广播发送自己密钥环中的密钥 ID 信息，如果其邻居节点发现与自己有共同的密钥 ID 信息，则会依据共同的密钥 ID 信息寻求对应的共享密钥，并依据共享密钥与其建立安全通信链路。但是，这种通过消耗过高的通信开销来建立会话密钥的方式对于 WSNs 而言并不可取，因为传感器节点设备的能量非常有限。

3. 路径密钥建立阶段

实际上，E-G 方案并不能保障网络中任意两个节点都存在共享密钥，即网络中两个节点之间存在共享密钥的概率 p 不可能等于 1。所以，文献[5]提出了路径密钥的建立方法。图 3.5 所示为路径密钥建立的模型。节点 A 预与节点 E 进行通信，但是它们之间又没有共享密钥。而节点 B 与节点 A 存在共享密钥，节点 B 与节点 E 也存在共享密钥，那么节点 B 即可作为密钥分发中心，为节点 A 和节点 E 建立会话密钥 K_{AE}，并以 K_{AB} 和 K_{BE} 加密 K_{AE} 的方式分别发送给节点 A 和节点 E。

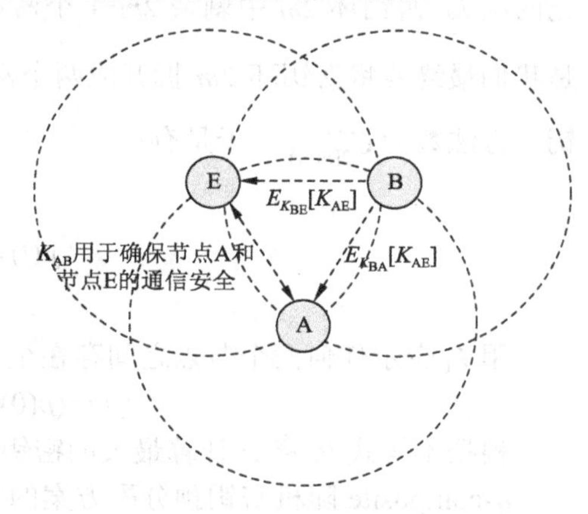

图 3.5 路径密钥建立过程

4. 密钥的撤销

在 E-G 方案中，每个传感器节点都存储有一定数量的密钥信息，这个较小的密钥空间的暴露可能影响到整个网络的安全。为了应对这类威胁，合法的传感器节点必须删除与被捕获节点的共享密钥。在密钥预配置阶段，提到了安全控制节点，该设备具备了一定的检测能力，当其检测到合法节点被非法攻击者捕获后，控制节点依据被捕获节点的 ID 信息，查找其存储的密钥环，并以广播的方式将该密钥环中密钥的 ID 信息广播给 WSNs 中的所有传感器节点，其他传感器节点删除自己密钥环中含有相同密钥 ID 的密钥。

E-G 方案的优点是节点计算开销相对较低，点到点和端到端的通信安全得到了保障；缺点是节点存储的密钥个数随着网络规模的增加急剧增加，共享密钥发现过程的通信开销过大，节点的抗捕获能力相对较差，攻击者通过捕获少数节点即可攻破整个网络的密钥。

3.4.2 q-composite 随机预共享方案

2003 年，Chan Hao wen 等人在 E-G 方案的基础上提出了 q-composite 密钥机制。该模型将这个公共密钥的个数要求提高到了 q 个。提高公共密钥的个数可以提高系统的抵抗力。攻击网络的攻击难度和共享密钥个数 q 呈指数关系。但是，预想网络中任意两个节点间存在的公共密钥的个数超过 q 的概率达到期望概率 p，就必须要缩小整个密钥池的大小，增加节点间共享密钥的交叠度。但是密钥池太小会使敌人俘获少数几个节点从而获得很大的密钥空间。寻找一个最佳的密钥池大小是本模型的实施关键。

q-composite 随机密钥预分布模型中密钥池的大小可以通过下面的方法获得。

假设网络的连通概率为 P_c，每个节点的实际邻居节点的个数为 n'，根据公式（3-4），可以得到任何给定节点的平均度和网络实际连通概率 $p'=\dfrac{d}{n'}$。设 m 为每个节点存放密钥环的大小，要找到一个最大的密钥池 s，使得从 s 的任意两次 m 个密钥的采样，其相同密钥的个数超过 q 的概率大于 p。设任何两个节点之间共享密钥个数为 i 的概率为 $p(i)$，则任意节点从 S 个密钥中选取 m 个密钥的方法有 C_S^m 种，两个节点分别选取 m 个密钥的方法数为 $\left(C_S^m\right)^2$ 个。假设将两个节点的密钥环合并在一起，即为 $2m$。从 S 个密钥中选取 i 个密钥的方法有 C_S^i 种，

将这 i 个密钥填充到密钥环 $2m$ 中，为了保证两个节点之间有 i 个共享密钥，所以我们再次填充两次 i。密钥环 $2m$ 中剩余 $2m-1$ 个密钥从剩下的 $S-i$ 个密钥中获取，方法数为 $C_{S-i}^{2(m-i)}$。但是我们最终要将密钥环 $2m$ 拆开成两个密钥环，所以我们要从 $2(m-i)$ 个密钥中选取 $m-i$ 个密钥，方法数为 $C_{2(m-i)}^{m-i}$。于是有：

$$p(i)=\frac{C_S^i C_{S-i}^{2(m-i)} C_{2(m-i)}^{m-i}}{\left(C_S^m\right)^2} \tag{3-11}$$

用 P_c 表示任何两个节点之间存在至少 q 个共享密钥的概率，则有：

$$P_c=1-(p(0)+p(1)+p(2)+\cdots+p(q-1)) \tag{3-12}$$

根据不等式 $p_c \gg p$ 计算最大的密钥尺寸 s。

q-composite 随机密钥预分配方案的实施过程如下。

（1）密钥的生成

首先基站随机选取密钥池 s，然后基站从密钥池中选取 m 个密钥分别加载到每个传感器节点中去。m 的选择应该保证每两个节点之间至少拥有 q 个共享密钥的概率大于等于预设定的概率 p。

（2）共享密钥的发现

每个节点向自己的邻居节点广播自己密钥池中所有密钥（除全网密钥外）对应的密钥标识符，当节点接收到来自于邻居节点的广播消息后，和自己的密钥子集相比较，再将相同的密钥标识符发给该节点。

（3）通信密钥的计算

每个节点确定与自己的邻居节点共享的密钥个数 q'，$q' \geqslant q$。可以根据所知的共享密钥用 Hash 函数根据公式（3-13）计算得到通信密钥 K，Hash 函数的自变量顺序是预先设定的。

$$K=\mathrm{Hash}(K_1 \| K_2 \| \cdots \| K_{q'}) \tag{3-13}$$

q-composite 随机密钥预分布模型相对于基本随机密钥预分布模型对节点被俘有很强的自恢复能力。其分析了规模为 n 的网络，在有 x 个节点被俘获的情况下，正常网络节点通信信息可能被俘获的概率如公式（3-14）。

$$P=\sum_{i=q}^{m}\left(\left(1-\left(1-\frac{m}{|S|}\right)^x\right)^i \times \frac{p(i)}{p}\right) \tag{3-14}$$

图 3.6 中给出了被俘获节点数和正常节点通信被俘概率的关系。仿真条件为：m=200，任意节点对密钥建立的概率 p=0.33。从图中我们可以看到，当共享密钥数 q=2，被俘节点个数为 50 个的情况下，正常通信信道被敌人分析破解的概率约为 4.74%，而基本模型中的破解概率为 9.52%。当被俘获节点数较少的时候，q-composite 模型将比基本模型表现好，而当被俘节点数较大的时候，q-composite 模型的效果将变差。

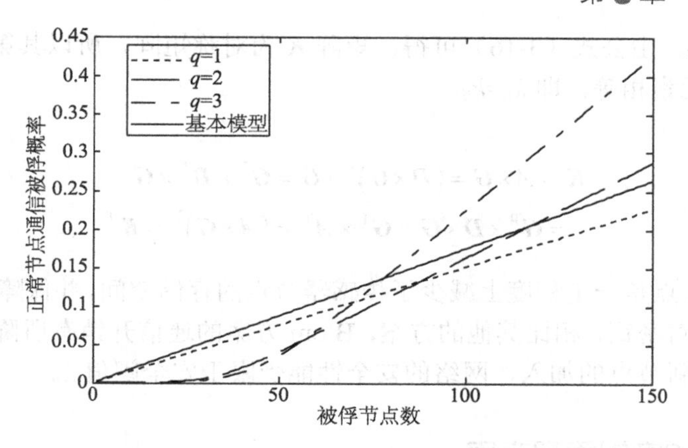

图 3.6 被俘获节点数和正常节点通信被俘概率的关系

3.5 基于矩阵的密钥管理方案

早在 1985 年，R. Blom 提出了基于矩阵的密钥管理方案，亦称 Blom 方案[6]。该方案主要采用对称矩阵和范德蒙行列式的特性，完成对密钥的建立。从理论上来讲，该方案能够在任意两个传感器节点之间建立唯一的对密钥，并且该对密钥的安全阈值为 λ（安全阈值 λ 表明只要网络中有不超过 λ 个节点被捕获，任意两个节点之间的对密钥都是安全可靠的；反之，若超过了 λ 个传感器节点被捕获，网络将不再绝对安全）。

Blom 方案主要分为 3 个阶段。

1. 初始化阶段

初始化阶段主要完成两个任务：①安全管理者依据 WSNs 中传感器节点的数目 N，构建一个$(\lambda+1)\times N$ 的范德蒙矩阵 $\boldsymbol{G}$，其构建方式如公式（3-15）所示，规定矩阵 $\boldsymbol{G}$ 中的所有元素应该属于有限域 $GF(q)$（q 为一个大素数）；②安全管理者在有限域 $GF(q)$内随机产生一个$(\lambda+1)\times(\lambda+1)$的对称矩阵 $\boldsymbol{D}$，并依据矩阵 $\boldsymbol{G}$ 计算对称矩阵 $\boldsymbol{A}$，即 $\boldsymbol{A}=(\boldsymbol{D}\times\boldsymbol{G})^T$①。

$$\boldsymbol{G}=\begin{bmatrix} (seed_1)^0 & (seed_2)^0 & \cdots & (seed_N)^0 \\ (seed_1)^1 & (seed_2)^1 & \cdots & (seed_N)^1 \\ \cdots & \cdots & \cdots & \cdots \\ (seed_1)^\lambda & (seed_2)^\lambda & \cdots & (seed_N)^\lambda \end{bmatrix} \tag{3-15}$$

2. 密钥材料预分配阶段

安全管理者依据产生的矩阵信息，将矩阵 $\boldsymbol{G}$ 的第 i 列和矩阵 $\boldsymbol{A}$ 的第 i 行一并存储在节点 i 的存储单元内。

3. 对密钥建立阶段

假设节点 i 和节点 j 进行通信，首选它们交换各自存储的矩阵 $\boldsymbol{G}$ 的列信息，节点 i 依据自身存储的矩阵 $\boldsymbol{A}$ 的行信息和节点 j 发送过来的矩阵 $\boldsymbol{G}$ 的列信息，计算 $k_{ij}=\boldsymbol{A}_i\times\boldsymbol{G}_j$；同理节

① 注释：矩阵 $\boldsymbol{G}$ 为公开矩阵，也可以理解为公钥；对称矩阵 $\boldsymbol{D}$ 为私密矩阵，同样可以理解为私钥；通过计算得到的对称矩阵 $\boldsymbol{A}$ 为非奇异对称矩阵。

点 j 计算 $k_{ji}=\boldsymbol{A}_j\times\boldsymbol{G}_i$。由公式（3-16）可得，矩阵 $\boldsymbol{K}$ 为对称矩阵，所以其第 i 行第 j 列的元素与第 j 行第 i 列的元素相等，即 $k_{ij}=k_{ji}$。

$$\begin{aligned}\boldsymbol{K}=\boldsymbol{A}\times\boldsymbol{G}&=(\boldsymbol{D}\times\boldsymbol{G})^{\mathrm{T}}\times\boldsymbol{G}=\boldsymbol{G}^{\mathrm{T}}\times\boldsymbol{D}^{\mathrm{T}}\times\boldsymbol{G}\\&=\boldsymbol{G}^{\mathrm{T}}\times\boldsymbol{D}\times\boldsymbol{G}=\boldsymbol{G}^{\mathrm{T}}\times\boldsymbol{A}^{\mathrm{T}}=(\boldsymbol{A}\times\boldsymbol{G})^{\mathrm{T}}=\boldsymbol{K}^{\mathrm{T}}\end{aligned}\tag{3-16}$$

Blom 方案的优点是一定程度上减少了传感器节点的存储空间，并保障了网络中所有的传感器节点都能建立对密钥，相比其他的方案，Blom 方案的通信开销有所降低；缺点是网络的扩展性差，不支持新节点的加入，网络的安全性能受限于安全阈值 λ。

3.6 基于 EBS 的密钥管理方案

早在 2004 年，M. Eltoweissy 等人提出了一种新的密钥管理方案，被称为 EBS（Exclusion Basis System，EBS）。该密钥管理方案主要用于密钥动态管理。EBS 被定义为一个由 3 个元素组成的集合 $\boldsymbol{\Gamma}=\{n,k,m\}$，其中 n 表示组内用户的数目，k 表示每个传感器节点存储的密钥个数，m 表示密钥更新过程需要发送消息的个数。

在 M. Eltoweissy 等人提出的 EBS 密钥管理方案中，给出了 EBS 的详细数学定义：选定参量 n，k 和 m，且参量满足 $k>1$，$n>m$ 的关系。EBS(n,m,k)是一个三元组集合 $\boldsymbol{\Gamma}$，集合 $\boldsymbol{\Gamma}$ 中的元素是 $[1,n]=(1,2,\cdots,n)$ 中的子集，$\forall t\in[1,n]$，t 满足以下两条性质。

（1）t 最多是集合 $\boldsymbol{\Gamma}$ 中的 k 个子集。

（2）集合 $\boldsymbol{\Gamma}$ 中恰好有 m 个子集：$(A_1,A_2,\cdots,A_m)$，使得这些元素的并集满足 $\cup_{i=1}^{m}A_i=(1,n)-\{t\}$，即任意节点成员 t 都可以恰好被 m 个集合剔除掉。

例如：EBS(8,3,2)是一个三元组集合 $\boldsymbol{\Gamma}$，集合 $\boldsymbol{\Gamma}$ 中的子集包括：$\{A_1=(5,6,7,8),A_2=(2,3,4,8),A_3=(1,3,4,6,7),A_4=(1,1,4,6,7),A_5=(1,2,3,5,6,8)\}$。从集合 $\boldsymbol{\Gamma}$ 中可以得出，集合 $\boldsymbol{\Gamma}$ 中的任意三个子集都能构成另一个集合[1,8]，集合[1,8]中的任意一个元素 t 都可以被剔除，且剔除元素 t 后的集合等于集合 $\boldsymbol{\Gamma}$ 中两个子集的并集，如公式（3-17）所示。

$$\begin{aligned}&[1,8]-\{1\}=A_1\cup A_2\\&[1,8]-\{2\}=A_1\cup A_3\\&[1,8]-\{3\}=A_1\cup A_4\\&[1,8]-\{4\}=A_1\cup A_5\\&[1,8]-\{5\}=A_2\cup A_3\\&[1,8]-\{6\}=A_2\cup A_4\\&[1,8]-\{7\}=A_2\cup A_5\\&[1,8]-\{8\}=A_3\cup A_4\end{aligned}\tag{3-17}$$

在 EBS 方案中，规定了两类密钥类型：管理密钥和通信密钥。其中，管理密钥用于 WSNs 系统的初始化配置、会话密钥的建立、密钥的更新和撤销；通信密钥用于保证组内成员节点之间的通信安全。基于上述的定义和性质，EBS 方案采用 $k+m$ 个管理密钥来支撑网络规模为 n 个节点的 WSNs，为每个传感器节点分配 k 个管理密钥，且密钥的分配按照一定的规则（具体的分配规则，参考如下例子），并且当且仅当 $n \leqslant C_{k+m}^{m}$ 时，EBS 方案才能为每个传感器节点正确的分配 k 个管理密钥。

以 EBS(8,3,2)为例，简单介绍密钥分配规则，如表 3.2 所示。

表 3.2　　EBS(8,3,2)密钥分配矩阵示例

密钥＼节点	N_1	N_2	N_3	N_4	N_5	N_6	N_7	N_8	N_9	N_{10}
k_1	1	1	1	1	1	1	0	0	0	0
k_2	1	1	1	0	0	0	1	1	1	0
k_3	1	0	0	1	1	0	0	1	1	1
k_4	0	1	0	1	0	1	1	1	0	1
k_5	0	0	1	0	1	1	1	0	1	1

在该网络中有 8 个传感器节点，密钥池中一共有 5 个密钥，从 5 个密钥中选出 3 个密钥分配给 8 个传感器节点，由于 $8 \leqslant C_5^3 = 10$，所以足以为 8 个节点分配管理密钥。又因为 $\left(C_5^3 = 10\right) - 8 = 2$，所以该网络还可以扩充 2 个传感器节点。假设网络中的 8 个节点按照表 3.2 中规则将密钥池中的 3 个密钥分配给节点 N_1~N_2，新加入的 2 个节点即按照灰色部分进行分配。

假设节点 N_1 被攻击者捕获，攻击者可以获得被捕获节点的 3 个管理密钥 k_1、k_2 和 k_3。安全管理者需要撤销节点 N_1 上的密钥，由于节点 N_1 未知管理密钥有 k_4 和 k_5，所以可以利用 k_4 和 k_5 进行密钥更新，即安全管理者向网络广播密钥更新消息。密钥更新的消息交互图如图 3.7 所示。

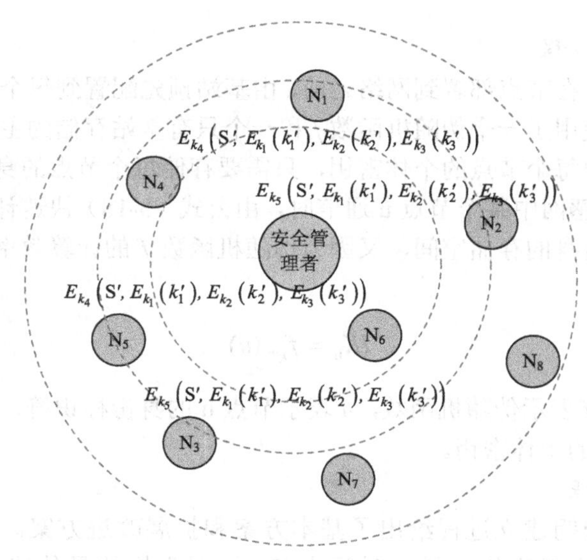

图 3.7　密钥更新示例

注释：s'表示组内新的会话密钥或通信密钥，$E_{k_1}\left(k_1'\right)$ 表示使用密钥 k_1 加密更新后的密钥 k_1'。

EBS 方案的优点是：对于大型网络具备的更好的扩展性，实现了很好的网络密钥管理能力；缺点是：抗共谋攻击能力差。

3.7 LEAP 协议和 SPINs 协议

3.7.1 LEAP 协议

本地加密与认证协议（Localized Encryption and Authentication Protocol，LEAP）是一个典型的分布式密钥管理方案，在该方案中一共定义了 4 种密钥类型，它们分别是个体密钥、对密钥、分组密钥和全网密钥，如表 3.3 所示。

表 3.3　　LEAP 密钥类型

密钥类型	密钥功能描述
个体密钥	每一个传感器节点和基站共享的独一无二的密钥，该密钥用于基站和节点之间的安全通信
对密钥	节点和它的每一个直接邻居节点共享的密钥，可以用来对源的安全认证
分组密钥	一个节点和其所有邻居之间共享的密钥，此密钥用来安全地广播局部消息
全网密钥	由全网节点和基站都共享的密钥，该密钥主要用于加密基站点向全网的广播消息

在传感器网络中，节点间交换的数据包根据不同的标准，可以分为以下类型：控制包和数据包，广播包和单播包，查询或命令包和传感器读数等。LEAP 协议规定不同的数据包具有不同的安全需求。所有种类的数据包都需要认证，但是只有几类数据包需要机密性。例如，路径控制信息不需要保证其机密性，但是节点融合后的数据信息和基站发送的查询命令通常需要保证其机密性。LEAP 协议针对不同类型的密钥，提出了密钥建立的详细过程，具体过程如下。

1. 个体密钥建立过程

个体密钥的建立是在节点部署到网络之前，由基站预先配置到每个传感器节点中。LEAP 协议的创新之处在于使用了一个伪随机函数 f 和一个只有基站存储的主密钥 K^m，巧妙设计是基站不需要存储网络中每个节点的个体密钥，只需要存储每个节点的身份标识符（Identity，ID）。当基站需要与传感网中某个节点 u 通信时，由公式（3-18）快速计算出节点 u 的个体密钥，从而减小了基站自身的存储空间，又因为伪随机函数 f 的计算效率高，所以计算开销可以忽略不计。

$$IK_{\mathrm{u}} = f_{K^m}(u) \tag{3-18}$$

公式（3-18）中，f 表示伪随机函数，u 表示节点 u 的身份标识符，K^m 表示基站存储的主密钥，$\mathrm{I}K_u$ 表示节点 u 的个体密钥。

2. 对密钥建立过程

LEAP 协议中对密钥建立过程给出了基本方案和扩展改进方案。基本方案假定在组网的过程中能够安全建立对密钥的最小时间为 $T_{\min}$，对密钥的具体建立过程包括如下 4 个阶段。

（1）密钥预先配置阶段

由基站随机产生初始密钥K_{IN}，同时通过预先配置的方式将密钥K_{IN}加载到每个传感器节点中，传感网中的任意一个节点u通过公式（3-19）利用密钥K_{IN}和自己的ID派生出主密钥。

$$K_u = f_{K_{IN}}(u) \tag{3-19}$$

（2）邻居发现阶段

当节点部署完毕后，任意一个节点u首先初始化一个时间值T_{min}，该时间T_{min}为邻居发现最小时间。初始化结束后，节点u开始邻居发现过程。首先节点u向周围发送广播消息，其次当邻居节点v收到节点u广播的消息后回复响应消息，消息分别如下：

$$u \to *:u$$
$$v \to u:v,MAC(K_v,u|v)$$

（3）对密钥建立阶段

节点u收到邻居节点v发送的响应消息后，通过公式（3-20）计算出节点v的主密钥K_v，同时完成对节点v的认证，若认证通过，则通过公式（3-21）计算它们之间的对密钥K_{uv}。节点v采用相同的方法计算该对密钥。

$$K_v = f_{K_{IN}}(v) \tag{3-20}$$
$$K_{uv} = f_{K_v}(u) \tag{3-21}$$

（4）密钥删除阶段

当邻居发现时间T_{min}结束后，节点u会删除密钥K_{IN}和其邻居节点v的主密钥K_v，注意：节点u不删除自己的主密钥K_u，其他节点也不会删除自己的主密钥。

扩展改进方案是针对基本方案中定时时间T_{min}内K_{IN}泄露导致的问题所做的改进。改进思想是假设在网络运行的生命周期中，最多M批次的节点加入网络。每个批次节点加入网络时间发生时，会被分配一定的时间间隔，即分配M个时间间隔（$T_1,T_2,T_3,\cdots,T_M$），这M个时间间隔可以相同也可以不同。同时基站随机产生一个由M个密钥组成的密钥链，即$K_{IN}^1,K_{IN}^2,\cdots,K_{IN}^M$。如表3.4所示，每个时间间隔对应着不同的配置密钥。

表3.4 扩展方案中网络运行时间间隔与初始密钥对应表

T_1	T_2	T_3	…	T_{M-1}	T_M
K_{IN}^1	K_{IN}^2	K_{IN}^3	…	K_{IN}^{M-1}	K_{IN}^M

假定在T_i时间间隔内有节点u加入网络时，通过与邻居节点v交互如下信息即可建立它们之间的对密钥。

$$u \to *:u,i$$
$$v \to u:v, MAC(K_v^i, u \mid v)$$

3. 分组密钥建立过程

分组密钥的建立依靠的是对密钥，其建立过程简单快捷。节点u预想与其所有的邻居节点（$v_1,v_2,\cdots,v_m$）建立分组密钥，首先节点u随机产生一个随机密钥K_u^c，然后使用与邻居节点v_i的对密钥K_{uv_i}加密密钥K_u^c，发送给邻居节点v_i。即可完成分组密钥的建立，消息如下。

$$u \to v_i:(K_u^c)_{K_{uv_i}}$$

4. 全网密钥建立过程

全网密钥的建立依靠的是分组密钥，其基本过程为：基站产生全网密钥，然后使用基站本身生成的分组密钥加密该全网密钥并广播出去。基站的邻居节点收到基站广播的消息后，通过解密获得全网密钥，然后使用自己的分组密钥加密全网密钥并广播出去。这样一次次通过多跳的方式将全网密钥分发下去，直到全网传感器节点获得全网密钥。其中，全网密钥的更新采用 μTESLA 协议对基站进行认证，然后进行全网密钥的更新。

LEAP 协议在抗攻击能力方面进行了安全分析，表明 LEAP 具有安全受损范围本地化的能力及防止 hello 泛洪攻击等能力。同时，在计算开销、通信开销和存储要求等方面进行了性能分析，表明 LEAP 协议具有可扩展性和高效性。LEAP 协议的不足之处是节点部署后，在一个特定的时间内必须保留全网通用的主密钥，若主密钥一旦被暴露，则整个网络的安全都将会受到威胁。

3.7.2 SPINs 协议

早在 2002 年，A. PERRIG 等人针对传感器网络的特性，提出了 SPINs 协议。该协议包含两个部分：SNEP 协议和 μTESLA 协议。其中 SNEP 协议的目的是：为传感器网络提供数据机密性、完整性、点到点的可认证性和数据的新鲜性等；μTESLA 协议为资源受限的传感器网络提供广播认证服务。

由于 SNEP 协议中涉及密钥协商的过程以及密钥的使用方法，所以本章节将对 SNEP 协议进行详细介绍，而关于 μTESLA 协议的介绍，请参考第 4 章第 4.4.1 和第 4.4.2 节。

在介绍 SNEP 协议之前，首先给出协议中相关符号的说明，如表 3.5 所示。

表 3.5　SNEP 协议的符号说明

符号	符号说明
A, B	A 和 B 用于代表传感器网络中的通信节点
N_A	N_A 表示节点 A 产生的随机值，该随机值通常为一个不确定的字符串，用于保证消息的新鲜性
X_{AB}	X_{AB} 表示节点 A 和节点 B 共享的主密钥
K_{AB}, K_{BA}	K_{AB} 和 K_{BA} 表示节点 A 和节点 B 共享的私钥
K_{AB}', K_{BA}'	K_{AB}' 和 K_{BA}' 表示产生消息鉴别码（Message Authentication Code，MAC）所使用的密钥，亦称 MAC 密钥
$E_{K_{AB}}[M]$	$E_{K_{AB}}[M]$ 表示使用节点 A 和节点 B 的共享私钥 K_{AB} 加密明文消息 M
$E_{K_{AB}}^{IV}[M]$	$E_{K_{AB}}^{IV}[M]$ 表示节点 A 和节点 B 在 IV 模式下使用共享密钥 K_{AB} 加密明文消息 M

注：表 3.5 中的 IV 模式指：电码本模式 ECB、密文分组链接模式 CBC、密文反馈模式 CFB、输出反馈模式 OFB 和计数器模式 CTR，该 5 种模式已在第 2 章第 2.2.1 节给出详细介绍。

SNEP 协议为传感器网络提供数据机密性、完整性、点到点的可认证性和数据的新鲜性。其采用数据加密的形式确保数据的机密性，使用 MAC 码和计数器相集合的方法来保障数据的完整性、弱新鲜性和通信双方的可认证性，采用在数据报文中嵌入随机值的方式来保证数据的强新鲜性。而这些安全性能的基础是通信双方所共享的私钥（K_{AB},K_{BA}）和 MAC 密钥（K'_{AB}, K'_{BA}），接下来将对共享的私钥和 MAC 密钥的产生方式进行详细描述。

通信双方共享的私钥和 MAC 密钥建立的基础是预配置主密钥 X_{AB}，即将主密钥 X_{AB} 作

为伪随机函数 F 一个输入变量产生私钥和 MAC 密钥，见公式（3-22）。

$$\begin{cases} K_{AB} = K_{BA} = F_{X_{AB}}(x) \\ K'_{AB} = K'_{BA} = F_{X_{AB}}(y) \end{cases} \tag{3-22}$$

文献[7]中并未对 $F_{X_{AB}}(x)$ 中的 x 和 $F_{X_{AB}}(y)$ 中的 y 详细说明，但其目的是以一个变量和主密钥相结合的方式产生私钥和 MAC 密钥，完成私钥和 MAC 密钥的建立。SNEP 协议给出了数据保密性、完成性、通信双方的可认证性和弱/强新鲜性的具体方案，如下所示。

1. 数据保密性和弱新鲜性

假设节点 A 与节点 B 建立安全的通信链路，它们采用相互共享私钥和计数器的方式来加密明文数据，并以计数器值来为传输的数据提供弱新鲜性，具体报文交互如下。

$$A \to B: E_{K_{AB}}^{C_A}[M]$$

$$B \to A: E_{K_{BA}}^{C_B}[M]$$

2. 数据完整性和可认证性

为了确保数据的完整性，通过加入 MAC 码来确保数据的完整性和通信双方的可认证性，具体的报文交互如下。

$$A \to B: E_{K_{AB}}^{C_A}[M], MAC\left(K'_{AB}, C_A \| E_{K_{AB}}^{C_A}[M]\right)$$

$$B \to A: E_{K_{BA}}^{C_B}[M], MAC\left(K'_{BA}, C_B \| E_{K_{BA}}^{C_B}[M]\right)$$

通过在通信数据中加入少量字节的 MAC 码来确保数据的完整性和通信双方的可认证性，并以计数器的方式确保数据的新鲜性。

3. 强新鲜性

由于计数器采用的是有规律递增的计数方式，所以采用单一的计数器方式不能够为数据提供强新鲜性，SNEP 协议通过嵌入随机数的方式提高数据的新鲜性。具体的报文交互如下。

$$A \to B: E_{K_{AB}}^{C_A}[M], MAC\left(K'_{AB}, N_A \| C_A \| E_{K_{AB}}^{C_A}[M]\right)$$

$$B \to A: E_{K_{BA}}^{C_B}[M], MAC\left(K'_{BA}, N_A \| C_B \| E_{K_{BA}}^{C_B}[M]\right)$$

采用计数器模式进行加密存在的一个问题是：当通信双方的计数器值不一样的时候，无法完成有效的、安全的数据交互，所以 SNEP 协议在数据报文中内嵌随机值的方式完成计数器值的同步。计数器值同步的报文交互如下。

$$A \to B: N_A$$

$$B \to A: C_B, MAC\left(K'_{BA}, N_A \| C_B\right)$$

综上所述，SNEP 提供了一些独特的优势：①对通信的负担较小，SNEP 只在每条消息后增加一位的数据；②使用了计数功能，但是并不传输计数值；③保持语义上的安全，防止窃听；④提供数据机密性认证、重放保护及新鲜性等。

3.8 适用于 WIA-PA 标准的密钥管理方案

密钥管理是实现 WIA-PA 网络安全管理的关键，本节重点介绍 WIA-PA 网络的密钥管理系统的设计[8]。通过建立 WIA-PA 安全对称密钥管理平台，实现安全管理者对整个 WIA-PA 网络的集中式密钥管理。

3.8.1 WIA-PA 密钥管理架构

安全密钥管理机制是工业无线 WIA-PA 网络的核心内容，其目标是合理使用安全密钥，为设备之间建立共享的加密密钥，同时保证任何未授权的设备不能得到关于密钥的任何信息。工业无线网络采用了集中式和分布式共存的方式管理密钥，安全管理者是网络内实施集中式安全密钥管理的实体，而安全管理代理（无线网关/路由设备）是网络内实施分布式安全密钥管理的实体。这里 WIA-PA 网络的安全管理者是集中式密钥管理的执行者，将负责整个网络安全策略的配置、密钥的管理和设备的认证工作。WIA-PA 网络集中式安全管理架构如图 3.8 所示。

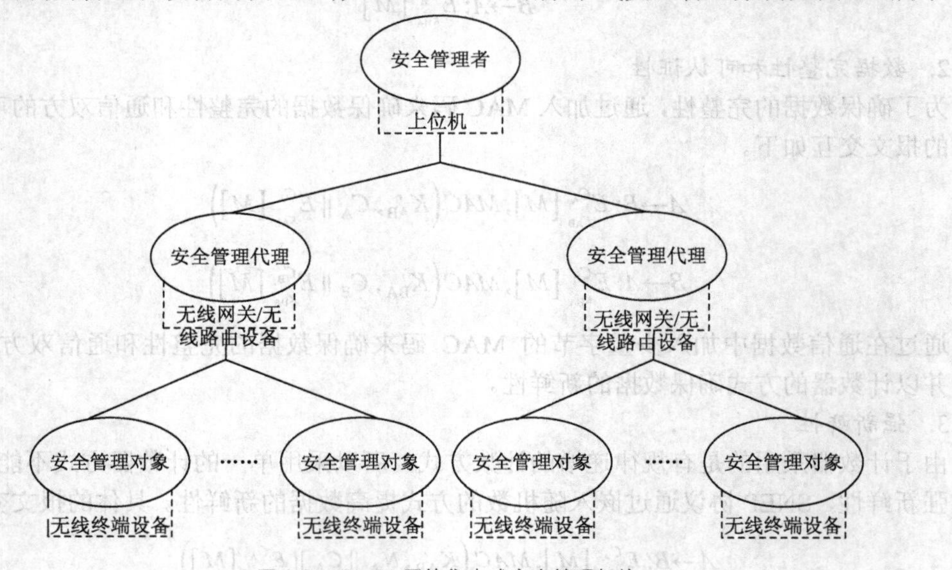

图 3.8 WIA-PA 网络集中式安全管理架构

在集中式管理模式下，WIA-PA 网络安全管理者对网络中所有的对称密钥进行管理，安全密钥管理机制包括了密钥的产生、分配、更新、撤销等安全服务。

WIA-PA 使用了多种对称加密密钥，如表 3.6 所示。

表 3.6 WIA-PA 密钥类型

密钥类型	类型描述
配置密钥（KP）	建立于设备预配置期间，由 WIA-PA 网络安全管理者分配，用于生成加入密钥
加入密钥（KJ）	加入密钥是一种临时密钥，在设备加入网络时使用。加入密钥在配置阶段建立，由安全管理者通过手持设备进行分发。加入密钥与设备长地址一起生成安全信息，用于设备的身份鉴别；设备安全入网后，加入密钥用于安全分发 KEK

续表

密钥类型	类型描述
密钥加密密钥（KEK）	设备加入网络以后，由安全管理者通过 WIA-PA 网络分发，在传送密钥时用作加密密钥的密钥。安全管理者第一次分发密钥加密密钥 KEK 时，利用加入密钥 KJ 加密 KEK；之后利用正在使用的 KEK 加密新的 KEK，实现安全分发
数据加密密钥（KED）	设备加入网络以后，由安全管理者通过 WIA-PA 网络分发，包括数据链路层加密密钥、应用层加密密钥。用于数据链路层和应用层的数据保护和完整性校验。安全管理者使用 KEK 来加密 KED，实现安全分发
对称主密钥（SMK）	存储于 WIA-PA 网络安全管理者中的最高层次密钥，用于派生出设备的其他加密密钥，如应用层加密密钥、数据链路层加密密钥。特殊情况下对称主密钥也可以作为密钥加密密钥使用

3.8.2 密钥分发

WIA-PA 网络中所有密钥都是由安全管理者统一产生分发。WIA-PA 网络无线设备在安装于现场之前，应该根据实际需求向现场设备装载初始密钥即为配置密钥，该配置密钥可通过安全管理者直接下载在新设备内，或者通过手持等移动设备进行分发。设备在加入网络之前，设备需要利用配置密钥生成加入密钥。当 WIA-PA 设备上线时，加入密钥通过某种不可逆的摘要算法，在安全管理者和设备之间提供认证消息，确保设备的网络认证。

设备安全入网后，安全管理者将为设备分发通信密钥，包括密钥加密密钥、数据加密密钥，此时簇首中的安全管理代理负责转发簇内设备的密钥加密密钥和数据加密密钥。安全管理者通过密钥生成协议（Secret Key Generation，SKG）为设备产生共享的对称主密钥，通信密钥的建立是基于对称主密钥，安全管理者可以利用对称主密钥派生设备的通信密钥。图 3.9 显示了 SKG 协议实现流程。

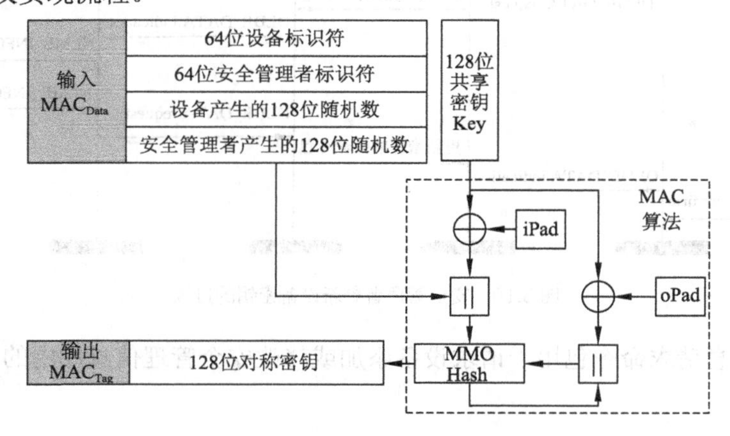

图 3.9 SKG 协议实现流程

步骤 1：构造密钥产生信息 MAC_{Data}=64 位设备标识||64 位安全管理者标识符||设备产生的 128 位随机值||安全管理者产生的 128 位随机值（“||”表示连接运算）。

步骤 2：根据 HMAC 机制，使用密钥产生信息 MAC_{Data} 和 128 位共享的密钥进行计算，产生 $MAC_{Tag}=MAC_{Key}(MAC_{Data})$，其中 iPad 表示 16 个值为 0x36 的十六进制值串；opad 表示 16 个值为 0x5C 的十六进制值串，Hash 算法是使用了无密码的 MMO 算法。

步骤 3：MAC_{Tag}将作为设备与安全管理者之间共享的秘密密钥。

3.8.3　密钥更新

当需要更新设备密钥时，安全管理者根据实际应用环境的安全强度要求升级安全密钥策略，同时利用主密钥派生新的密钥值，并采用设备的密钥加密密钥对新密钥进行保护后传送给相应设备。设备接收到密钥信息后，使用自己的密钥加密密钥将其解密，从而更新密钥信息。WIA-PA 网络自动更新密钥的周期由用户决定，推荐为 24 小时。

更新的密钥要求具有以下性质。

（1）新密钥与 WIA-PA 网络中的其他设备使用的密钥不相同。

（2）保证新密钥的产生源合法，即安全管理者对于 WIA-PA 网络是真实合法的。

（3）确保新密钥是最新的密钥。

（4）新密钥一定能及时被发送更新请求的设备及其对等设备接收到。

WIA-PA 网络密钥更新可以由安全管理者主动发起更新命令。安全管理者更新设备密钥的过程如图 3.10 所示，首先位于上位机的安全管理者向网关的安全管理实体发出更新安全密钥请求（NLME-INFO_SET.request），网关设备通过调用网络属性配置请求原语，发送该更新请求，当目的设备收到更新请求后，通过网络属性配置指示原语（NLME-INFO_SET.indication），对安全管理信息库中相应的信息进行更新，并将响应命令包（NLME-INFO_SET.response）回复给网关，然后网关再将构造网络属性配置证实原语（NLME-INFO_SET.confirm）发送给安全管理者。

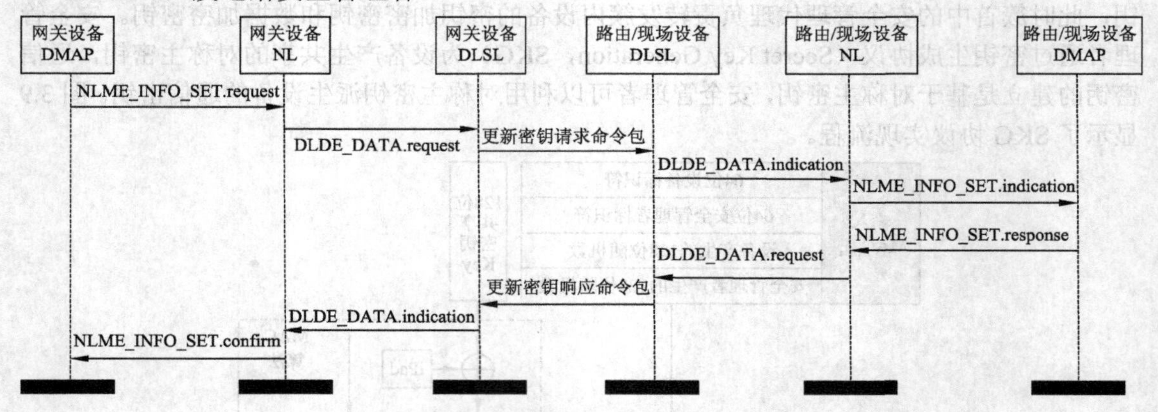

图 3.10　安全管理者更新设备密钥的过程

更新密钥信息请求命令包用于请求设备添加或修改安全管理信息库中的属性值，具体如表 3.7 所示。

表 3.7　　更新密钥信息请求命令包格式

13/14 字节	1 字节	1 字节	1 字节	1 字节	1 字节
网络层包头	命令标识符 默认值：0x1E	属性标识符 默认值：0x6C	属性成员标识符。如果该值为 255，则表示读取全部的属性成员	属性标识符索引	属性值

更新密钥信息响应命令包用于对安全管理信息库中的属性值的更新请求进行响应具体如

表3.8所示。

表3.8 更新密钥信息响应命令包格式

13/14字节	1字节	1字节
网络层包头	命令标识符 默认值：0x1F	执行结果 0表示操作成功；1表示操作不成功

3.8.4 密钥撤销

在设备正常的密钥更新之后，安全管理者将撤销所有过期的密钥。当设备发现密钥的安全受到威胁、密钥已经泄漏等情况，就要及时通知安全管理者将该密钥撤销。安全管理者也可以根据WIA-PA网络受威胁情况，在密钥未过期之前，强制撤销设备中的某个密钥。撤销通知应包括密钥ID、撤销的日期时间、撤销的原因等。在密钥撤销之前，安全管理者应及时为该设备更新密钥。

3.8.5 默认密钥设置

WIA-PA网络默认的安全级别是允许网络中所有设备共享相同的加入密钥，并且只要该设备拥有加入密钥就会被允许加入该网。与高安全级别相比，这种模式简化了设备的预配置，安全管理者不需要为每个设备保存不同的密钥，它只需使用一把加入密钥即可完成所有网络设备的认证。

密钥从建立到撤销要经历以下状态。

（1）备用状态：密钥已经生成，但尚不能用于正常的加密操作。

（2）使用状态：密钥是可用的，并且正在使用中。

（3）用过状态：密钥已经不能正常使用，特殊情况下为了某种目的对其进行离线访问。

（4）废除状态：密钥完全不能使用，所有密钥记录已被删除。

3.8.6 密钥生存周期

密钥需要定期地更新。每个密钥从建立到撤销的整个有效期之内，可能会处在多个不同阶段，需要根据具体应用需求对密钥进行维护和更新。为了防止长期使用一把密钥而带来的威胁，应该避免在密钥更新过程中对过去密钥的依赖性。存储共享密钥一定要安全，以保持它的秘密性和真实性。密钥生存序列如图3.11所示。

在配置阶段，安全管理者为设备分配唯一的配置密钥。在设备加入网络之前，设备利用配置密钥、设备ID及单调随机序列共同生成的加入密钥，该密钥用于入网时由安全管理者认证设备的身份。

设备安全入网后，安全管理者将产生双方共享的对称主密钥，由这个主密钥派生设备的密钥加密密钥或数据加密密钥，然后将加密的数据加密密钥分发给设备；设备也可请求更新加入密钥。设备重启或重新加入网络时，必须使用加入密钥产生认证信息重新认证。

当密钥到达撤销时间或者WIA-PA网络受威胁情况，在密钥未过期之前，需要强制更新时，设备或安全管理代理将向安全管理代理或安全管理者发起更新密钥请求，安全管理者使用密钥加密密钥保护传输新生成的密钥。当新密钥开始使用时，将修改安全管理信息库中的相关密钥参数，包括被更新密钥的密钥值，密钥激活时间等。

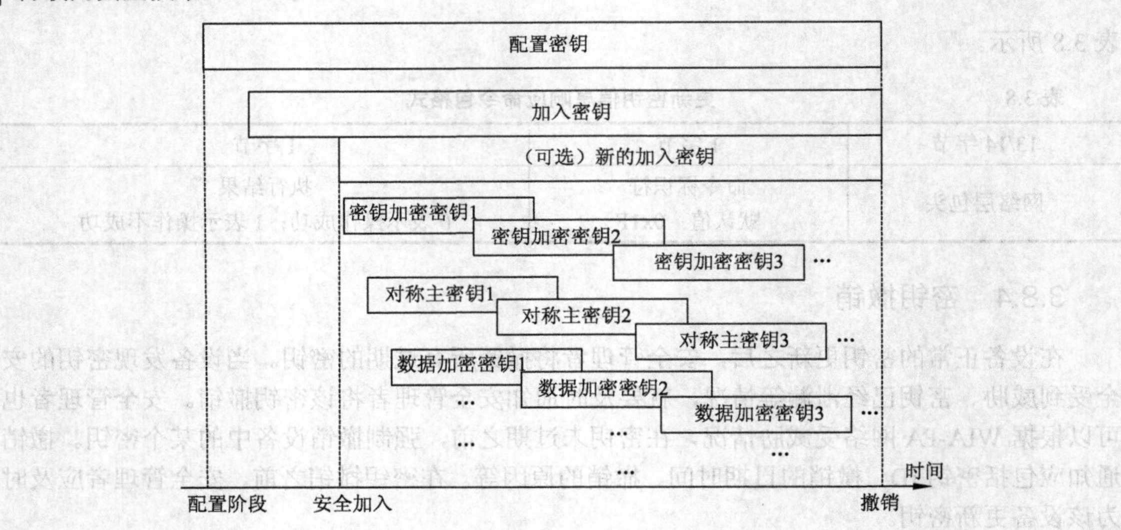

图 3.11　密钥生存时间序列图

本 章 小 结

本章首先结合各种密钥管理方案不同的侧重点，以及这些方案的特征进行了分类；其次针对物联网密钥管理方案面临的安全问题提出了相应的安全需求；再次向读者介绍了几类经典的密钥管理方案，以便读者对密钥管理方案的进一步认识；最后结合 WIA-PA 标准中规定的密钥类型，描述了一种适用于 WIA-PA 网络的密钥管理机制。在现实应用中，密钥管理机制对于实际应用还有很多值得探究的地方。

练 习 题

1．随机密钥预分配方案包含哪几个阶段？
2．简述 EBS 密钥管理方案。
3．简述 Blom 方案中对密钥的建立过程。
4．简述 WIA-PA 标准。
5．简述 WIA-PA 网络密钥管理过程。

第4章 物联网认证机制

认证是指对一些事物的确认或证明。在网络通信过程中，实体间通常要对许多声明的属性进行确认，例如，谁在与我通信，传输的报文是否被篡改，我发送的报文是否被合法的接收者接收，等等。证明这些问题就是认证。认证机制是物联网安全最基本，也是最重要的研究领域。认证主要包括实体认证和消息认证两个方面。实体认证是指通信实体身份的认证，旨在让验证者确认通信的另一方是声称的实体。消息认证用于确保消息源的合法性和信息的完整性，旨在让验证者确认消息是否被恶意修改或来源不明。

下面先介绍物联网中认证机制的安全目标，在此基础上，分析几种典型的认证协议。

4.1 物联网认证机制的安全目标及分类

4.1.1 物联网认证机制的安全目标

本书第一章的第1.3小节详细分析了物联网面临的安全威胁，针对物联网中存在的安全威胁，物联网提供了认证机制，认证机制需要实现的安全目标如表4.1所示。

表4.1　认证机制的安全目标

安全目标	内容描述
真实性	物联网能验证数据发送者身份的真实性，即恶意节点不能伪装成受信任节点
数据完整性	确保特定数据的有效性，并能够验证数据内容没有被伪造或者篡改
不可抵赖性	确保节点不能否认它所发出的消息。实体要求一个服务、触发一个动作或者发送一个分组必须是唯一可识别的
新鲜性	确保接收到数据的时效性，没有重放过时数据

4.1.2 物联网认证机制的分类

1. 实体认证

实体认证也叫身份认证、身份识别或身份鉴别，是指在通信过程中确认通信方的身份，即验证方确认通信的另一方（声称方）是声称的实体，通过这种方式建立两个实体的真实通信。对消息发送方的实体认证通常称为消息源认证，对消息接收方的实体认证通常称为消息宿认证。

实体认证主要的目的是防止伪造和欺骗，主要有以下两个方面。

（1）物联网对新加入节点的认证。为了让具有合法身份的节点加入到安全网络体系中并有效地阻止非法用户的加入，必须要采取实体认证机制来保障网络的安全可靠。

（2）物联网内部节点之间的认证。内部节点之间认证的基础是密码算法，具有共享密钥的节点之间能够实现相互认证，从而建立一种真实通信。

2. 消息认证

消息认证是接收者能够确认所收到消息的真实性，主要包括两个方面内容：第一，接收者确认消息是否来源于所声称的消息源，而不是伪造的；第二，接收者确认消息是完整的，而没有被篡改。

实现消息认证有 3 种方式。

（1）消息认证码（Message Authentication Code，MAC），它利用密钥生成一个固定长度的数据块，并将该数据块附加在消息之后，消息认证码可以用于消息源认证和完整性认证。

（2）消息加密（Message Encryption），将整个消息的密文作为认证标识。

（3）Hash 函数（Hash Function），利用公开函数将任意长度的消息映射到一个固定长度的 Hash 值作为认证标识。

4.2 基于对称密码体制的认证协议

基于对称密码体制的认证技术主要由消息认证码来实现。在国际标准和国际组织中应用最广的两种 MAC 算法是 CBC-MAC 和 HMAC。CBC-MAC 是基于分组密码的密码分组链接（CBC）模式构造的 MAC；HMAC 是通过带密钥的 Hash 函数构造的 MAC 码。其中，最典型的 Hash 函数有 MD5 和 SHA-1 两种。

消息认证码的作用：①接收者可以确认消息未被改变；②接收者可以确认消息来自所声称的发送者；③如果消息中包含顺序码（如 HDLC, X.25, TCP），则接收者可以保证消息的正常顺序。

1. 基于 Hash 函数的消息认证码

记消息为 M，$H()$表示 Hash 函数，$H(M)$表示消息 M 的 Hash 函数值，$H(M,K)$表示由消息 M 和密钥 K 产生的 Hash 函数值，其中 K 为共享密钥。一种标准化的方法是使用带密钥的 Hash 函数来构造 MAC，称为 HMAC，它显然也是一种基于 Hash 函数的 MAC。

设通信双方（如 A 和 B）预先存在共享密钥 K，于是，通过下述方法实现认证的过程。

$$A \rightarrow B: M \| H(M,K)$$

即 A 向 B 发送消息 M 的同时，还将消息 M 和密钥 K 作为 Hash 函数的输入计算该消息的 MAC，然后将 M 与 MAC 一起发送给接收者，如图 4.1 所示。而接收者 B 收到后，运用相同的密钥 K 对消息 M 执行相同的计算并得到 MAC，进而将计算的 MAC 与收到 MAC 进行比较。如果一致，则通信方的身份和消息的完整性得以确认。

由于只有通信的双方才能拥有密钥 K，因此 MAC 值只有通信双方能正确计算，从而可以认证通信双方的身份及消息的完整性。

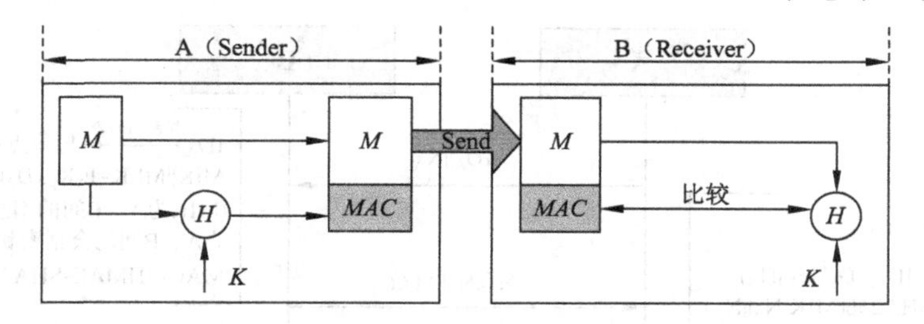

图 4.1 基于 Hash 函数的消息认证码产生过程

2. 基于 CBC-MAC 的消息认证码

CBC-MAC 是一种基于分组密码算法的消息认证码，利用对称分组加密算法中的 CBC 模式加密消息 M 实现身份认证和消息认证，如图 4.2 所示。它的基本思想是：首先，填充数据，形成一串 n 比特组；其次，使用 CBC 模式加密这些数据；对最后的输出分组进行选择处理和截断形成 MAC。

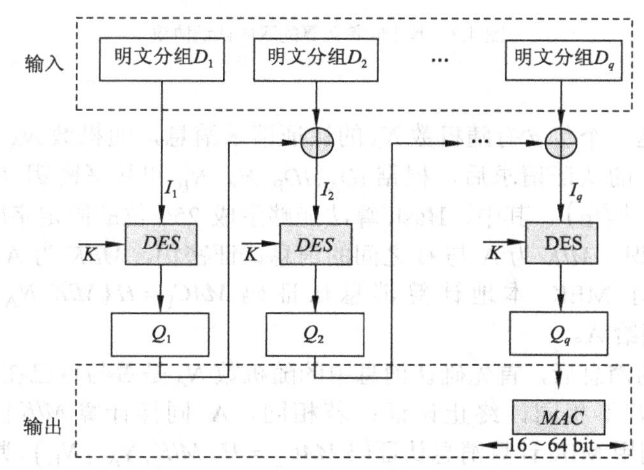

图 4.2 CBC 模式构造消息认证码过程

设将消息 M 分成 $n$bit 数据组 $D_1,D_2,\cdots,Dq$，密钥为 K，运用 CBC 算法，那么计算 MAC 的方法具体过程如下。

（1）置 $I_1=D_1$，计算 $Q_1=E_k(I_1)$。

（2）由 $i=2,3,\cdots,q$，完成如下计算。

$$I_i = D_i \oplus Q_{i-1}$$

$$Q_i = E_k\left(I_i\right)$$

（3）对 Q_q 进行选择处理和截断，获得 m bit MAC，其中 E_k 表示分组密码的加密函数。

4.2.1 基于 Hash 运算的双向认证协议

基于哈希运算的双向认证协议能实现节点 A 和节点 B 之间的相互认证。在认证之前，安全管理者预配置节点 A 的身份标识 ID_A 和预共享密钥 K_P，以及节点 B 的身份标识 ID_B 和预共享密钥 K_P。其认证过程如图 4.3 所示。

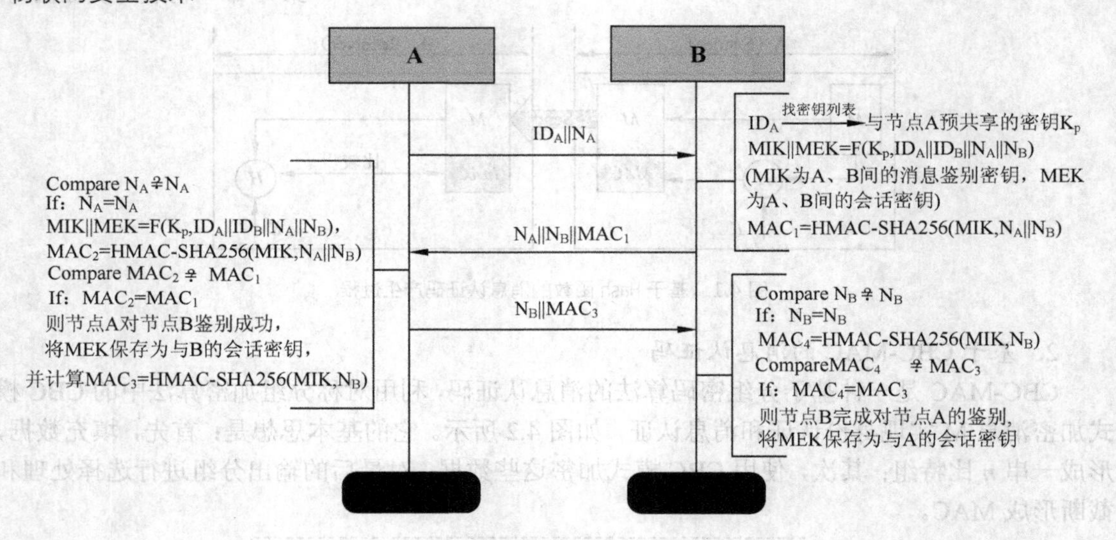

图 4.3　基于哈希运算的双向认证协议

认证步骤如下。

（1）A 向 B 发送一个包含有随机数 N_A 的认证请求消息，随机数 N_A 是由节点 A 产生。

（2）B 收到 A 的认证请求后，根据 ID_A, ID_B, N_A, N_B 和共享密钥 K_P 计算 $MIK\|MEK = H(K_P, ID_A \| ID_B \| N_A \| N_B)$，其中，Hash 算法能够生成 256 位的固定字段，ID_A 和 ID_B 分别是 A 和 B 的身份标识，MIK 为 A 与 B 之间的消息认证密钥，MEK 为 A 与 B 之间的会话密钥。然后，B 利用 MEK 本地计算消息认证码 $MAC_1 = H(MIK, N_A \| N_B)$ 并构造消息 $N_A \| N_B \| MAC_1$ 返回给 A。

（3）A 收到 B 的消息后，首先确认消息中的随机数 N_A 是否与自己在第（1）步中发出的随机数 N_A 相同。若不相同，终止认证；若相同，A 同样计算 $MIK \| MEK = H(K_P, ID_A \| ID_B \| N_A \| N_B)$，并利用 MIK 计算消息认证码 $MAC_2 = H(MIK, N_A \| N_B)$，判断 MAC_2 与 MAC_1 是否相等。若不相等，A 终止认证；如果相等，则 A 对 B 认证成功，进而将 MEK 设定为与 B 的会话密钥，并计算 $MAC_3 = H(MIK, N_B)$，将 $N_B \| MAC_3$ 发送给 B。

（4）B 收到 A 的消息后，确认随机数 N_B 是否与自己在第（2）步中发送给 A 的随机数 N_B 相同。若不相同，终止认证；若相同，B 计算消息认证码 $MAC_4 = H(MIK, N_B)$，判断 MAC_4 与 MAC_3 是否相等。若不等，B 终止认证；如果相等，则 B 对 A 认证成功，进而 B 将 MEK 设定为与 A 之间的会话密钥。依照 B 的本地策略，B 可以选择结束认证过程，开始与 A 进行通信，或选择计算 $MAC_5 = H(MIK, N_A)$，并发送确认消息 $N_A \| MAC_5$ 给 A，用于通知 A 已启用会话密钥 MEK。

（5）若 A 在某时间段内没有收到 B 的确认消息，那么认为 B 已启用会话密钥，A 也启用该会话密钥 MEK；若 A 收到 B 的确认消息，A 计算 $MAC_6 = H(MIK, N_A)$，判断 MAC_6 与 MAC_5 是否相等。若不等，认证失败；如果相等，A 启用会话密钥 MEK，开始与 B 进行通信。

4.2.2　基于分组密码算法的双向认证协议

基于分组密码算法可以实现节点 A 和节点 B 之间的实体认证。认证之前，节点 A 应具备身份标识 ID_A 和预共享密钥 K_P，节点 B 应具备身份标识 ID_B 和预共享密钥 K_P，其认证过程如图 4.4 所示。

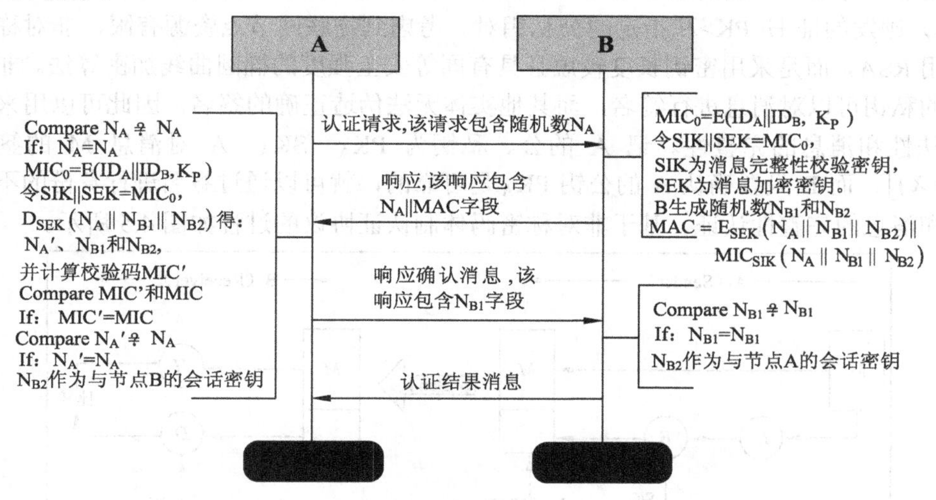

图 4.4 基于分组密码算法的双向认证协议

认证步骤如下。

（1）A 向 B 发送一个包含有 N_A 的认证请求，该随机数由 A 产生。

（2）B 收到 A 的认证请求后，返回认证请求响应给 A，该响应消息中包括 N_A 和 MAC。MAC 计算过程是：B 利用共享密钥 K_P 及分组加密算法 E 对 $ID_A||ID_B$ 计算，产生 MIC_0，即 $MIC_0=E(ID_A||ID_B,K_P)$，令 $SIK||SEK=MIC_0$，其中 SIK 为消息完整性校验密钥，SEK 为消息加密密钥。然后 B 生成随机数 N_{B1} 和 N_{B2}，并计算消息认证码 $MAC=E_{SEK}(N_A||N_{B1}||N_{B2})||MIC_{SIK}(N_A||N_{B1}||N_{B2})$，MAC 中包含用 SEK 对 $N_A||N_{B1}||N_{B2}$ 加密后形成的密文及用 SIK 计算的校验码 MIC，“||”表示消息的串联，E 为一种分组加密算法，下同。

（3）A 收到 B 发送的认证请求响应后，首先判断该响应中的 N_A 是否与 A 在步骤（1）中产生的 N_A 相等，如果不相等，则 A 丢弃该响应；如果相等，A 利用 K_P 及加密算法 E 对 $ID_A||ID_B$ 计算 $MIC_0=E(ID_A||ID_B,K_P)$，令 $SIK||SEK=MIC_0$，其中 SIK 为消息完整性校验密钥，SEK 为消息加密密钥。然后 A 对认证请求响应 MAC 中包含的密文进行解密得到 N_A'，N_{B1} 和 N_{B2}，并计算完整性校验码 MIC′，之后 A 比较认证码 MIC′和 MIC，若二者不相等，则 A 丢弃该响应；若二者相等，则 A 判断解密获得的 N_A' 与自己在步骤（1）中产生的 N_A 是否相等。如果不相等，则 A 丢弃该响应；如果相等，则认为 B 合法，A 将解密得到的 N_{B2} 作为与 B 的会话密钥。A 给 B 发送认证响应确认消息，该消息中包括字段 N_{B1}。

（4）B 收到 A 的认证响应确认消息后，判断该消息中的 N_B 是否与 B 在步骤（2）中产生的 N_{B1} 相等，如果不相等，则 B 丢弃该消息；如果相等，则认为 A 合法，B 将 N_{B2} 作为与 A 的会话密钥。B 在完成对 A 的认证后返回认证结果给 A，通告对 A 的认证结果。

4.3 基于非对称密码体制的认证

非对称密钥体制虽然资源消耗较大，由于其具有可靠的安全性而被广泛研究，并且进一步的研究表明通过代码硬件优化等方式在资源受限的传感器平台上运用公私钥密码体制是可行的。

采用非对称密码体制的数字签名可以实现认证功能。在该类协议中每个实体都有认证中心（CA）颁发的证书<PK>和指定的公私钥对。考虑到物联网节点资源有限，非对称算法可以不采用 RSA，而是采用密钥长度较短且具有同等安全强度的椭圆曲线加密算法。非对称密码体制的私钥可以对消息进行签名，而其他实体无法伪造正确的签名，因此可以用来保证身份的合法性和消息的完整性。记 A 的公、私钥为 PK_A、SK_A，A 对消息 M 的签名记为 $E_{SK_A}[H(X)]$，而 B 只要确认 A 的公钥 PK_A 是可靠的，就可以通过签名进行身份的不可否认性认证和消息的完整性认证。基于非对称密码体制认证协议的过程如图 4.5 所示。

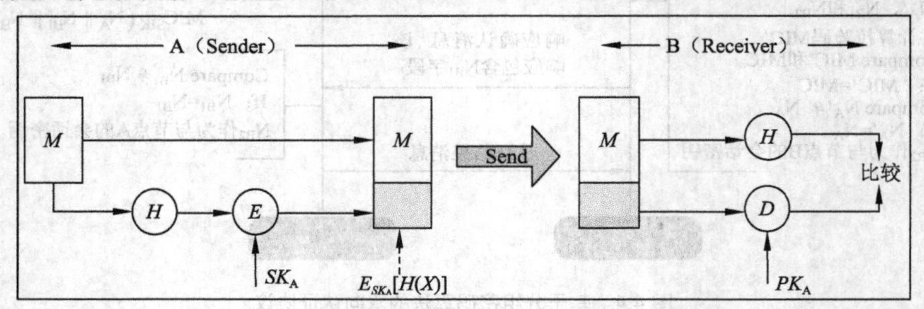

图 4.5　基于非对称密钥体制的认证协议

具体步骤如下。

（1）A 将消息 M 通过 Hash 函数计算得到认证码 $H(M)$。

（2）A 用自己的私钥给认证码 $H(M)$签名为 $S = E_{SK_A}[H(X)]$ 并发送 $M||S||\langle PK_A\rangle$给 B。

（3）B 收到 $M||S||\langle PK_A\rangle$后，首先验证证书$\langle PK_A\rangle$的合法性，然后获得 A 的 PK_A。

（4）B 将收到的消息 M 通过 Hash 函数计算认证码 $H(M)$，并用公钥解密签名$D_{PK_A}[E_{SK_A}[H(X)]]$得到认证码，比较前后的认证码是否相等。

4.3.1　基于公钥密码体制的双向认证协议

国际标准 ISO/IEC FDIS 29180 规定了一种基于公钥密码的双向认证协议[9]。该协议中，一个信任中心校验节点 A 和 B 的身份，A 和 B 共享一个全局变量 P，用于计算临时的公共密钥。图 4.6 所示是双向认证协议流程。

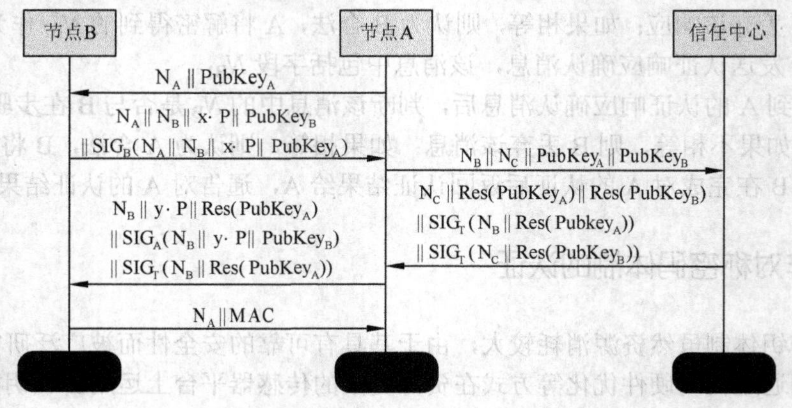

图 4.6　基于公共密钥的双向认证协议流程

在图4.6中，公共密钥$PubKey_X$表示节点X的密钥，SIG_X表示节点X的签名，$Res(PubKey_X)$表示$PubKey_X$校验的结果，因此有以下步骤。

（1）认证请求。A向B节点发送认证请求消息启动认证过程。该消息包括A产生的一个随机数N_A，A的公钥$PubKey_A$。

（2）认证响应。当B接收到A的认证请求消息时，B要完成以下过程。

① 产生一个随机数N_B。

② 产生一个临时私钥x，并计算临时公钥$x{\cdot}P$。

③ 利用私钥计算签名。

④ 构建认证相应消息并发送给A。

B返回给A认证响应$N_A \| N_B \| x \cdot P \| PubKey_B \| SIG_B(N_A \| N_B \| x \cdot P \| PubKey_A)$，其中，$N_A$是认证请求消息中的一个随机数，$N_B$是节点B产生的随机数，$x{\cdot}P$为ECDH的临时公钥，$x$为临时私钥，$PubKey_B$为B的公钥，$SIG_B(N_A \| N_B \| x \cdot P \| PubKey_A)$为使用B的私钥的签名。

（3）密钥确认请求。当A接收到B回复的认证响应消息时，A要完成以下的过程。

① 产生一个随机数N_C。

② 构造密钥确认请求消息并发送给信任实中心。

由节点A发送给信任中心的密钥确认请求消息$N_B \| N_C \| PubKey_A \| PubKey_B$，其中，$N_B$是认证响应消息的随机数，$N_C$是A产生的随机数，$PubKey_A$为节点A的公钥，$PubKey_B$为节点B的公钥。

（4）密钥认证响应。当信任中心从A接收到密钥确认请求消息后，信任中心要完成以下过程。

① 检查$PubKey_A$和$PubKey_B$的有效性。

② 计算检查结果签名的正确性。

③ 计算密钥并认证相应消息并发送给节点A。

信任中心返回的密钥认证响应消息为：$N_C \| Res(PubKey_A) \| Res(PubKey_B) \| SIG_T(N_B \| Res(PubKey_A)) \| SIG_T(N_C \| Res(PubKey_B))$。其中，$N_C$是密钥认证请求包中的随机数，$Res(PubKey_A)$是对$PubKey_A$认证结果，$Res(PubKey_B)$是对$PubKey_B$的认证结果，$SIG_T(N_B \| Res(PubKey_A))$和$SIG_T(N_C \| Res(PubKey_B))$是信任中心分别利用私密的签名结果。

（5）认证结果。A收到来自信任中心的密钥校验包后，做如下操作。

① 首先检查N_C，如果与在密钥认证请求中的值一致，则检查$SIG_T(N_C \| Res(PubKey_B))$。

② 生成临时私钥，计算临时公钥K_B。

③ 计算与B的共享密钥$BK_{AB}=HMAC((x,y,P \| N_A \| N_B))$。

④ 构建认证结果消息，反馈给节点B。

A发送给B认证结果消息为$N_B \| y \cdot P \| Res(PubKey_A) \| SIG_A(N_B \| y \cdot P \| Res(PubKey_B)) \| SIG_T(N_B \| Res(PubKey_A))$，其中，$N_B$是认证响应消息中的随机数，$y{\cdot}P$是ECDH中的临时密钥；$y$是A临时私钥，$Res(PubKey_A)$是对$PubKey_A$的认证结果，$SIG_A(N_B \| y \cdot P \| Res(PubKey_B))$是节点A利用私钥的签名，$SIG_T(N_B \| Res(PubKey_A))$是信任中心利用私钥的签名。

（6）认证确认。当B收到来自节点A的认证结果消息时，B做如下操作。

① 检查N_B。

② 通过检查N_A和N_B，校验$SIG_T(N_B \| Res(PubKey_A))$和$SIG_A(N_B \| y \cdot P \| Res(PubKey_B))$。

③ 计算与 A 的共享密钥 $BK_{AB}=HMAC((x,y,P)\|N_A\|N_B)$。

④ 计算消息认证码 $MAC=H(BK_{AB},N_A)$。

⑤ 构建认证确认消息，发送给 A。

⑥ 建立 BK_{AB}。

B 发送给 A 认证确认消息 $N_A\|MAC$，其中，N_A 是认证确认消息的随机数，MAC 是运用会话密钥 BK_{AB} 计算的消息认证码。收到 B 发过来的此消息时，A 做如下操作。

① 首先检查 N_A。

② 通过 BK_{AB} 校验。

③ 建立 BK_{AB}。

4.3.2 基于 RSA 公钥算法的 TinyPK 认证协议

公钥算法虽然计算消耗较大，但考虑到其具有可靠的安全性而被广泛研究。TinyPK 实体认证方案首次提出采用低指数级的 RSA 公钥算法建立物联网感知层实体认证机制。该方案需要一定的公钥基础设施：可信的认证中心（CA）具有公私钥对，通常将基站作为可信认证中心，外部组织（EP）具有公私钥对，每个节点预存储 CA 的公钥。TinyPK 认证协议采用的是请求—应答机制，具体过程如图 4.7 所示。

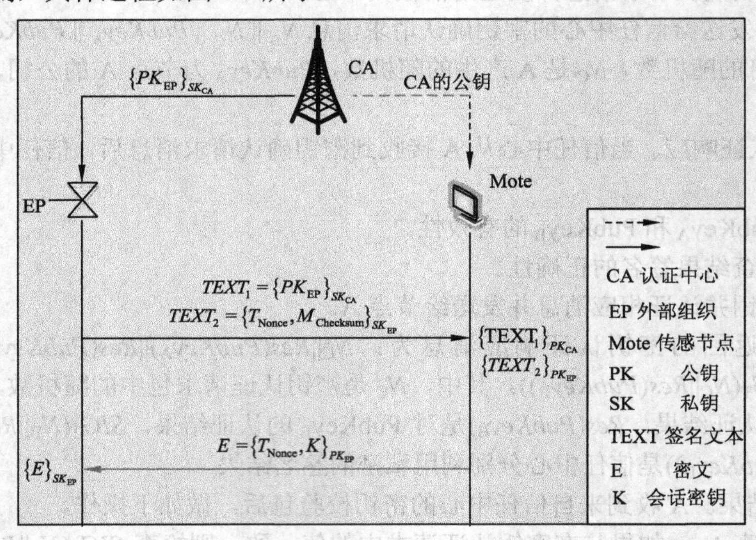

图 4.7 TinyPK 认证过程

EP 首先给网络的某个节点 Mote 发送请求信息，该请求信息包含两个部分：第一部分是 EP 用 CA 的私钥签名自己的公钥生成文本 $\{T_{\text{Nonce}},M_{\text{checksum}}\}_{SK_{EP}}$，第二部分是 EP 用自己私钥签名的时间标记和校验值等生成文本 $\{T_{\text{Nonce}},M_{\text{checksum}}\}_{SK_{EP}}$，时间标记用来防止恶意节点的重放攻击，校验值用来确认信息的完整性。Mote 节点收到请求信息后，分别用 CA 的公钥和 EP 的公钥认证两个文本。其方法如下：首先采用预存储在 CA 中的公钥信息验证请求包中的第一部分，以验证 EP 的身份是否合法，进而获得 EP 的公钥。然后用 EP 的公钥验证第二部分，进而获得时间标记验证和其校验值。最后该节点 Mote 验证该时间标记和校验值，如果都验证通过，那么该外部组织 EP 将通过合法身份认证。传感器节点认证 EP 的身份合法性后将自己生成的会话密钥和时间标记用 EP 的公钥加密发送给 EP。EP 收到应答后用自己的私钥解密获得会话密钥，即建立了安全链路。

4.3.3 基于 ECC 公钥算法的用户强认证协议

上一节介绍的基于 RSA 公钥算法的 TinyPK 实体认证方案虽然能够实现公钥算法在物联网感知层中的应用，但它仍然存在一些不足。比如，如果网络中某个认证节点被捕获（考虑到物联网的实际应用环境，网络中的某个或者某一些认证节点被捕获的可能性是比较大的），那么整个网络的安全性都会受到威胁，因为攻击者可以通过被捕获节点获得与之相关的会话的密钥并以合法身份加入网络。

针对上述问题，Z.Benenson 等人提出了基于 ECC 公钥算法的用户强认证协议[10]。与 TinyPK 相比，该协议有两点重要的改进。

（1）采用 ECC 公钥算法而不是 RSA。采用 ECC 公钥算法也能够执行加解密、签名验证工作，从而可以在物联网中已建立的公钥基础设施顺利实现安全认证和密钥管理。并且，在相同安全强度的条件下，与 RSA 相比，ECC 需要的密钥长度更短，相应地，该算法对存储密钥的空间需求也相应减小。

（2）采用多节点认证取代了 TinyPK 认证协议中使用的单一节点认证。它不但可以解决网络中的节点失效问题，同时还解决了 TinyPK 实体认证协议中单个认证节点被捕获而可能导致网络受到安全威胁的问题。

基于 ECC 公钥算法的用户强认证过程如下。

（1）外部组织向其通信范围内的 n 个节点广播一个请求信息（$U, cert^U$），其中 U 是外部组织的身份信息，$cert^U$ 是合法的外部组织从认证中心那里获得的数字证书。

（2）某个节点 S_i 收到请求信息后保存并同时给请求方返回一个响应信息（$S_i, nonce_i$），其中 S_i 是该节点自己的身份信息，$nonce_i$ 是一个一次性随机数。每个接收到外部组织请求信息的节点都执行相同的操作。

（3）外部组织 EP 收到节点 $nonce_i$ 返回的信息后，通过散列函数计算出一个散列值（$U, cert^U$），并用私钥签名后重新发送给节点 S_i。

（4）每一个节点 S_i 收到散列值后，先验证 $cert^U$，进而获得外部组织的公钥。然后用外部组织的公钥验证收到的散列值 $Hash(U,S_i,nonce_i)$。节点利用执行 $Hash(U,S_i,nonce_i)$函数所得到值与收到的散列值进行对比。如果相同，则该节点通过外部组织的身份认证。对请求方 EP 认证成功的节点 S_i 使用对称共享密钥计算出消息认证码并返回给 EP，如果 EP 得到了 $n-t$ 个消息认证码，则在物联网中获得合法的身份，并能够以合法身份加入物联网获取信息。

4.4 广播认证协议

4.4.1 μTESLA 广播认证协议

μTESLA 是物联网感知层安全框架 SPINS 协议的重要部分，主要用于提供点到多的广播认证。μTESLA 广播协议的安全条件是“没有攻击者可以伪造正确的广播数据包”。

1. μTESLA 的基本思想

μTESLA 的基本思想是通过对认证密钥的延迟分发而引入了非对称认证方式。首先广播一个通过密钥 K_i 认证的数据包，然后公布密钥 K_i。这样就可保证在密钥 K_i 公布之前，没有节点能得到该认证密钥的任何信息，进而也就无法在广播包被正确认证之前伪造出正确的广播数据包。

下面针对基站广播模型分析 μTESLA 解决的各种问题。

（1）密钥共享问题。认证密钥和数据包都通过广播方式发送给所有节点，所以必须防止恶意节点同时伪造密钥和数据包。为此，节点必须能够先认证公布的密钥，进而用该密钥认证数据包。μTESLA 采用统一的密钥生成算法，而不是共享密钥池。真正的密钥池保存在广播者中。这样不管密钥池有多大，对节点而言只需要存放相同的一段代码。

（2）密钥生成算法单向性问题。密钥发布包是明文广播，所以恶意节点和正常节点一样可以获得密钥。μTESLA 使用单向散列函数生成密钥，以此来防止恶意节点根据已知密钥和密钥生成算法推测出新的密钥。单向散列函数的特性就是其逆函数不存在或者计算复杂度非常大。即使恶意节点拥有了密钥生成算法和已经公开的密钥，仍然不能推算出下一个要使用的密钥。

（3）广播包的丢失问题。物联网感知层的链路具有不稳定性，数据冲突和丢失的可能性很大。如果一个节点丢失了密钥发布包，就会导致一个时段收到的广播数据包不能被认证。μTESLA 之所以叫容忍丢失协议，最主要的原因就是它引入了密钥链机制，解决了丢失数据包给认证带来的问题。μTESLA 要求基站密钥池中存放的密钥不是相互独立的，而是经过单向密钥生成算法迭代运算产生出来的一串密钥。这样即使中间丢失几个发布的密钥，仍然可以根据最新的密钥推算出之前的密钥。

（4）密钥公布延迟问题。μTESLA 在发送一个广播包的同时，公布前一个包的认证密钥。这能够保证一包一密，攻击者没有机会用已知密钥伪造合法的广播包。但一包一密在广播频繁的时候会导致信道拥塞，而在不频繁的时候导致认证延迟过长。为了解决拥塞和延迟问题，μTESLA 使用了周期性公布认证密钥的方式，一段时间内使用相同的认证密钥。这样对于广播包频率较高的应用特别高效，对于频率低的应用也不会增加认证延迟。周期性更新密钥要求基站和节点之间要维持一个简单的时间同步，这样节点可以通过当前时钟判断公布的密钥是哪个时间段使用的密钥，然后用该密钥对该时间段内所接收的数据包进行认证。密钥使用时间和密钥公布时间之间的延迟需要权衡，太长可能导致节点需要大量的存储空间来缓存收到的数据包，太短会频繁切换密钥导致通信消耗过大。延迟时间可以根据广播包的发送频率确定。

（5）密钥认证和初始化问题。节点对收到的每个密钥首先要确保它是从信任基站发来的，而不是来自恶意节点。密钥生成算法的单向性为密钥的确认提供了好的方法。密钥是单向可推导的，所以已知前面获得的合法密钥就可以验证新收到的密钥是否是合法密钥。节点用单向密钥生成算法对新收到的密钥进行运算，如果能得到原来收到的合法的密钥，并且满足时间同步要求，那就可断定新收到的密钥是合法的。这个过程要求初始密钥必须是合法的。这个初始认证是通过初始化过程完成的。μTESLA 解决这个问题的方法是节点通过非对称密钥算法进行初始密钥认证和同步时间的协商。

2. μTESLA 描述

μTESLA 通过对称密钥延迟分发而引入非对称性来实现有效的广播认证，通常由 3 个阶段组成：基站安全初始化、节点加入安全体系、节点完成广播认证。

基站安全初始化：基站首先生成一个长度为 n 的单向密钥链，基站随机选择一个密钥 K_n，并且通过连续使用单向散列函数 F，迭代产生其他的密钥：$K_i = F(K_{i+1})$。然后定义两个变量：同步间隔 T_{int} 和密钥公布延迟时间 $d\times T_{int}$。同步间隔表示一个广播密钥的生存周期，在一个同步周期 $[iT_{int},(i+1)T_{int}]$ 内，基站发送的广播包都使用密钥 K_i。密钥发布延迟定义为同步周期的一个整数倍，并且要求至少大于基站和最远节点之间的一次包交换时间。这样可以保证最远节点收到广播数据包的时候，该数据包的认证密钥还没有公布出来。

基站完成广播安全初始化后，即可接受节点加入广播安全体系。每个节点通过网络安全加密协议（Secure Network Encryption Protocol，SNEP）建立与基站之间的同步。假设节点 M 在 $[iT_{int},(i+1)T_{int}]$ 时间段内向基站 S 请求，其加入的具体过程描述如下。

$$M\rightarrow B:(N\|R_A)$$

$$B\rightarrow M:(T_s\|K_i\|T_{int}\|d)\quad MAC(K_{ss},N\|T_s\|K_i\|T_i\|T_{int}\|d)$$

其中，N 是一个随机的 Nonce，表示使用强新鲜性认证；R_A 是请求加入网络的数据包；K_{ss} 是节点 M 与基站 B 之间的认证密钥，T_S 是当前时间；K_i 是初始化密钥；T_i 是当前同步间隔的起始时间；T_{int} 是同步间隔；d 是密钥发布的延迟时间尺寸，单位是 T_{int}。节点认证基站发送的消息后，基站就可以向其发送广播消息。

广播密钥的使用和分发：把传感器网络的生存时间分成 n 个时间间隔，基站把密钥链中的每个密钥和一个时间间隔对应起来。在时间间隔 i 内，基站使用当前密钥 K_i 来计算在这个时间间隔内数据包的消息认证码，连同数据包一起发送给节点。然后，基站将在时间间隔 i 后延迟 d 个时间间隔广播密钥 K_i。

认证广播数据包：节点接收到时间间隔 $[iT_{int},(i+1)T_{int}]$ 对应的密钥 K_i 后，将立即采用伪随机函数 F 验证 K_i，$K_j=F_{i-j}(K_i)$，j 和 i 分别代表第 j 个时间间隔和第 i 个时间间隔，验证其是否等于前面公布的可信密钥 K_j，如果相等则表示 K_i 可信，接收者可以用 K_i 认证在时间间隔 $[iT_{int},(i+1)T_{int}]$ 内接收的所有数据包，并且用 K_i 代替 K_j。

实例说明如图 4.8 所示。

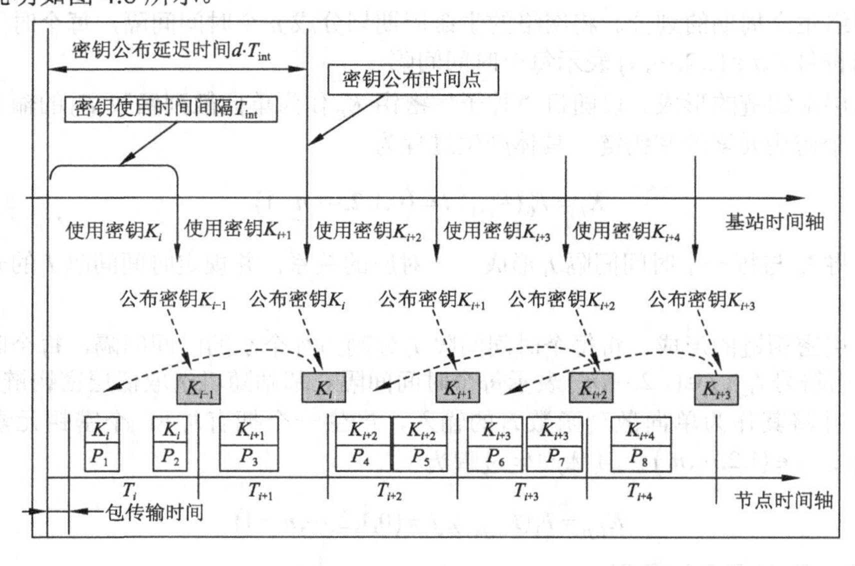

图 4.8　μTESLA 广播认证协议工作过程

图 4.8 是一个认证广播的实例，其中密钥公布延迟是两个时间单位，基站在连续 5 个密钥周期发送广播数据包 $P_1||P_8$ 及公布密钥 K_{i-1}～K_{i+3}。接收节点收到广播包 P_1、P_2，通过时间同步条件判断它们的广播认证密钥 K_i 还未公布，此时接收节点将这两个数据包保存起来。接收节点保存了基站的密钥公布时间表，因此它会在基站公布该认证密钥的时候查收这个密钥。接收节点收到密钥 K_i，首先计算 $F(K_i)$，比较 $F(K_i)$与 K_{i-1} 是否相同。如果相同，K_i 就是合法密钥，否则丢弃该密钥。判断密钥 K_i 合法后，节点依据时间标尺，自动使用 K_i 来认证在 $\left[T_i, T_i + T_{\text{int}}\right]$ 这段时间接收到的广播包 P_1 和 P_2。

假设接收节点没有收到 K_{i+1} 这个认证密钥，那么它会把广播包的认证推迟到接收到下一个广播密钥公布的时候。当接收节点收到 K_{i+2} 以后，首先根据时间标尺，知道这个密钥 $\left[T_{i+2}, T_{i+2} + T_{\text{int}}\right]$ 时间段的密钥。由于 K_{i+1} 没有收到，接收节点会通过判断 $F^{(2)}\left(K_{i+2}\right)$ 是否等于 K_i 确定密钥是否合法。如果合法，计算 $K_{i+1} = F^{(1)}\left(K_{i+2}\right)$，并用 K_{i+1} 对 P_3 进行认证，然后用 K_{i+2} 对 P_4 和 P_5 包进行认证。

4.4.2 多级 μTESLA 广播认证协议

如上一节所述，在节点加入广播安全体系阶段，节点与基站需要使用 SNEP 协议完成初始参数分发的过程，这是一个单播过程，对于大规模网络而言，源认证的广播协议初始化会耗费非常大的网络资源。Perrig 在规模为 2 000 个节点的平台（速率 10kbit/s，支持 30 个字节包长）上，μTESLA 初始化过程至少需要花费的是时间 93.75s。所以 μTESLA 协议在大规模网络使用受很大限制。针对这种情况，D.GLiu 和 P.Ning 对 μTESLA 协议进行扩展，提出了多级 μTESLA 的协议。

多级 μTESLA 协议引进预存储和广播初始参数的方法，使节点在部署以前，所有节点都已知发送方密钥链的承诺密钥和相关参数（如密钥公布间隔等）。另外，采用高层密钥链分发和认证低层密钥链，低层密钥链认证广播数据包，从而提高了包丢失容忍度。由于多级 μTESLA 协议很容易由二级 μTESLA 扩展，本章节就以二级 μTESLA 为例介绍多级 μTESLA。

二级 μTESLA 协议包括一个高层密钥链和一个低层密钥链。其具体描述如下。

（1）网络生命周期的划分。将网络的生命周期划分成 n 个时间间隔，每个时间间隔的长度[①]为 t，用符号 $I_i, i \in \left(1, 2, \cdots, n\right)$ 表示每个时间间隔。

（2）高层密钥链的形成。以随机“种子”密钥 K_n 作为单向散列函数 F_0 的输入，产生一个拥有 n+1 个密钥元素的密钥链。具体产生过程为

$$K_i = F_0(K_{i+1}), i = \left(0, 1, 2, \cdots, n-1\right) \tag{4-1}$$

其中，将 K_i 与每一个时间间隔 I_i 形成一一对应的关系，并规定时间间隔 I_i 的开始时间为 T_i。

（3）低层密钥链的形成。将每个时间间隔 I_i 分割为 n_1 个小的时间间隔，每个时间间隔的长度为 t_1，用符号 $I_{i,j}, j \in \left(1, 2, \cdots, n_1\right)$ 表示每个时间间隔。基站随机选取低层密钥链的“种子”密钥 K_{i,n_1}，并将其作为单向散列函数 F_1 的输入，产生一个拥有 $n_1 + 1$ 个密钥元素的密钥链 <$K_{i,j}$>，其中，$j \in \left(1, 2, \cdots, n_1\right)$。具体产生过程为

$$K_{i,j} = F_1(K_{i,j+1}), j = \left(0, 1, 2, \cdots, n_1 - 1\right) \tag{4-2}$$

① 时间长度是指每个时间间隔的持续时间。

其中，密钥 $K_{i,j}$ 主要用于完成对时间间隔 I_i 内的广播消息的认证。

（4）高层密钥链完成低层密钥链的分发和认证。为了保障节点在时间间隔 I_i 内所使用的低层密钥链<$K_{i,j}$>的合法性，必须完成对低层密钥链的“种子”密钥 K_{i,n_1} 的认证。首先，基站广播消息 CDM_i，i 表示网络运行的时间间隔，广播消息 CDM_i 的具体格式为

$$CDM_i = i \mid K_{i+2,0} \mid MAC_{K_i'}\left(i \mid K_{i+2,0}\right) \mid K_{i-1} \tag{4-3}$$

其中，K_i' 由密钥 K_i 和单向散列函数 F_2 产生，表达式为

$$K_i' = F_2(K_i) \tag{4-4}$$

为了说明上述过程，我们以例子的形式进行解释，具体过程如图 4.9 所示。

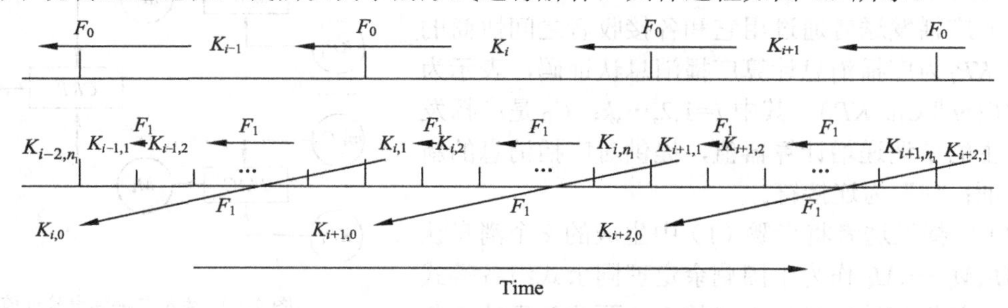

图 4.9 高层密钥链和低层密钥链的使用过程

在图 4.9 中，假设节点 A 在 I_{i-1} 阶段收到基站广播的消息 CDM_{i-1}，该消息的具体格式如公式（4-5）所示。当网络运行到 I_{i+1} 阶段时，节点 A 会收到基站广播的消息 CDM_{i+1}，该消息的具体格式如公式（4-6）所示。在消息 CDM_{i+1} 中，节点依据密钥 K_i 和单向散列函数 F_0 可以计算出 K_{i-1}，并将此值与在 I_{i-1} 阶段收到的 K_{i-1} 进行对比，若一致，则依据 K_{i-1} 和单向散列函数 F_2 计算 K_{i-1}'，并依据 K_{i-1}' 即可完成对 I_{i-1} 阶段所公布的低层“种子”密钥 $K_{i+1,0}$ 的认证；若不一致则说明 I_{i-1} 阶段所公布的低层“种子”密钥 $K_{i+1,0}$ 是非法的。

$$CDM_{i-1} = i-1 \mid K_{i+1,0} \mid MAC_{K_{i-1}'}\left(i-1 \mid K_{i+1,0}\right) \mid K_{i-2} \tag{4-5}$$

$$CDM_{i+1} = i+1 \mid K_{i+3,0} \mid MAC_{K_{i+1}'}\left(\mathrm{i}+1 \mid K_{i+3,0}\right) \mid K_i \tag{4-6}$$

（5）低层密钥链的使用过程与 μTESLA 广播认证协议相同，请读者参考第 4.4.1 节。

虽然多级 μTESLA 克服了 μTESLA 存在的一些问题，但其实现的复杂度高，并占用较多的节点存储和计算资源，进而使实际应用受到限制。

4.5 基于中国剩余定理的广播认证协议

4.5.1 协议描述

基于中国剩余定理的广播认证协议[11]利用中国剩余定理（Chinese Remainder Theorem，CRT）实现广播认证，具体实现如下。

1. 初始化

假设无线传感器网络中传感器节点总数为 k，所用消息认证码算法生成长度为 C 比特的

消息认证码。基站预存储各传感器节点的 128 位加入密钥 KJ_i，加入密钥用于证明加入安全体系的节点身份的合法性，同时各节点在加入安全体系过程中协商出基站与其共享的唯一一对密钥 KP_i，其中 $i=1,2,\cdots,k$。基站还需要生成 k 个大于(2^c-1)，并且两两互素的正整数 $n_1,n_2,\cdots,n_k$，即 $\min(n_1,n_2,\cdots,n_k)>2^c-1$。此外，基站还要保存一个单调递增的计数器，每发一次广播报文，计数器值 C_B 加 1。各传感器节点预存储与基站对应的加入密钥 KJ_i，其中 $i=1,2,\cdots,k$。

2. 生成广播消息验证值

广播消息验证主要是通过相应的验证值，该验证值由广播发送者（基站）生成，步骤如下，其流程如图 4.10 所示。

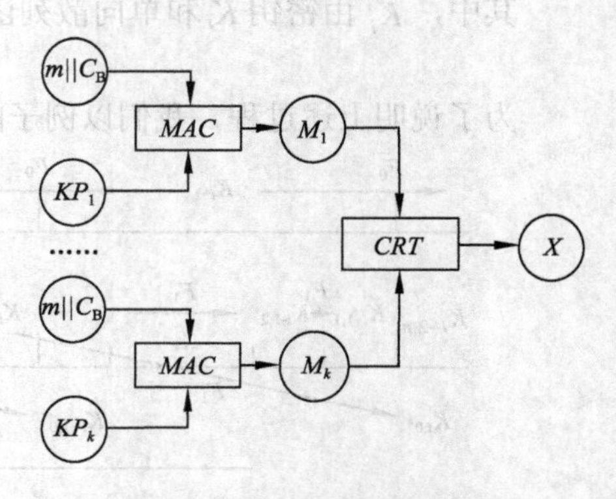

图 4.10　生成广播消息验证值

（1）广播发送者通过用它和各接收者之间协商的对密钥 KP_i 为广播消息计算广播消息认证码，表示为 $M_i=MAC(m \parallel C_B, KP_i)$，其中 $i=1,2,\cdots,k$；C_B 是广播发送者产生的单调递增计算器值，提供对广播消息的新鲜性认证；“$\parallel$”为连接符。

（2）广播发送者将步骤（1）中生成的 k 个消息认证码 $M_1,M_2,\cdots,M_k$ 作为中国剩余定理同余式组各等式的余数，并将初始化时已生成的 k 个两两互素的正整数作为同余方程组的模数，建立下列同余组。

$$\begin{cases} X \equiv M_1 (\bmod n_1) \\ X \equiv M_2 (\bmod n_2) \\ \ldots \\ X \equiv M_k (\bmod n_k) \end{cases}$$

计算唯一解为

$$X=\left[(\frac{N}{n_1})y_1M_1+(\frac{N}{n_2})y_2M_2+\cdots+(\frac{N}{n_k})y_kM_k\right]\bmod N=\sum_{i=1}^{k}N_iy_iM_i \bmod N$$，其中，$N=n_1, n_2, \ldots, n_k$，

$N_i=N/n_i$，$N_iy_i=1(\bmod n_i)$。将同余组的唯一解 X 作为广播消息验证值。

（3）广播发送者构造广播报文 $<m, C_B, X>$，将其发送给网络中的所有节点。

（4）在传输广播报文过程中，引入广播报文转发优化策略，若簇头接收到广播报文，先认证广播报文，若认证通过则将广播报文进一步转发给其簇内成员，有效地阻止了非法广播消息在网络中传输消耗更多的网络资源。若簇成员接收到广播报文，禁止转发操作，只需要认证广播报文。

3. 认证广播消息

传感器节点 i 收到广播报文后，需要验证广播消息源、广播消息完整性和新鲜性，其流程如图 4.11 所示。

（1）接收节点首先判定接收的广播报文中计数器值 C_B 是否大于上次收到广播报文中的计数器值 C'_B。如果 $C_B \leqslant C'_B$，说明该报文的实时性不强，并丢弃该广播报文；如果 $C_B > C'_B$，则继续认证。

（2）接收节点提取广播报文中的验证值 X，结合节点在加入安全体系时所分配的素数 n_i，通过 $X\bmod n_i$ 恢复出生成广播消息验证值阶段所计算的广播消息认证码 M_i。

（3）接收节点 i 根据自身与基站的对密钥 KP_i 与接收到的消息计算消息认证码 $\overline{M}=MAC(m\|C_B,KP_i)$。如果 $M_i\neq\overline{M}$，表示消息不具有效性；如果 $M_i=\overline{M}$，表示广播认证成功，并记录本次的计数器值。

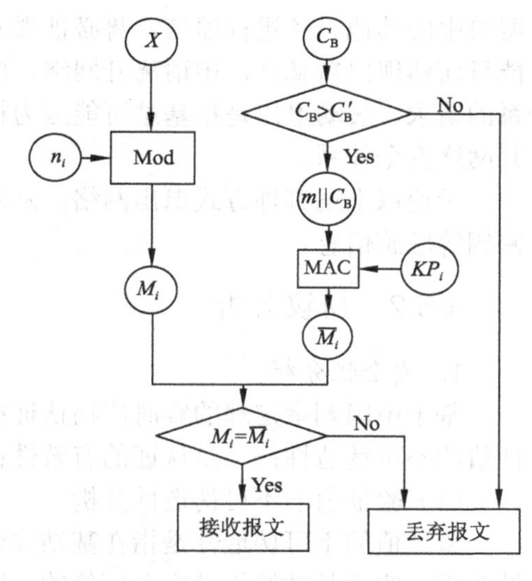

图 4.11　认证广播消息

（4）节点加入或退出。随着无线传感器网络运行时间的推进，部分节点会因为自身资源耗尽而死亡，即节点退出网络。为了保证网络的连通性使网络能够正常传输采集的信息，需要向网络中注入新的节点，即节点加入网络。无论是节点加入网络还是节点退出网络都要尽量确保与运行中的网络进行无缝连接。在不影响其他节点实施广播认证机制并保证不破坏不泄露网络原有的秘密信息的情况下，有效地实现节点的加入或退出。下面分别对两种不同的情况进行讨论。

① 节点加入安全体系。

节点加入安全体系保障节点加入安全体系之后能够有效地执行广播消息认证，为广播认证机制提供了可扩展性，节点加入主要可以分为 3 个步骤：基站对节点身份合法性的认证、基站与节点对密钥的建立及节点获取基站分配的素数。其具体过程描述如下。

A. 在新传感器节点 i 入网之前，已通过手持设备写入或者其他方式存储加入密钥 KJ_i。

B. 新节点依次监听网络内的可用信道，选用空闲信道的时隙向基站发送加入请求。所构造的加入请求报文包括新节点的 EUI 地址 D_{addr}、128 位随机数 N_d，以及认证码 MAC_1，其认证码由加入密钥通过 Hash 函数计算而得，即 $MAC_1=H(D_{addr}\,/\!/\,N_d, KJ_i)$。

C. 若基站收到节点的加入请求，根据地址 D_{addr} 查找与节点 i 共享的加入密钥 KJ_i 验证加入请求的合法性。若认证失败，基站将撤回分配给新节点的资源；如果认证成功，基站生成 128 位的随机数 N_b 并建立与节点共享的对密钥 KP_i。

然后，基站向节点发送安全系统加入响应报文。所构造的加入响应报文包括利用加入密钥加密基站分配的素数 n_i 即 $E_{KJ_i}(n_i)$、基站生成的随机数 N_b 以及验证码 MAC_2，其校验码由加入密钥通过 Hash 函数计算而得，即 $MAC_2=H(E_{KJ_i}(n_i)\,/\!/\,N_b, KJ_i)$。

D. 新节点对安全系统加入响应报文进行校验。如果认证失败，则该报文将被抛弃；如果认证成功，节点保存基站分配的素数 n_i 并生成与基站共享的对密钥 KP_i。此时，新节点与基站建立了安全连接关系。

上述基站和加入节点建立共享的对密钥的方式是采用节点和基站生成的随机数、EUI 地址 D_{addr} 和加入密钥 KJ_i 为输入参数，通过密钥生成协议（Secret Key Generation，SKG）产生对密钥。

② 节点退出安全体系。

节点退出网络属于节点的半主动行为，包括异常退出、主动退出和被动退出 3 种方式。异常退出是节点由于失效、故障、能量耗尽等原因无法采集、转发和处理网络信息，无法与网络中的其他设备进行通信，势必被孤立而退出网络。主动退出是指节点可能希望保留自身能量而体现出自私性，申请离开网络，此时基站采取完全信任的方式，允许节点退出安全体系的请求。被动退出是指基站可能因为检测到此节点表现出对网络不利的行为，要求节点离开网络安全体系。

无论以上述哪种方式退出网络，基站均应该销毁与该节点相关的网络地址、通信资源及密钥等敏感信息。

4.5.2 协议分析

1. 安全性分析

基于中国剩余定理的实时广播认证机制的安全性主要可以从3个方面进行分析：一是验证值的不可伪造性；二是认证的有效性；三是方案的防御攻击性。

（1）验证值的不可伪造性分析

验证值的不可伪造性是指在基站安全的条件下，攻击者伪造合法广播消息验证值的可能性为零。假设基站始终是安全可信的，即攻击者不可能获取所有的对密钥。由于广播发送者运用自身与各接收者的对密钥计算广播消息的认证码，通过消息认证码建立中国剩余定理同余方程组，并将同余方程组的唯一解作为广播消息验证值。这样使得验证值中包含了广播发送者与各接收者的秘密信息，有且仅有合法的发送者才拥有这些秘密信息，而攻击者不可能获得基站与所有接收者的秘密信息。因此，攻击者不能计算出正确的验证值，即验证值具有不可伪造性。

（2）认证的有效性分析

认证的有效性是指不正确的验证值不能骗取接收者的信任。若需证明认证的有效性，即证明在认证阶段步骤（2）中接收者通过验证值 X 恢复出广播消息认证码 M_i 的正确性。根据推论1：已知 X 和 n_i 的值，且整数 n_i 满足 $n_i>M_i$；那么可得 $M_i=X(\bmod n_i)$，即在 X 为确定值的情况下 M_i 与 n_i 关系是一一对应的（$i=1,2,\cdots,k$）。

对推论1的证明过程如下。

由中国剩余定理同余组 $X\equiv M_i(\bmod n_i)$ 知，X，M_i 对模 n_i 同余，设余数为 r_i。根据同余的定义可得 $r_i=X(\bmod n_i)=M_i(\bmod n_i)$，又设 $M_i(\bmod n_i)$ 的商为 s，因此可得 $M_i=s\cdot n_i+r_i$。已知整数 n_i 满足 $n_i>M_i$，由公式（4-1）、公式（4-2）可以确定 $s=0$，即 $M_i=r_i=X(\bmod n_i)$。显然，可证明上述推论1，确定 X 和 n_i 可求得 M_i，并且 M_i 与 n_i 一一对应，其中 $i=1,2,\cdots,k$。

综上所述，若验证值不正确，按照认证阶段步骤（2）的操作将会导致恢复的消息认证码错误，进而广播消息生成的认证码与验证值恢复的认证码不同，那么到达了广播认证的效果。

此外，基于中国剩余定理的广播认证协议的安全性由消息认证码集合和两两互素的整数集合共同作用，主要体现基于消息认证算法抗碰撞性。

（3）方案的防御攻击性分析

① 防御俘获攻击。

在基于中国剩余定理的广播认证协议中，由于广播发送者使用它与各接收节点共享的对密钥对广播消息进行一系列计算得到验证值，因此，只有广播发送者可以计算出正确的验证值，并且每个节点只能使用它与广播发送者的对密钥才能对收到的广播消息进行认证。而各共享密钥只有广播发送者和对应的接收节点知道，因此，接收节点的被俘获只会影响它与邻居节点之间的通信，但无助于攻击者生成合法的验证值，不会影响广播发送者与其他节点之间的广播通信和对广播消息的验证，说明基于中国剩余定理的广播认证协议具有较好的防御俘获攻击的能力。

② 抗重放攻击。

基于中国剩余定理的广播认证协议在广播报文中引入初始向量，即发送者设置一个单调递增的计数器。计数器的值随着发送广播报文数量的增加同时递加。如果接收者收到当前广播报文中的计数器值小于上一次广播报文中的计数器值，则说明该广播报文是旧包的复制，应立即丢弃该广播报文。这种方式有效地抵御了重放攻击，保证收到广播报文的新鲜性。

2. *存储开销分析*

广播认证机制所占用的存储开销主要来源于两个方面：一方面是机制运行前，网内节点需要存储用于认证广播报文的相关信息；另一方面是节点缓存接收但尚未认证的广播报文。

（1）存储开销分析

由于在基于中国剩余定理的广播认证协议中每个传感器节点所占的存储开销基本相同，所以只需以分析单个传感器节点 i 的存储开销为例。该节点需要存储一个加入密钥 KJ_i、一个对密钥 KP_i、一个计数器值 C_B 以及一个素数 n_i。通常情况下，密钥长度为 128bit，计数器值为 16bit，以下将分析素数 n_i 所需存储空间的大小。根据本书第 4.5.1 节所述生成两两互素正整数的原则，整数 n_i 的位长度依赖于所选消息认证码算法以及接收者的数目。假设所采用的消息认证码算法生成认证码的位长为 C bit，可以根据素数定理：设 $\pi(x)$表示不大于 x 素数的个数，当 x 充分大时，$\pi(x)$近似地等于 $x/\ln x$；计算出在大于 2^c-1 且小于 $2^{(c+8)}-1$ 范围内所有素数的数目，如表 4.2 所示。

表 4.2　$[2^c-1,2^{(c+8)}-1]$范围内素数的数目

消息认证码算法	素数值范围	素数的数目
CBC-MAC	$2^{16}-1\sim2^{24}-1$	1.0026e+006
	$2^{32}-1\sim2^{40}-1$	3.9463e+010
MD5	$2^{128}-1\sim2^{136}-1$	9.2026e+038
SHA-1	$2^{160}-1\sim2^{168}-1$	3.1998e+048

由表 4.2 可知，在位长度 C 至 C+8 范围内存在的素数足够多，进而两两互素的正整数的数目显然能够满足无线传感器网络节点的数目。将上述分析与表 4.2 结合进行合理的估算节点所占最大的存储开销，假设选用生成认证码较长的消息认证码算法 SHA-1，那么整数 n_i 最长为 168bit。综上所述，实施广播认证机制时每个传感节点最多只需占用 440bit，即 55B 的存储空间。

另外，基于中国剩余定理的广播认证协议实现了对广播消息的实时认证，不存在缓存接收但未认证的广播报文，进一步节约了存储开销。

（2）存储开销对比

比较基于中国剩余定理的广播认证协议与 μTESLA 协议中节点的存储开销。μTESLA 协议中接收节点不但要存储单向密钥链的承诺密钥、同步间隔及密钥透露延迟时间等初始化参数，还需缓存等待认证的广播报文。根据文献[12]中的相关参数建立仿真环境：同步间隔及密钥透露延迟时间分别为 2B，密钥长度为 16B，广播报文的长度为 30B，广播报文发送率为 120 个/分，时间间隔 T 为 1s，密钥延迟公布周期为 $2T$，仿真周期为 200 个密钥延迟公布周

期。仿真的结果如图 4.12 所示。

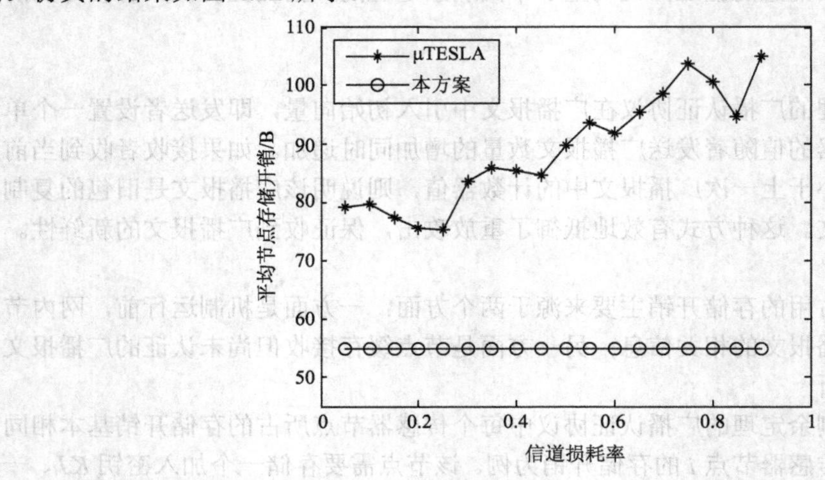

图 4.12 平均节点存储开销与信道损耗率的关系

由图 4.12 得出以下两个结论：①在信道损耗率相同时，基于中国剩余定理的广播认证协议平均节点存储开销小于 μTESLA 协议；②当信道损耗率增加时，μTESLA 协议中的平均节点存储开销随之增加，而基于中国剩余定理的广播认证协议中平均节点存储开销基本不变。由于 μTESLA 协议认证过程对后面广播报文具有依赖性，当信道损耗致使接收节点无法正常接收到后面公布密钥的广播报文时，接收节点就无法认证已经接收并缓存的包。后继含认证密钥的包丢失的越多，需要缓存的包也就越多。而基于中国剩余定理的广播认证协议因为广播报文的实时认证，接收方不需要缓存广播报文以等待认证，所以节点的存储开销不会受信道损耗率影响。

通过分析上述仿真结果可知，μTESLA 协议在不同信道损耗率下平均节点存储开销最小约 75B。BiBa 算法中当一次性能够找到签名的概率为 0.5 时，节点需要存储的公钥为 8KB。若需要一次性找到签名的概率增大，则所需要的公钥就越多，所占用节点的存储空间越大。而基于中国剩余定理的广播认证协议的存储开销最多需要 55B。综上所述，基于中国剩余定理的广播认证协议中传感器节点所占用的存储开销均小于 μTESLA 协议和 BiBa 算法。

3. 计算开销分析

在基于中国剩余定理的广播认证协议中，传感器节点的计算开销主要集中在对广播消息的认证阶段。根据本书第 4.5.1 小节中广播消息认证阶段的方法可知，认证广播消息只需要执行一次消息认证码生成运算和一次模运算。相比 μTESLA 协议中认证广播消息至少需要两次 Hash 运算。一次性签名 BiBa 算法中在安全强度 $P_f=2^{58}$ 时，产生了 16 个 SEALs 的碰撞，节点需要 17 次 Hash 运算才能验证签名，并且所需要的安全强度越高所占用的计算开销就越大。综上所述，基于中国剩余定理的广播认证协议认证广播消息的计算效率较高，适用于无线传感器网络。

4. 通信开销分析

通信开销主要用于对广播报文的传输，取决于广播报文的长度和转发数量。广播报文包括消息和验证值。其中，消息对任何广播都是必须的，因此，广播报文的长度主要由验证值的长度决定。在基于中国剩余定理的广播认证协议中验证值是中国剩余定理同余方程组的解，验证值大小在[0, N-1]之间，N 是中国剩余定理同余方程组中模的乘积。因此，验证值的长度与消息、所选用的消息认证码算法及接收者的数目息息相关。其中，消息的大小是随机的，所以验证值的大小是在[0, N-1]范围内不可预计的一个值。因此欲减小验证值，将转化为减小N的值，可以从以下两方面考虑：一方面减少消息认证码的长度，在无线传感器网络应用的安全需求允许的情况下可以选用生成消息认证码长度较小的 CBC-MAC 消息认证码生成算法；另一方面减少接收者的数目，基于中国剩余定理的广播认证协议可以直接应用于小范围广播的传感器网络中，在大规模传感器网络中可以将其分层运用，分别是基站对簇首广播，簇首再对簇内节点进行本地广播。

相比，μTESLA 协议实现中选择 CBC-MAC 作为消息认证码算法，其认证码最长为 64bit。一次性签名 BiBa 算法，在安全强度 $P_f=2^{58}$ 时，产生 16 个 SEALs 的碰撞，其签名为 168B。在消息认证码生成算法和接收节点数目适合的情况下，基于中国剩余定理的广播认证协议的验证值比 μTESLA 的认证码要长，比 BiBa 算法的签名短，所以，基于中国剩余定理的广播认证协议验证值的开销仍然符合无线传感器网络对通信开销的要求。

此外，针对广播报文转发数量影响通信开销的问题以及阻止在广播过程中引起大量信息的冲突和碰撞即广播风暴问题，基于中国剩余定理的广播认证协议采用在广播过程中尽量减少转发节点的思想，将广播消息的转发操作限制于簇头，设计了一种基于层簇型传感器网络结构的广播优化策略。这种策略保证了广播报文能覆盖到全网所有节点，并减少了网络中的通信开销，从而延长了网络的寿命。

5. 其他性能分析

（1）实时认证

广播报文的认证延迟会影响到无线传感器网络的整体性能，并且对于实时性较强的信息，例如火灾报警等，接收者必须立即认证。因此，实时认证是广播认证的重要特性。同本书第 4.5.2 节中的参数建立仿真环境，比较基于中国剩余定理的广播认证协议与 μTESLA 协议中平均数据包的认证延迟，其结果如图 4.13 所示。

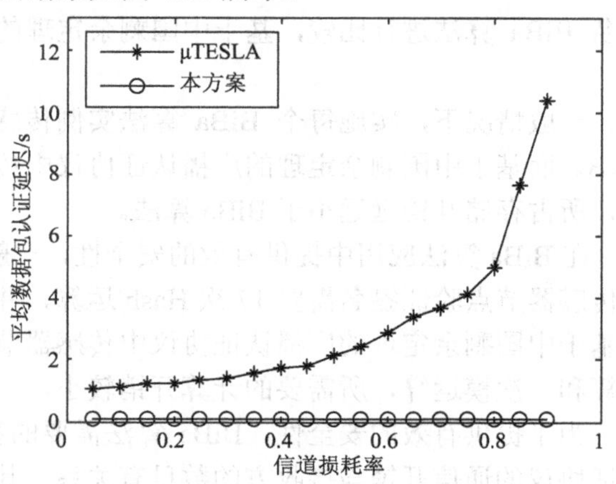

图 4.13　平均数据包认证延迟与信道损耗率的关系

由图 4.13 可知，基于中国剩余定理的广播认证协议通过使用接收者与广播发送者的对密钥生成验证值和认证广播消息，保证了广播发送者可以随时广播，以及接收者对广播消息实时认证，并且信道损耗率不影响广播报文的实时认证。而 μTESLA 协议在信道损耗率增加时，认证延迟也随之增加，主要由于认证过程依赖后续广播报文造成的。

（2）可容忍报文丢失

无线传感器节点部署在无人看管的环境中，容易受环境的影响，因此链路质量不稳定，可能频繁产生报文丢失的情况。因此，要求广播认证机制能够容忍报文的丢失。基于中国剩余定理的广播认证协议中，广播报文的认证是单独进行的，不依赖于其他报文，广播报文的丢失对其他广播报文的认证没有任何影响。因此，能够容忍报文的丢失。

6. 与现有广播认证协议的对比

通过对基于中国剩余定理的广播认证协议的详细分析，并从多方面与μTESLA 协议和一次性签名 BiBa 算法进行对比分析，下面将总结在对比分析中基于中国剩余定理的广播认证协议所体现的优点。

首先，与μTESLA 协议进行比较，基于中国剩余定理的广播认证协议具有以下优点。

（1）立即认证。在μTESLA 协议中，传感器节点收到广播报文后需要等待一个或多个时间间隔以获得当前报文对应的认证密钥。而基于中国剩余定理的广播认证协议传感器节点可以对广播报文进行立即认证，更适合应用于无规则时间的突发性发送广播命令或数据的场合。

（2）传感器节点无需缓存广播报文。在μTESLA 协议中，传感器节点需要缓存收到广播报文等待对应认证密钥的发布。而基于中国剩余定理的广播认证协议传感器节点不需要缓存收到的广播报文。

（3）抑制 DoS 攻击。在μTESLA 协议中没有考虑缓存接收的广播报文极易引起 DoS 攻击的问题。而基于中国剩余定理的广播认证协议可以立即认证广播报文，从而及时的过滤虚假消息，能够一定程度上抵御采用耗尽节点存储空间手段的 DoS 攻击。

（4）无需时间同步。在μTESLA 协议中，广播发送方和接收方需要在时间同步的基础上实现基于时间非对称的广播认证过程，在较大的网络规模中实现精确度较高的时间同步是一个难题，并且还需要较多的资源消耗，而基于中国剩余定理的广播认证协议不需要时间同步这个前提条件。

其次，与一次性签名 BiBa 算法进行比较，基于中国剩余定理的广播认证协议具有以下优点。

（1）存储开销较小。一般情况下，实施每个 BiBa 算法实例传感器节点都需要存储大量的公钥，其大小约为 8KB。而基于中国剩余定理的广播认证协议中传感器节点只需要存储加入密钥、对密钥和素数，所占存储开销远远小于 BiBa 算法。

（2）计算开销较小。在 BiBa 算法应用中提供有效的安全性，一般需要寻找 16 个 SEALs 的碰撞构成签名，此时传感器节点验证签名需要 17 次 Hash 运算，并且所需求的安全性越高运算次数也就越多。而基于中国剩余定理的广播认证协议中传感器节点认证消息只需要进行一次消息认证码生成计算和一次模运算，所需要的计算开销较小。

（3）通信开销较小。为了提供有效的安全性，BiBa 算法需要的签名约为 128B。而基于中国剩余定理的广播认证协议的通信开销与接收方的数目有关系，其运用于小范围内广播的验证值长度小于 BiBa 的签名。

（4）不需要多次密钥更新。在一次性签名 BiBa 算法中，公私钥只能用于有限次数的签名，所使用次数越多其安全性越低，因此需要不断的更新密钥，这样会带来许多额外的开销。而基于中国剩余定理的广播认证协议使用的是基站和各传感器节点共享的对密钥是在节点加入安全体系时建立的，后续网络运行的过程中不再需要更新密钥。

（5）一次性生成验证值。在 BiBa 算法中由于产生一次碰撞的概率受到随机数 SEALs 的数目以及 Hash 函数 G_h 输出值范围的制约，可能会找不到满足条件的签名，即不发生碰撞。而基于中国剩余定理的广播认证协议只要是合法的广播发送者没有任何事件能够妨碍其生成广播消息验证值。

本章小结

作为安全机制的核心与重要基础环节，如何在物联网的各种限制下安全、高效、低能耗地实现认证，始终是物联网安全研究领域的热点。

本章首先结合物联网受到的安全威胁，总结了物联网认证机制的安全目标。在此基础上，分析了 3 种典型的认证协议，包括基于对称密码体制的认证协议、基于非对称密码体制的认证协议，以及基于 μTESLA 的广播认证协议。最后重点研究了基于中国剩余定理的广播认证机制。

练习题

1．什么是物联网认证机制？

2．简述基于对称密码体制的认证协议的过程。

3．基于 Hash 运算的双向认证协议包含哪几个过程？

4．简述 μTESLA 协议。

5．基于中国剩余定理的广播认证协议分析包含哪几个方面？

第5章 物联网安全路由

路由算法是物联网感知信息传输与汇聚的基础，其主要功能是选择优化的路径将数据从源节点发送到目的节点。目前，国内外学者提出了诸多物联网路由协议，这些路由协议最初的设计目标通常是以最小的通信、计算、存储、开销完成节点间数据的传输，但是由于物联网节点能力有限、存储容量有限及部署野外无人看守等特点，使它极易遭受各种各样的攻击。因此不仅传统无线网络路由协议不再适合物联网，而且也很难设计一个适合物联网的通用路由协议。

5.1 物联网安全路由概述

传统的无线局域网络或者移动 Ad-Hoc 网络主要是针对物联网中设备的特点和网络应用环境而优化设计的，许多协议在设计时并没有考虑路由的安全问题。在物联网的研究初期，人们一度认为成熟的Internet路由技术加上Ad-Hoc网络路由机制对物联网的路由设计是足够充分的，但深入研究表明，物联网有着与传统网络明显不同的路由技术，主要包括以下7点。

（1）降低能耗。由于节点采用有限能量电池供能，当一些节点电池电量用尽后会导致网络拓扑发生变化，所以路由技术必须将有效利用能源放在第一位，将服务质量放在第二位考虑。

（2）减少冗余信息。物联网节点网络邻近节点间采集的数据具有相似性，存在冗余信息，需要通过数据融合技术将数据处理后再进行数据传输。

（3）增加容错能力和鲁棒性。一些节点可能会由于能量用尽、物理损坏或环境干扰等因素产生故障或失效。节点失效的前提是不应当影响网络总的任务的执行。如果很多节点都失效了，则MAC层协议和路由协议必须保证新的链路产生，将数据发送到数据采集基站。这可能要求节点主动调节发送功率和信号速率以减少能耗，或者通过网络能量更充足的区域重新路由分组。因此，在一个要求有容错能力和鲁棒性的物联网中有必要考虑多层次的冗余配置。

（4）提高网络覆盖度。通常增加物联网配置较高的节点密度以增强节点间的连接性，但是由于节点故障或电池耗尽，整个网络拓扑和规模不可避免的要发生变化，从而影响原有的连接性。此外，由于感应距离和精度的局限，物联网中每个节点感知的环境视图都有限。因此，物理配置区域也是路由协议应该考虑的一个至关重要的因素。

（5）适应动态拓扑结构。物联网节点可能会因为能量耗尽或其他原因，退出网络运行，也可能有新节点被添加到网络中，会使网络的拓扑结构随时发生变化。路由技术应能支持网络拓扑结构动态变化。

（6）算法的快速收敛性。由于网络拓扑的动态变化，节点能量和通信带宽资源的限制，因此要求路由协议算法能够快速收敛，以适应拓扑的动态变化，减少通信协议的开销，提高消息传输的效率。

（7）安全强度高。物联网节点都是暴露的设备，缺少物理安全保护，并且通信方式还是无线传输，网络安全问题大大增大了。路由技术必须加入安全机制以增强网络安全强度。

基于以上特点，包括 Ad-Hoc 网络在内的网络路由技术无法直接应用到物联网中，对于物联网中数据传输的特点，已经提出许多较为有效的路由技术。按照路由算法的实现方法划分，有洪泛路由、以数据为中心的路由、层次式路由、基于位置信息的路由。这些对物联网提出的路由算法，对节点有限的性能和网络特性进行了尽可能完善，然而许多协议并没有考虑路由的安全问题。

随着物联网的发展和其应用范围的不断扩大，这些应用不得不面临着不安全的无线通信、有限的节点能力、可能的各种威胁等安全问题。攻击者可能使用强力攻击设备，例如，配备了高能量和更强通信能力的笔记本电脑进行攻击，因此，在设计满足低能耗需求的路由协议后，对路由协议安全性的研究已经成为新的热点。

尽管目前路由协议没有把安全性作为设计目标之一，但分析它们的安全特性非常重要。物联网的特性决定了设计安全路由协议是困难的，物联网具有数据汇聚的特点，在网络中为了减少能量消耗，对转发的数据进行访问和处理，对一些冗余的数据进行狙击，减少数据传输量。而传统网络在数据转发过程中，不会关心数据内容，只是尽力而为的转发。在传统网络中，一个安全的路由协议只需要保证消息的有效性。消息的完整性、认证和保密性一般是在上层协议中完成的，如 SSH 或 SSL。端到端的安全在传统网络中更容易实现，因为对于中间路由器来说不需要也不愿意去访问消息的内容。但在物联网中，网内数据如中间节点需要将消息进行内容融合，删除一些重复的数据等。因此在物联网中使用和端到端相同的安全机制是不太现实的。链路层的安全机制能够帮助解决一些漏洞，但这还不够，我们需要对路由协议做更多的工作才能保证路由的安全性。然而想在原有协议基础上通过改进增强安全性并不容易，所以要想真正设计安全协议，应该从最开始就把安全作为路由协议的重要目标进行设计。

5.2 面临的安全威胁

在物联网中，大量的节点密集地分布在一个区域里，消息可能需要经过若干节点才能到达目的地，但由于网络的动态性，没有固定基础结构，每一个节点都需要具有路由的功能。每个节点都是潜在的路由节点，因此更易受到攻击，主要攻击有以下 7 种。

（1）虚假路由信息

通过欺骗、更改和重发路由信息，攻击者可以创建路由环，吸引或者拒绝网络信息流通量，延长或者缩短路由路径，形成虚假错误消息，以分割网络、增加端到端的时延。攻击者还可以篡改或重发路由信息，导致在网络内部建立路由循环；延长或缩短正常的消息传输路径，产生伪造报文消息，甚至将局部网络节点与整体网络隔离等。

（2）选择性的转发

当节点收到数据包后，有选择性转发数据包，导致很多数据包不能达到目的地。链路中的节点能够可靠的传输它所接收到的信息是物联网采用多跳路由的基础，在转发性攻击中，恶意节点并不诚实，它可能拒绝转发特定消息，或直接丢弃一些数据包，使得这些数据包无法继续被传播。

（3）黑洞攻击

攻击者的目标是吸引从一个区域来的几乎所有的数据流，通过声称自己电源充足、性能可靠而且高效，使恶意节点在路由算法上对周围节点更具有吸引力，引诱其他节点向它发包，从而创造以攻击者为中心的一个黑洞。比较典型的攻击方法是攻击者让其他节点根据路由算法相信它是最好的转发选择节点，从而吸引其他节点向它发包。例如，一个攻击者可以通过伪造或回放一个广播信息，以示它有十分高质量的路由到基站；等吸引到其他节点向它发包后，再进行其他攻击，如进行选择性转发攻击。

（4）女巫攻击

女巫（Sybil）攻击就是指一个恶意节点违法的以多个身份出现，通常把该节点的多余身份称为 Sybil 节点。如图 5.1 所示，当接收到未知节点 S 的定位请求时，恶意节点 B_4 以多个不同身份向未知节点发送多个具有不同身份的定位参数。恶意节点 B_4 以 ID_1、ID_2、ID_3 3 个不同的身份发送定位参数$\{(ID_1,x_1,y_1),(ID_2,x_2,y_2),(ID_3,x_3,y_3)\}$，未知节点虽然已经接收到 3 个不同节点的定位信息，但是这 3 个参数都是从 B_4 发送出来的，故 B_4 破坏了信息的真实性，致使 S 计算坐标错误。

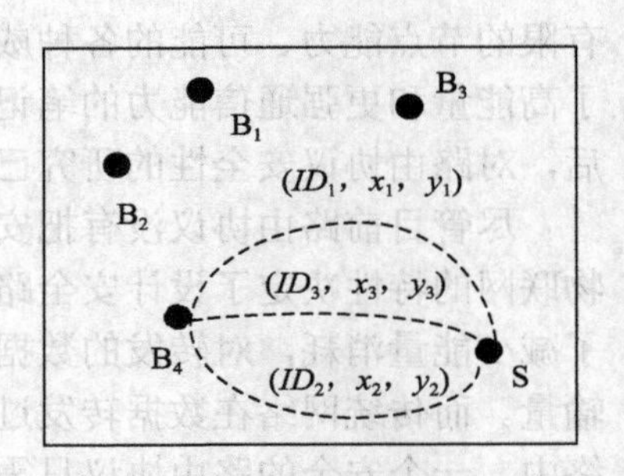

图 5.1　女巫攻击实例

（5）虫洞攻击

虫洞（Wormholes）攻击是指两个节点串谋进行攻击，一个在接收节点附近；另一个在发送数据节点附近，这两个节点声称它们之间可以建立一条低时延的链路，以吸引其他节点将此链路作为路由链路。通过虫洞转发数据包，可以使得两个远距离的节点认为是相邻的。虫洞攻击也可以和其他攻击（如选择性转发攻击）相结合，而且检测这种攻击十分困难。

（6）泛洪攻击

在物联网的一些路由协议中传感器节点需定时发送 Hello 包，而收到信息的节点就认定自己处在发送节点信号有效范围内。当存在恶意节点利用其强大的功率广播 Hello 包，收到信息的节点就将该恶意节点作为自己的邻居节点。在以后路由中，这些节点可能会使用恶意节点的路径，使得网络不能正常运行。作为 Hello 泛洪攻击的节点甚至不需要拥有一个合法的身份也能利用 Hello 信息来攻击网络，只要该节点拥有足够大的发射功率，就可以达到破坏原来网络拓扑结构的目的。

（7）确认欺骗

很多物联网路由算法依赖于潜在的或者明确的链路层确认。由于广播媒介的内在性质，攻击者能够通过偷听通向临近节点的数据包，发送伪造的链路层确认。目标是使发送者相信一个弱链路是健壮的，或者是相信已经失效的节点还是可以使用的。因为沿着弱连接或者失效连接发送的包会发生丢失，攻击者能够利用那些链路传输数据包，从而有效地使用确认欺骗进行选择性前向传输攻击。

在理想情况下，总是希望能保证消息的机密性、真实性、完整性、新鲜性及可用性。通过链路层加密可以阻止外部攻击者对网络的访问，从而保证消息的机密性、真实性和完整性。但是对于内部攻击者而言却作用甚微。由于内部攻击者可利用路由协议的特征来侵犯网络安全，所以链路层的安全是不够的，路由协议自身需要采取相应的安全措施。对于内部攻击这个物联网网络安全的核心问题，通常希望能发现所有的内部攻击者并撤销它们的密钥，然而这未必可行。可行的方法是设计适应这种攻击的路由机制，使得在部分节点被破解的情况下，网络只是在性能或功能上有一定的退化，但仍能继续工作。

5.3 典型安全路由协议

5.3.1 安全信元中继路由协议

安全信元中继（Secure Cell Relay，SCR）路由协议是 Du 等人提出的一种针对静态物联网网络的安全路由协议[13]。协议利用了物联网分布密集、静态、位置感知的特点，来实现安全、低丢包率和低能耗功能。

SCR 协议将整个网络中的路由划分成许多称为信元的子区域（相同大小规模），通过这些信元构成网格，用基于地理位置的信息选举簇头，根据节点的剩余能量决定转发节点。协议包括以下 3 个阶段。

（1）初始化阶段：节点和基站存储有全局共享密钥 KG，KG 仅在邻居发现和握手阶段使用。基站用 KG 加密自己的位置信息，而后以泛洪的形式广播该消息。

（2）路由发现阶段：各个节点通过三次握手协议发现邻居节点，之后节点采用设计的定位算法计算出自己的位置，建立起路由信元。

（3）通信阶段：节点将信息加密经过路由信元按照目的位置距离进行转发。

SCR 路由协议适用于节点稠密、静态和位置感知的物联网网络，是一种很典型的分簇协议，该协议仅需知道基站的位置，具有较短的传输时延。且因为任何节点都可能成为转发节点，故即使部分节点失效也不会影响通信能力，同时，该协议由于采用路由信元的方式，可以抵抗包括选择性转发、虫洞攻击等。

SCR 路由协议采用了网格的结构来划分路由，如图 5.2 所示。与此类似的路由协议还有 GRID，但是 SCR 路由协议和 GRID 有所不同。

（1）GRID 需要路由发现，找到源节点到目的节点的路径，但是 SCR 路由协议一旦知道了位置信息，就不再需要路由发现。

（2）在 GRID 中，网关节点是每个网格区域选举出来的，用于数据的转发，选举算法给系统带来了额外的开销，但是 SCR 路由协议不用网关节点。

SCR 路由协议不需要算法来选举簇头节点，一个节点变成转发数据的节点时，是根据它的剩余能量和退避算法来决定的。

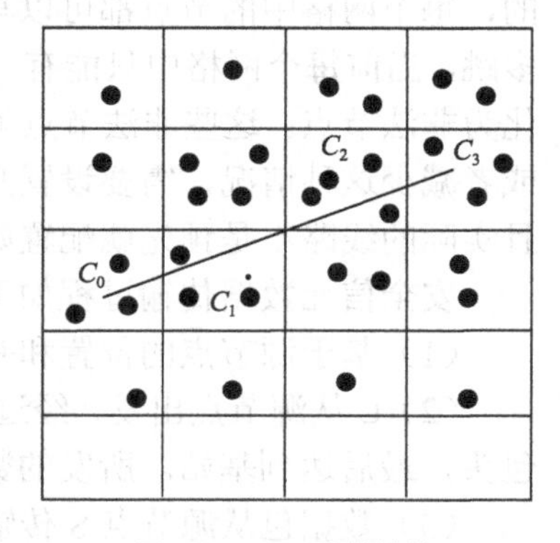

图 5.2 SCRR 网格结构

假设节点的传输范围是 R，那每个单元的边的长度为 $a=R/2\sqrt{2}$，确保了每个节点能直接和它的相邻信元的节点通信，包括4个斜角。

SCR路由协议的设计基于以下假设。

（1）每个节点都是不动的，而且能够感知自己的位置，每个节点能采用算法等来推导其他节点的位置，并且不需要采用GPS。

（2）基站是可信的。基站就是节点与外界通信的网关，若基站被入侵，那么整个传感器网络系统将毫无安全可言。

在预配置阶段，每个节点维持一个全局密钥K，此密钥用于短时间的通信——节点邻居发现和握手。假设每个节点在被采用之前都是同步的，由于能量的限制和存储空间有限，只能采用系统加密。首先基站用K来加密自己的位置信息，采用泛洪的方式广播出去。在部署阶段后，节点通过三次握手协议来发现自己的邻居。

（1）每个节点广播自己的Hello报文给它的邻居节点。Hello报文的格式为{节点ID，时间戳}，然后用密钥K加密。现在假定是B节点广播的Hello报文。

（2）当节点A收到B的广播报文，首先用全局密钥K解密，然后获得其中的时间戳。如果此条报文"太久"，它将被丢弃。这样就可以有效地避免重放攻击。如果时间戳信息在一定的时间窗口内，节点A就认为该广播报文信息是可用的。然后发送一个质疑消息给节点B，报文格式如下：{节点ID，时间戳，随机码}，然后用全局密钥K加密。

（3）节点B收到质疑信息，将应答一个 ACK 消息。格式为：{节点 ID,时间戳,K_{AB},K_B,时间戳+1}，然后用全局密钥加密后发送。K_{AB}和K_B都是节点B产生的，K_{AB}用于节点A和节点B之间的通信，K_B用于节点B的广播。所以节点B的所有邻居节点都知道K_B，而只有节点A和节点B知道K_{AB}。如果节点A收到时间戳+1这个信息，则说明节点B和节点A的邻居关系已经建立起来了。节点A记录节点B为其邻居，包括节点B的ID、协同关系、密钥K_{AB}与K_B。

三次握手需要避免单向链接问题（或者攻击）。例如，如果节点 B 是一个能量充足的设备（如手提电脑），它的通信范围将比节点A的更广，节点A能收到节点B的广播包，但是节点 A 发给 B 的包并不是一跳可达的。通过 Challenge-ACK 机制可以避免这个问题。如果A不能直接到达B，那么B就不可能知道随机数N，节点B就没法给节点A发送 ACK 报文了。为了安全考虑，当邻居关系建立之后，每个节点都将最初配置的全局密钥K删除。

经过握手之后，节点采用算法来计算自己的位置，如图5.2所示，路由发现是基于网格的，每个网格中的节点都可以与其邻居网格的节点进行直接通信。源节点到达基站需要经过多跳，当前每个网格中只能有一个节点转发数据。在实际中，"路由信元"很可能被入侵而转化为非法节点。这些非法节点可以对系统造成攻击，如选择性转发、Sybil攻击等。为了避免或者减少这种情况，需要设置几条备用的源路由和目的路由。备用路由根据源节点决定，并且实际的线路不是预先就配置好的。

安全信元数据传输过程如下。

（1）基于源节点的位置和基站的位置，可以画出一条线L。

（2）L从源节点出发，经过了几个信元$c_0,c_1,c_2,\cdots,c_k$等记录在信元列表中，并存储在数据包头，最后达到基站。所发的数据包的报文头包含：Session_id、Source_id、Cell_list。

（3）数据包从源节点S传输到信元c_1的过程。首先节点S构造一个请求报文，用密钥K_S加密，然后在报文后面需要添加一段不加密的数据段，用来标示下一个信元，刚开始的时候，

下一个信元就是 c_1。节点 S 采用了 CSMA/CA 或者 IEEE 802.11 等机制广播数据报文，只有信元为从 c_1 的节点才能收到，并给与应答，应答退避时间为 $t_d=\alpha(t)/E+t_r$，应答报文用密钥 K_S 加密。E 为剩余能量，$\alpha(t)$是系统参数，随着时间变化而变化。由于物联网中的节点数目很多，$\alpha(t)$越大，这样碰撞的概率就越小。但 $\alpha(t)$不能太大，否则系统时延就很大了。

（4）假设节点 R_1 是一个回应 CTS 给源节点 S 的节点，其他 c_1 中的节点通过窃听该数据包，就不再给源节点 S 发送 CTS 报文。节点 S 收到 CTS 后，给 R_1 发送数据包，格式为：报文 ID+{数据}K_{SR1}，其中数据用 S 和 R_1 的对密钥来加解密。此时节点 R_1 承担转发者的功能，当 R_1 收到数据包，回复给源节点 S 一个 ACK。

（5）节点 R_1 转发数据到信元 c_2 时，重复以上的步骤。

（6）节点 R_1 在一段时候内没有收到 ACK，就再次发送 RTS 给 c_2，回复 CTS 的节点可能和之前的不一样，若还是失败，则采用备用线路。

（7）重复以上步骤，直到数据发送到基站。

在上述 SCR 路由协议中，每个信元只有一个节点接收和传输数据，其他节点则处于睡眠状态，所以 SCR 路由协议是一种能量高效的路由协议。SCR 路由协议能够有效地抵制 Sybil attack，蠕虫、黑洞攻击，选择性转发攻击，以及泛洪攻击。

5.3.2 基于信誉度的安全路由协议

物联网中通常使用自组织网络，它的安全完全依赖于节点之间的相互协作和信任，节点的这种相互信任是随着时间变化的，而这种临时关系构成整个网络的基础架构，成为网络的各种操作的基础。随着节点的加入或离开，这些信任关系可以被临时创建或者撤销。路由协议正好体现了这种关系的存在，体现这种关系的路由协议是网络很重要的组成部分。DSR 协议的执行完全依赖于节点间的100%信任关系，对某个节点的信任关系一旦形成，将不再改变。参与路由的某些节点可能是隐藏的攻击者，此时刻没有恶意行为，并不代表任何时刻都没有恶意行为。即使确定是合法用户，但是也可能被攻击者利用，有些行为也将导致对网络产生不利的后果。

实际上节点的行为可能在某种程度上是善意的，检测某种行为的善意程度方法之一就是行为者的信誉度。如果一个节点不注意自己的信誉度，连续表现恶意的行为，它最终将被从网络中孤立出去。

基于信任度选择路由[14]的主要缺点是路由发现的效率将会降低，所以信誉度的计算应该尽量简单。一般可以利用节点的通信历史记录，包括邻居节点间通信成功与通信失败的次数，计算其对邻居节点的信誉度。

例如可使得 $\omega_B^A=\left(b_B^A,d_B^A,\mu_B^A\right)$，$b_B^A+d_B^A+\mu_B^A=1$。$\omega_B^A$ 表示 A 对 B 信任关系模型，其中 b_B^A 是节点 A 对 B 的信誉度，d_B^A 是 A 对 B 的不可信誉度，u_B^A 是 A 对 B 的未知度（即不能判断是否可信）。

用 p 和 n 来表示节点 A 收集到的关于节点 B 的信任信息，其中 p 表示好的，而 n 表示不好的。

根据 p 和 n 可以得到以下的式子：

$$\begin{cases} b_{\mathrm{B}}^{\mathrm{A}}=\dfrac{p}{p+n+2} \\ d_{\mathrm{B}}^{\mathrm{A}}=\dfrac{n}{p+n+2}, \text{当} \mu_{\mathrm{B}}^{\mathrm{A}} \neq 0 \text{时} \\ \mu_{\mathrm{B}}^{\mathrm{A}}=\dfrac{2}{p+n+2} \end{cases}$$

1. **信任的判断**

（1）若节点 A 中没有对应节点 B 的信任关系，则将信任关系设定为（0,0,1）。

（2）若节点 A 对 B 的信任关系中的第一项的值大于 0.5，那么节点 A 就会认为节点 B 是可信的。

（3）若节点 A 对 B 的信任关系中的第二项的值大于 0.5，那么节点 A 就会认为节点 B 是不可信的。

（4）若节点 A 对 B 的信任关系中的第三项的值大于 0.5，那么节点 A 就会认为节点 B 是不确定的，需要进一步获得 B 的信息才能确定。

（5）若节点 A 对 B 的信任关系中的三项的值都小于 0.5，那么节点 A 就会认为节点 B 是不确定的，需要进一步获得 B 的信息才能确定。

（6）初始化的时候，所有的关系模型都是（0,0,1），即持质疑态度。随着网络正常通信的进行，$\omega_{\mathrm{B}}^{\mathrm{A}}$、$b_{\mathrm{B}}^{\mathrm{A}}$ 和 $\mu_{\mathrm{B}}^{\mathrm{A}}$ 的值将会不断变化，通过信任模型来实时判断节点是否可信，其中 $\mu_{\mathrm{B}}^{\mathrm{A}}$ 慢慢趋向于 0（节点的身份越来越明了）。

2. **可信路由的发现**

当一个节点需要发现到目的节点的路径时，首先会发起 TREQ 信息，信息包的格式采取上面的格式，其中 Type 选择 0，并且第三项和最后一项为空。当一个节点回复响应时 Type 就变为 1，当一个节点相信某个节点为恶意节点时就置 Type 为 2，并广播给它的所有邻居。如图 5.3 所示。

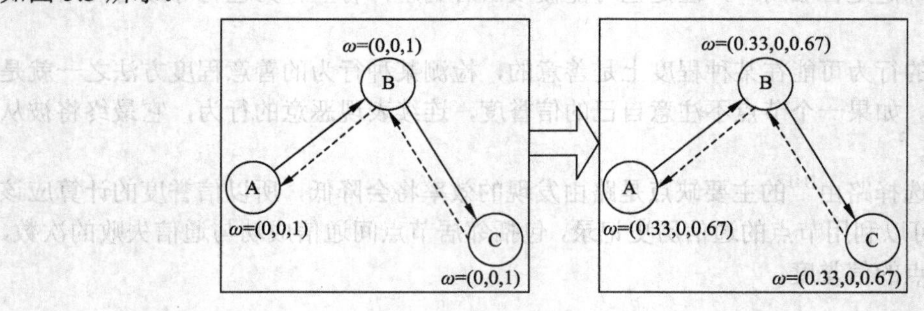

图 5.3 TAODV 路由发现

在图 5.3 中，节点 A 想找到到达 C 的路径，是通过广播请求包来实现的。中间节点 B 收到了 A 的请求包，然后查看对应的路由表中对应于节点 A 和 C 的 ω，发现都为（0,0,1）。由于第三项大于 0.5（我这里假设阈值为 0.5，为了安全度更好，可以把阈值设得更高），所以需要节点 A 和 C 的更详细的信息，才能判断节点 A 和 C 是否可信。此时采用传统的模式来认证节点 A 和 C，若都通过了，节点 B 才转发请求包给 C，此时 ω＝（0.33,0,0.67）。同样 C 收到请求包，要先查看对于 B 的 ω，结果也为（0,0,1），需要节点 B 的更详细的信息，再次用第三方来认证节点 B，若通过了，才回复响应或者转发请求。

正常通信之前，每个节点对其他节点的 ω 都为（0,0,1），随着信息交流的增多，第三项变得越来越低（即未知的概率变小了，可信或者不可信的可能增加）。所以在采用可信方案之前，还是用传统的密钥加密第三方机制来确认节点的合法性，在经过一定轮次的信息交换后，就开始采用可信的方案，以代替传统的认证模式。

基于信任度选择路由可大量减少运算量，并且不需要通过第三方的认证模式认证节点，并且当一个正常的节点变成恶意节点时，通过它的邻居节点检测它的行为，可以判断出节点为非法的，从而使得该节点的信任关系为（0,1,0），并告知其他节点此消息。但是在一定时间后（0,1,0）又会变为（0,0,1），节点重新变为怀疑状态。而且判断阈值是可以自己设定的，为了提高安全性，可以人为提高阈值。

5.4 适用于WIA-PA网络的安全路由机制

随着 WIA-PA 网络应用的日益复杂化，其安全问题也表现出多样性。首先，基于密钥体系的传统安全机制主要用来抵御外部攻击，无法有效解决由于节点失效而造成的内部攻击问题；其次，WIA-PA 网络运行的硬件载体的能力有限，现行的基于对称密码算法的认证方式，在节点被捕获后容易发生消息泄露，如果无法及时识别这些被捕获的节点，将对整个系统造成重大的损失。因此，引入有效的安全机制和及时的识别内部攻击节点，并采取相应的措施减少系统损失是非常必要的。

5.4.1 基于认证管理和信任管理的安全路由架构

适用于 WIA-PA 网络的安全路由机制[15]主要包括 3 个部分：第一，通过认证管理将非法的外部攻击节点隔离；第二，通过信任管理量化转发行为，并计算信任值用于检测内部攻击；第三，以能量因子、时延因子以及认证管理形成的信任因子为基础，构建路径资源分配算法，并为相应的路径分配时隙资源。

适用于 WIA-PA 网络的安全路由机制，采取认证管理抵制外部攻击和信任管理防御内部攻击的方式，以保证网络通信的安全性，其安全框架如图 5.4 所示。

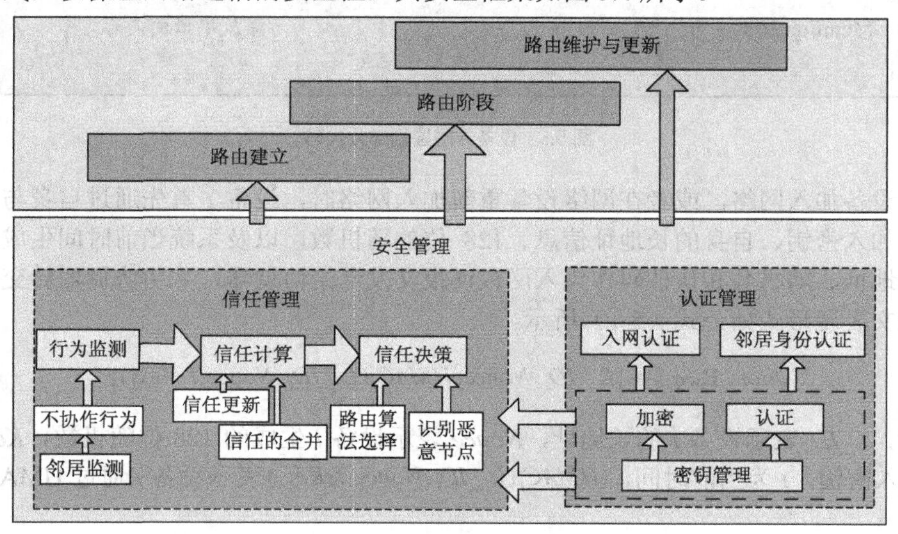

图 5.4 WIA-PA 安全路由框架

认证管理的主要功能是在 WIA-PA 密钥管理的基础上，采用 WIA-PA 提供的报文安全手段对报文进行安全处理，并通过邻居身份认证和入网认证保证设备的合法性。信任管理是本协议的核心研究内容，其主要功能是辅助认证管理模块，补充认证管理在安全方面的不足，在认证管理模块下的加密与认证手段的基础上，通过“检测”→“汇报”→“决策”的方式，减少选择性转发攻击及黑洞攻击等内部攻击给网络带来的不良影响。

5.4.2 认证管理

1. 入网认证

WIA-PA 规范要求新加入设备必须进行身份鉴别，但没规定具体认证算法。适用于 WIA-PA 网络的安全路由机制，采用消息认证码算法（Hash-based Message Authentication Code，HMAC）生成认证信息，并以时间和随机数作为算法输入，实现函数如图 5.5 所示。

```
/*M 为输入串，Len 为输入长度，AesKey 为输出密钥，hmac 为输出结果*/
void HMAC(UINT8 *M, UINT8 Len, UINT8 *AesKey, UINT8 *hmac)
{
UINT8 ipad[16], opad[16], key[16], C[16], *kptr,*bptr,*msg_in;
                                    kptr = AesKey;
MemSet(ipad,0x36,16); MemSet(opad,0x5C,16);    //设置 ipad 和 opad 为全 0x36 和全 0x5C
for (int i=0; i < 16; i++)    key[i] = ipad[i]^*AesKey++;         //KEY1=key^ipad
MemSet (hmac, 0, 16);                          //设置 Hash 初始矢量 IV
msg_in = (UINT8 *)MemAlloc3( Len+ STATE_BLENGTH);  //申请 Len+16 字节空间
bptr = msg_in; MemCpy (bptr,key,STATE_BLENGTH);     //将密钥复制到内存前 16 字节
bptr+=STATE_BLENGTH;                           //指针向后偏移 16 字节
MemCpy (bptr,M,Len);//B=key||M                 //将输入复制到内存后 Len 个字节
}
MMOHash (msg_in,Len+STATE_BLENGTH,hmac);            //进行 MMO 运算得到 Hash
MemCpy (C,hmac, 16);     MemFree3( msg_in );        //s 释放内存

  MemFree3( msg_in );                               //释放申请的内存
}
```

图 5.5 设备入网鉴别部分代码

在新设备加入网络，或者在网络设备重新加入网络时，设备 i 首先通过自身与安全管理者的共享加入密钥、自身的长地址信息、128 位的随机数，以及系统当前时间生成认证码，然后将长地址、随机数和认证码作为入网认证报文发送给协调器，并由协调器转交至安全管理者，报文表现形式如公式（5-1）所示。

$$Join\_\mathrm{Re}q_i \rightarrow \{L\_ID_i, Nonce, HMAC_i(L\_ID_i, Nonce, t, Key_i)\} \quad (5\text{-}1)$$

其中，L_ID_i 表示设备 i 的长地址，$Nonce$ 表示设备 i 生成的 128 位随机数，Key_i 表示设备 i 的加入密钥，t 为当前时间，$HMAC_i(L\_ID_i, Nonce, t, Key_i)$ 表示设备 i 通过 HMAC 构造的认证码。

安全管理者接收到此报文，认证通过后将返回入网响应报文，报文表现形式如公式（5-2）所示。

$$Join\_Rsp_i \rightarrow \{L\_ID_i, Nonce, result, HMAC_i(L\_ID_i, Nonce, result, Key_i, t)\} \quad (5\text{-}2)$$

其中，*result* 的值为 0 表示认证失败，否则表示认证成功。

2. 安全邻居的发现

在新加入设备通过入网认证后，需要进行邻居发现，并将邻居信息汇报给网络管理者。通过三次交互确认邻居，并在交互中使用 SNEP 协议认证邻居身份。假设节点 A 为新加入的节点，节点 B、C、D、E 为其邻居节点，节点 A 的邻居发现过程示例如图 5.6 所示。

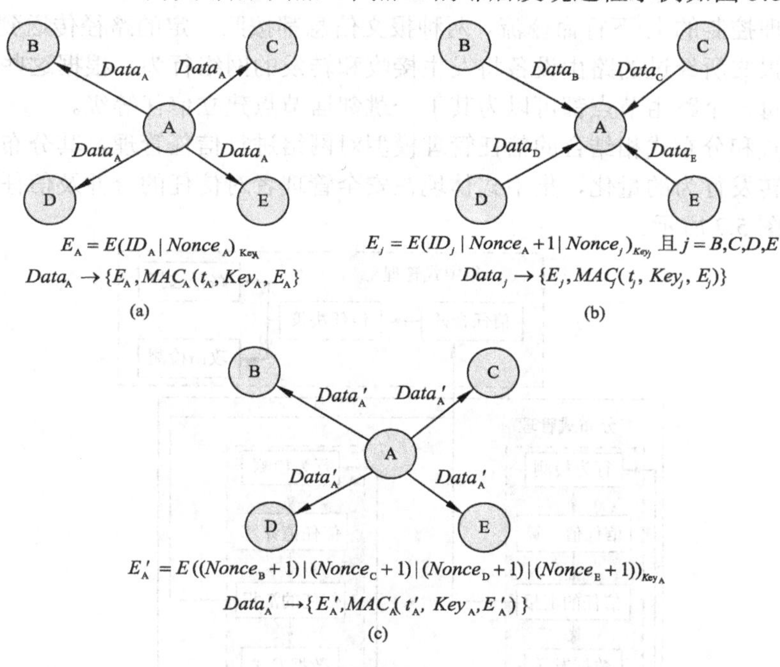

图 5.6　邻居节点认证过程示例图

步骤 1：节点 A 首先利用自身的身份 ID_A、随机数 $Nonce_A$ 及入网认证后安全管理者分配的密钥 Key_A 生成密文 E_A，然后再使用该密文、时间戳 t_A、密钥 Key_A 构造认证码，并与密文一起广播给邻居节点。

步骤 2：周围的一跳邻居节点 *j*（*j=B,C,D,E*）收到该报文后，首先对节点进行身份认证，认证通过后解密获得 ID_A 和 $Nonce_A$，然后生成随机数 $Nonce_j$，运用步骤 1 相同的方法，将自身的 ID_j、随机数 $Nonce_j$、随机数 $Nonce_A+1$ 及密钥 Key_j 生成密文 E_j，接着使用该密文、时间戳 t_j、密钥 Key_j 构造认证码，并与密文一起发送给节点 A。

步骤 3：节点 A 接收到响应后，按照以上相同的方式，对节点进行第一次认证，并解密报文获 ID_j、随机数 $Nonce_A$ 和 $Nonce_j$。然后对比接收的 $Nonce_A$ 与自身之前生成的 $Nonce_A+1$ 进行第二次认证，若相同则表明认证通过；否则，认证失败。

为了降低能耗开销，节点 A 接收到响应后，并不逐一回复响应，而是等待接收所有响应后，先对邻居节点随机数 *Nonce* 进行哈希运算，并连接在一起加密生成密文，然后构造认证码，广播至周围的所有邻居节点，报文的表现形式如公式（5-3）所示。

$$Data'_{\mathrm{A}} \rightarrow \{E'_{\mathrm{A}}, MAC_{\mathrm{A}}(t'_{\mathrm{A}}, Key_{\mathrm{A}}, E'_{\mathrm{A}})\} \tag{5-3}$$

其中，$E'_{\mathrm{A}} = E(hash(Nonce_{\mathrm{B}}) \mid hash(Nonce_{\mathrm{C}}) \mid hash(Nonce_{\mathrm{D}}) \mid hash(Nonce_{\mathrm{E}}))_{Key_j}$。

步骤 4：若节点 B、C、D、E 没有收到步骤 3 的报文，或者对步骤 3 的报文认证失败，则表明节点 A 并非合法邻居节点，节点 B、C、D、E 直接上报网络管理者。

5.4.3 信任管理

在 WIA-PA 网络中，数据流主要有两种：从现场设备采集数据发送至网关节点的上行数据流和用于管理控制的上/下行命令流。两种报文信息都按照一定的路径传送到目的设备，在传送过程中，报文所经过的路由设备将发生接收和转发的网络行为。根据这些网络行为表现的差异程度，每一个路由节点都可以为其下一跳邻居节点建立信任等级。

采用集中式和分布式相结合的信任管理模型对网络进行信任管理，其分布式体现在路由节点对邻居的转发行为的量化，集中式体现在安全管理者对信任的合并及信任的决策。信任管理的框架如图 5.7 所示。

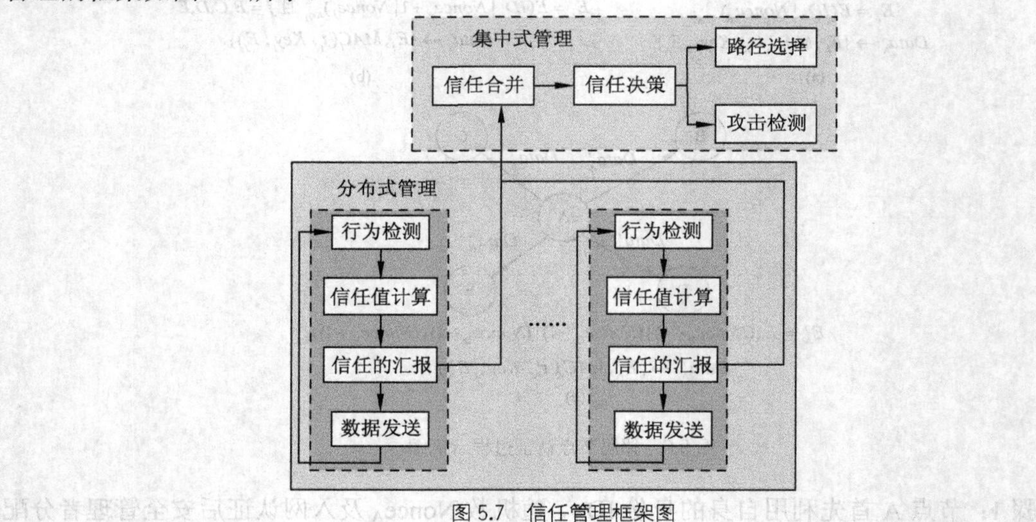

图 5.7 信任管理框架图

节点在建立路由表后，按照路由表周期性的上传数据，然后在数据发送后的下一个时隙，检测自身下一跳节点的转发情况，接着将转发情况形成信任值，当信任值变化超过一定的阈值范围时，节点将信任值嵌入到周期性的数据报文中，一同上传至网络管理者，并由网络管理者转交给安全管理者进行信任合并。若合并的信任值超出阈值则形成报警，并通过网络管理者和安全管理者对路径重新进行分配；若合并的信任值没有超出阈值，则作为路由因子参与路径的计算。

1. 信任的分布式管理

（1）行为检测

主要通过转发情况体现节点之间的信任关系，以下是节点的行为检测过程。

步骤 1：节点保存报文并按照分配的时隙发送。

步骤 2：若该报文是上行数据报文，节点在分配的检测时隙，检测报文是否被下一跳转发；

若该报文是管理报文，节点在发送完报文后的第一个时隙检测报文是否被转发。

步骤 3：若报文在规定的时隙被转发，则对比转发报文与保存的报文，判断转发是否被篡改，若无篡改，则说明转发成功，否则判定失败。

步骤 4：节点释放保存的报文。

（2）信任值的计算

信任值是节点转发情况的量化值，当前节点若检测到下一跳节点成功转发，则增加对该节点的信任值；若检测到下一跳转发失败，则减少对该节点的信任值。

使用节点的成功转发率作为信任值，并通过以往的转发情况推导邻居节点下一次转发成功的概率，虽然考虑了历史因素，但是转发率代表一段时间内的平均通信情况，若用转发率代替信任关系则可能出现这样一种情况：一个高转发率的节点成为内部攻击节点，尽管该节点多次做出选择性转发攻击，但其转发率的下降却很缓慢，从而导致攻击节点不能迅速检测出来。为了能及时检测节点的不协作行为，在适用于 WIA-PA 网络的安全路由机制中将信任值转化为数值形式，每成功转发一次，节点增加部分信任值，失败一次，节点减少部分信任值，其表现形式为：

$$\begin{cases} Trust_{ij} = Trust_{ij}' + \Delta s, \ result = 1 \\ Trust_{ij} = Trust_{ij}' + \Delta f, \ result = 0 \end{cases} \tag{5-4}$$

其中，$Trust_{ij}$ 是通信一次之后，节点 i 对节点 j 的信任值；$Trust_{ij}'$ 是通信之前节点 i 对节点 j 的信任值；Δs 是节点 j 转发成功后，节点 i 对节点 j 的信任值增量；Δf 是节点 j 转发失败后，节点 i 对节点 j 的信任值减量；*result* 是本次节点 j 转发的结果，0 表示失败，1 表示成功，并且有 $\Delta s/\Delta f < 1$，表明失败一次比成功一次带来的影响更大。Δs 和 Δf 的取值必须满足：当节点以正常的概率转发报文时，信任值将缓慢增长；当节点以非正常的概率转发报文时，信任值急剧下降。所以 Δs 和 Δf 的取值与当前应用环境正常情况下的报文成功转发率有关。

（3）数据的发送

节点在通信过程中优先采用首选路径通信，在首选路径失效时，才使用备用的路径。在报文通信的过程中，始终采用 WIA-PA 提供的数据链路层及应用层安全对报文进行安全处理。

（4）路由因子的汇报

路由的计算需要 4 个因子：跳数、剩余能量、度数和信任值。其中，跳数和度数的值在节点加入网络时由网络管理者记录，并且在节点重新配置路由之前不会改变，但是剩余能量和信任值都会随着时间的变化而变化，所以需要节点周期性上报剩余能量和信任值，周期的设定与网络规模及路由设备的发送速率有关。但是一个基本的汇报报文若不考虑载荷，仅头部就至少需要 33 个字节，这对能量受限的 WIA-PA 网络来说，是一笔很大的开销。

WIA-PA 网络由现场设备周期性采集传感器数据，在路由设备处进行数据融合，再转发至网关设备。融合报文格式如表 5.1 所示。

表 5.1　融合报文数据格式

网络层包头	网络层有效载荷							
网络层包头	聚合数量	第一个聚合数据			…	第 n 个聚合数据		
		源地址 1	数据长度 1	数据 1	…	源地址 n	数据长度 n	数据 n
14/16 字节	1 字节	2 字节	1 字节	变长	…	2 字节	1 字节	变长

通过分析可知，融合数据报文的载荷由多个数据段组成，并且 WIA-PA 规范网络层头的

控制字段的 5～7 位被保留，用于扩展。因此，在适用于 WIA-PA 网络的安全路由机制中，将需要汇报的数据嵌入到周期性上行融合数据包中，减少每汇报一次而带来的至少 33 个字节的能耗开销；与此同时，该汇报报文采用备用路径通信，从而减少汇报报文与被投票节点的接触，增强报文的可靠性。

2. 信任的集中式管理

（1）信任值的合并

父母亲节点可能会得到多个孩子的信任值评估，在适用于 WIA-PA 网络的安全路由机制中，设定在安全管理者处将此类信任值合并，并减少信任值低的节点的合并比重，增加信任值高的节点的合并比重。例如，若网络管理者获得了三份来自对节点 A、B、C 的对节点 D 的信任值，分别为 T_{AD}、T_{BD}、T_{CD}，同时网络管理者也维护了节点 A、B、C 各自的综合信任值 T_A、T_B、T_C，则有：

$$T_D = \frac{T_A}{T_A + T_B + T_C} \times T_{AD} + \frac{T_B}{T_A + T_B + T_C} \times T_{BD} + \frac{T_C}{T_A + T_B + T_C} \times T_{CD} \tag{5-5}$$

（2）攻击的检测

由于节点每成功转发一次，其信任值增加 Δs，每失败转发一次，其信任值减少 Δf。通过大量的测试对比，本节给出了 $\Delta s/\Delta f$ 的计算公式。设信道丢包率的范围为 $0 \sim P_{信道}$，则 $\Delta s / \Delta f = \frac{P_{信道}}{1 - P_{信道}}$，这表明节点在一定时间内正常转发数据时，其信任值是增加的。在适用于 WIA-PA 网络的安全路由机制测试环境中，$P_{信道}$的值不大于 10%，假设 $P_{信道}$取最大值 10%，则有 $\Delta s/\Delta f=1/9$，令信任的初值为 $\Delta=65$，信任的下限为 Δ'，当信任值低于信任下限，则判定为攻击节点，Δ'的值的不同设定对应不同的安全强度，在适用于 WIA-PA 网络的安全路由机制的应用中设定 Δ'的值为 0，这表明在信任初值的情况下，每一百次转发中失败 17 次以上才判断为攻击节点。

下面对适用于 WIA-PA 网络的安全路由机制信任值计算方案检测选择性转发攻击的效果进行仿真评估，令 $P_{信道}=10\%$，并且存在 200 个路由设备与 200 个现场设备随机分布在（200 ×200m²）的区域，基站按照适用于 WIA-PA 网络的安全路由机制的路由算法为每个设备配置父节点，每个现场设备发送 400 个数据报文，中间的路由设备按照配置的上行路径转发数据报文到基站。在每次仿真过程中，随机选择部分路由设备为选择性转发攻击节点，该节点按照设定的概率选择性转发数据报文。重复操作 100 次上述过程，然后取平均值查看网络的攻击检测率与误检率。

随机选择 10%的正常节点作为攻击节点，且其选择性转发概率分别为：10%、15%、30%、40%，攻击检测率结果和误检率结果如图 5.8 和图 5.9 所示。

通过图 5.8 可以看出，随着信道丢包率的增加，攻击检测率也随着增加，当信道丢包率高于 6%时，对攻击的检测率影响逐渐降低，但最后都趋近于 1，原因是被攻击节点的丢包率由信道丢包率和攻击丢包率两部分组成，若令节点当前信道丢包率为 $P_{信道}$，当前选择性转发攻击丢包率为 $P_{攻击}$，则总体丢包率为 $P_{all}=P_{攻击}+(1-P_{攻击}) \times P_{信道}$，从该公式同样可以看出当攻击丢包率一定时，随着信道丢包率增加，整体的丢包率也会增加。随着攻击概率的增加，网络的攻击检测率也随着增加，并且当 10%攻击概率和 1%的信道丢包率时，网络的攻击检测率最低，但是仍然高于 80%。

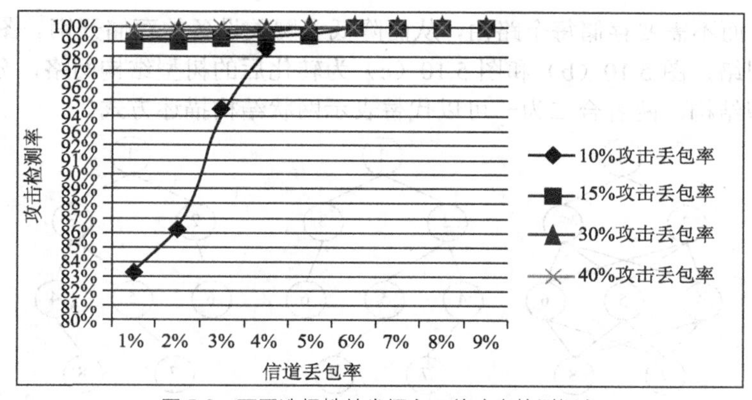

图 5.8 不同选择性转发概率下的攻击检测概率

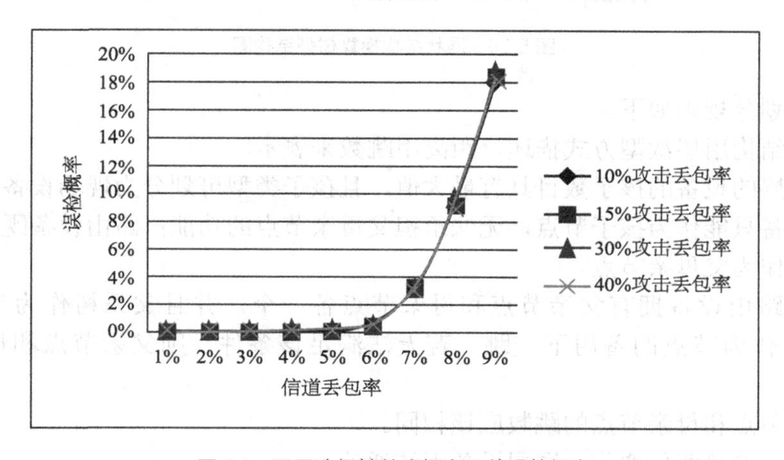

图 5.9 不同选择性转发概率下的误检概率

通过图 5.9 可以看出，随着信道丢包率的增加，误检率也随着增加。当信道丢包率低于 6%时，误检率低于 1%；在信道丢包率高于 6%时，误检率将急剧变化，但是最终当信道丢包率为接近攻击丢包率时，误检率仍低于 20%。随着攻击概率的增加，网络的误检率变化不大。

通过与文献[15]对比可知，在误检率基本持平的情况下，当攻击概率低于 15%时，适用于 WIA-PA 网络的安全路由机制的攻击检测率较低；当攻击概率高于 15%时，适用于 WIA-PA 网络的安全路由机制的攻击检测率较高。

5.4.4 安全路由机制的实现

1. 拓扑控制

在 WIA-PA 网络中，现场设备只负责通过星型网络把采集的数据周期性传送至簇头（路由设备），然后由路由设备通过网状网络完成路由。网状结构网络可以通过多个树型结构网络表示，如图 5.10 所示，在适用于 WIA-PA 网络的安全路由机制中，通过制定一定的规则，剔除部分网状结构中效益低或者无用的连接，将 WIA-PA 网络拓扑结构划分为两颗路径不相交的树型结构，尽量使得到达网关设备的上行路由中，每个路由设备拥有 2 个下一跳；网关设备的下行路由则采取两条不相交多路径的方式。因此，网关设备只保存双树型结构就能快速获得全网路由，而不需要存储每个路由，从而降低了网关设备的存储开销。图 5.10 最左边为原始网状结构网络，图 5.10（b）和图 5.10（c）为转化后的树型结构网络，分别为父系树型结构和母系树型结构，两者合二为一可以代替表示网状结构描述方式。

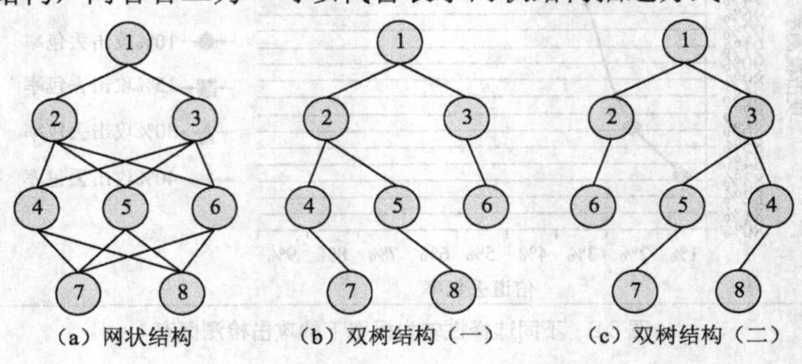

图 5.10　网状结构换算树型结构图

拓扑结构划分规则如下。

（1）网络结构用层次型方式描述，距离用跳数来表示。

（2）每一层的设备的孩子数目具有最大值，且孩子类型可划分为现场设备和路由设备。其中，普通设备只能作为孩子节点，无法承担父母亲节点的功能；路由设备既可以作为孩子节点，也可以作为父母亲节点。

（3）每个路由设备拥有父亲节点和母亲节点各一个，并且父系树作为节点的首选下一跳，母系树作为节点的备用下一跳。若无法满足该条件，则父亲节点和母亲节点可以是同一个。

（4）父亲节点和母亲节点的跳数应该相同。

（5）节点无法跨两层通信，同层设备无法通信。

其中，规则（1）、（4）、（5）保证了节点到网关的路径长度是等长的，且不会造成路由环路。规则（2）用于均衡网络的能量消耗，减少部分设备因承担过多的任务而过早死亡的现象。规则（3）尽量使得每个达到网关的路径上的设备拥有两个下一跳选择，在某一连接断开时，能迅速切换路径，减少丢包率。

2. 路由建立

WIA-PA 路由的建立基于两种情况，第一种是设备刚加入网络时，首次为设备建立上/下行路径；第二种是节点失效后，网络管理者重新分配路径。

（1）设备初次建立路径

在设备加入网络前，手持设备将为其配置一个加入密钥，设备利用该密钥构造认证码，并开启入网的过程。在设备成功入网后，网络管理者和安全管理者将按照路径生成算法生成路径信息，并通过下发命令的方式对相应的节点进行路由表配置，然后网络管理者按照时隙调度算法生成时隙资源，对相应节点进行时隙资源配置。其具体过程如图 5.11 所示。

① 在网路由设备调用 Format_Beacon()函数周期性地发送信标帧，待入网设备接收到后，调用 Time_Syn()函数进行时间同步，并将该路由设备作为临时父设备。

② 待入网设备调用 Join_Req()函数向临时父设备发送入网请求报文，临时父设备调用 Forward_Join_Req()函数将入网请求报文转发至网络管理者。

③ 安全管理者通过调用 Join_Auth()函数完成对待入网设备的身份认证，再由网络管理者调用 Join_Rsp()函数返回入网响应。

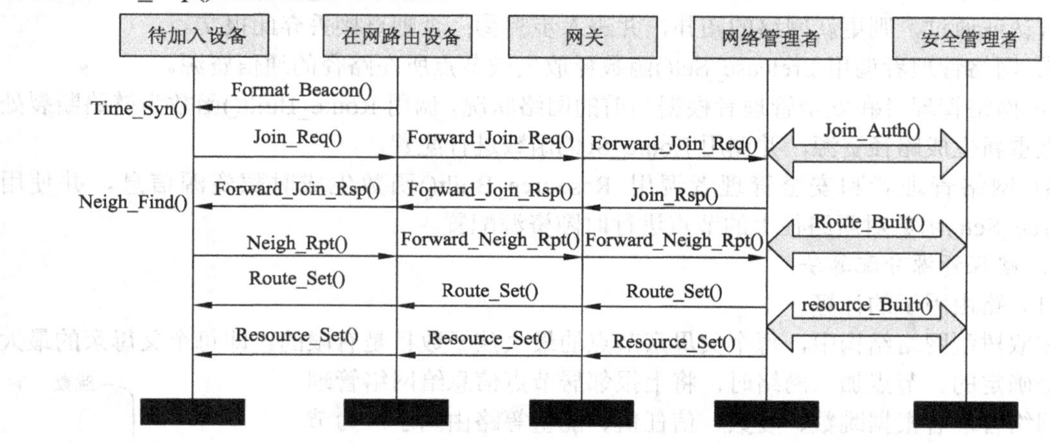

图 5.11　路由设备加入网络过程示意图

④ 临时父设备调用 Forward_Join_Rsp()函数将结果返回待入网设备，如果该响应为正响应，则进入步骤⑤；否则，待入网设备启动重新加入功能。

⑤ 待加入设备调用 Neigh_Find()函数进行安全邻居发现，收集邻居节点的相关信息。

⑥ 待加入设备按照入网时的路径调用 Neigh_Rpt()函数向网络管理者汇报邻居节点信息。

⑦ 网络管理者和安全管理者利用 Route_Bulit()生成入网设备的上、下行路径，并通过 Route_Set()对相应节点进行路由配置。

⑧ 网络管理者和安全管理者在路径配置好的基础上，调用 resource_Built()函数生成路径的时隙资源信息，并调用 Resource_Set()对路径上的节点进行时隙资源配置。

（2）设备重新建立路径

设备重新建立路径在节点失效的情况下完成，节点失效的原因包括：设备能量耗尽、信道质量过差或者被攻击入侵等。节点失效的主要表现为部分或全部丢失报文，节点可通过检测邻居的报文转发情况来判断节点是否失效。若节点被检测到失效，则为失效节点的下行设备重新分配路径，图 5.12 所示是节点失效后重新建立路径的流程图。

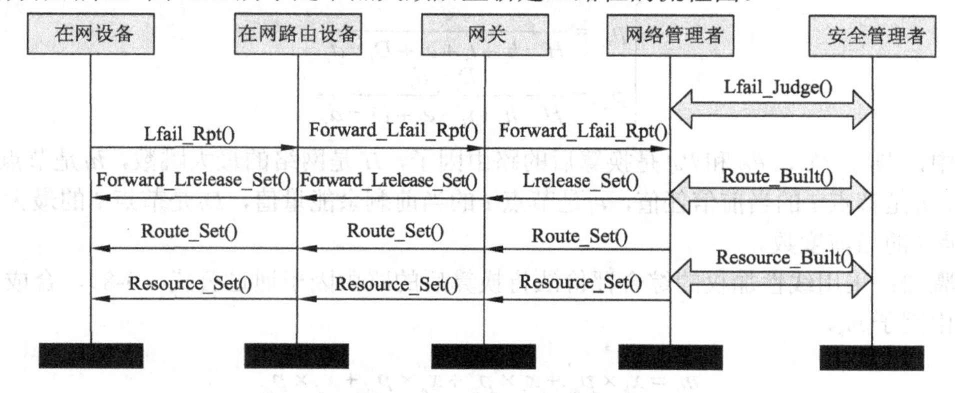

图 5.12　路由设备重新加入网络过程示意图

① 节点在检测到邻居失效后，首先调用 Lfail_Rpt()函数将失效消息汇报至网络管理者，然后由网络管理者转交至安全管理者，接着安全管理者调用 Lfail_Judge()函数对消息进行认证。若认证通过，则更新网络的拓扑，并进入步骤②；否则直接丢弃此报文。

② 网络管理者调用 Lrelease_Set()函数释放失效节点所在路径的通信资源。

③ 网络管理者和安全管理者根据当前的网络状况，调用 Route_Built()函数为链路断裂处的节点重新生成路径资源，并调用 Route_Set()函数进行配置。

④ 网络管理者和安全管理者调用 Resource_Built()函数生成时隙资源信息，并使用 Resource_Set()函数对新路径上的节点进行时隙资源配置。

3. 路径资源分配算法

（1）路由因子的计算

在双树型网络结构中，每个父母亲节点的最大孩子数目是有限的，即每个父母亲的最大度数是确定的。节点加入网络时，将上报邻居节点信息给网络管理者，网络管理者根据跳数、度数、信任值、能量等路由因子，为节点选择最优父母亲节点。

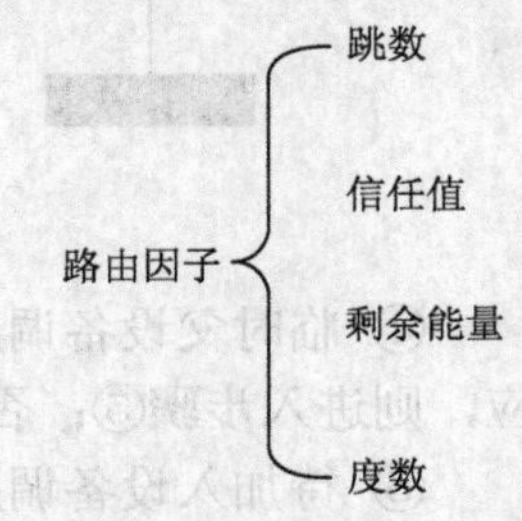

图 5.13 路由因子组成

在图 5.13 中，跳数是数据报文从节点到达网关所经历的路由次数，信任值的计算在上节完成，剩余能量是节点所用电池的剩余电量，度数是与节点本身存在路由通信的邻居节点个数。对单个路由因子而言，跳数和度数的值越小越好，剩余能量值和信任值越大越好。将路由因子 H_i 用一个向量表示，方式如下。

$$H_i = (H - h_i, t_i, e_i, D_i - d_i) \tag{5-6}$$

其中，h_i 是节点 i 的跳数，t_i 是节点 i 的信任值，e_i 是节点的剩余能量，d_i 是节点 i 的度数，H 是网络的最大跳数，D_i 是节点的最大度数。但是此类因子往往是相悖的，为了平衡路由因子之间的不协作性，在适用于 WIA-PA 网络的安全路由机制中，将 4 个因子按照如下步骤合并成一个因子。

步骤 1：对每个因子进行归一化处理，换算成统一的量级[0,1]。

$$\begin{cases} p_{h_i} = \dfrac{H - h_i}{H - h_i + t_i + e_i + D_i - d_i} \\ p_{t_i} = \dfrac{t_i}{H - h_i + t_i + e_i + D_i - d_i} \\ p_{e_i} = \dfrac{e_i}{H - h_i + t_i + e_i + D_i - d_i} \\ p_{d_i} = \dfrac{D_i - d_i}{H - h_i + t_i + e_i + D_i - d_i} \end{cases} \tag{5-7}$$

其中，p_{h_i}、p_{t_i}、p_{n_i} 和 p_{d_i} 是换算后的路由因子，H 是网络的最大跳数，h_i 是节点 i 的当前跳数，t_i 是节点 i 的当前信任值，e_i 是节点 i 的当前剩余能量值，D_i 是节点 i 的最大度数，d_i 是节点 i 的当前度数。

步骤 2：采用线性加权的综合评价法将换算后的路由因子通过公式（5-8），合成为一个综合路由因子 m_i。

$$m_i = x_h \times p_{hi} + x_t \times p_{ti} + x_n \times p_{ni} + x_d \times p_{di} \tag{5-8}$$

其中，x_h 表示跳数的比重，x_t 表示信任值的比重，x_n 表示剩余能量的比重，x_d 表示度数的比重，且有 $x_h+x_t+x_n+x_d=1$，通过调整相应比重的值，可以满足用户对时延、安全及能耗的不同需求。本章节主要考虑 $x_h=x_t=x_n=x_d=0.25$ 的情况。

（2）路径生成算法

在 WIA-PA 网络中，路径信息的生成由网络管理者通过路径生成算法实现。路径生成算法在以下两种情况下使用，且每种情况根据设备属性的不同而有所区分，具体分类如图 5.14 所示。

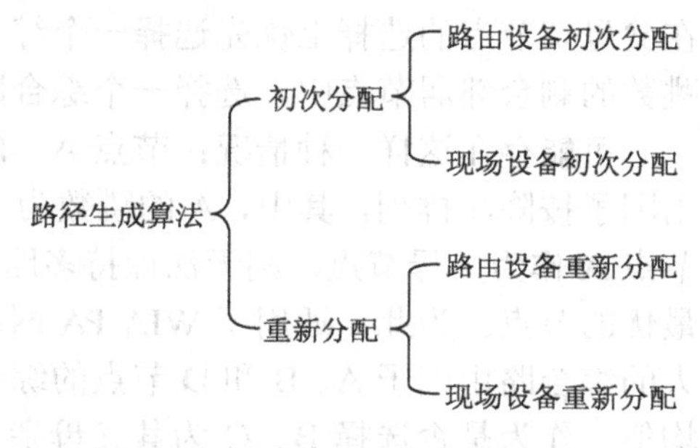

图 5.14 路径生成算法分类图

① 初次分配路径。

路径信息的初次分配发生在设备初次加入网络的时候，此时设备自身不存在跳数和度数等信息，所以网络管理者需要按照一定的算法为其选择父亲节点和母亲节点，并生成设备的度数和跳数等信息。初次分配的路径生成算法根据设备的不同分为路由设备初次分配路径算法和现场设备初次分配路径算法。

A．路由设备初次分配路径。

a．路径生成算法描述。

步骤 1：从邻近节点集合 M 中，剔除部分不可用做父母亲的节点。某节点不可用做父母亲节点的判断依据有：信任值达到设定的下限；跳数达到最大值；度数达到最大值；剩余能量达到设定的下限。4 个依据只要有任意一个满足，就不可以用作父母亲节点。

步骤 2：将删选后的集合 M_1 按照跳数的不同划分为多个集合：M_{11}，M_{12}，…，M_{1n}，搜索每个集合的最大综合路由因子 m_{11}，m_{12}，…，m_{1n}，并记录这些值对应的节点 ID，将这些节点 ID 划分为集合 M_2。

步骤 3：将集合 M_2 按降序排列，取综合路由因子的平均值，并令 $i=1$。

$$m=(m_{11}+m_{12}+\cdots+m_{1n})/n \tag{5-9}$$

步骤 4：按照图 5.15 所示流程，选出双亲节点。取出集合 M_2 中的第 i 个元素 m_{1i}，判断 m_{1i} 是否大于 m，若是，则继续判断该元素对应的集合 M_{1i} 的元素个数是否大于 1。若元素个数大于 1，则记录该集合除元素 m_{1i} 外的最大综合路由因子对应的 ID，该 ID 与 m_{1i} 对应的 ID 就是节点的父母亲节点，然后转入步骤 5；若元素个数小于 2，则令 i++，并继续转入步骤 4；若 m_{1i} 小于 m，则取出集合 M_2 中的第 1 个元素 m_{11} 对应的 ID 作为节点的父母亲节点。

步骤 5：网络管理者对加入的节点进行父母亲节点的配置。实现节点到网关的数据流的上行路径；网络管理者分别在父系子树和母系子树上，加入节点的上行路径中的节点，进行下行路径的配置。

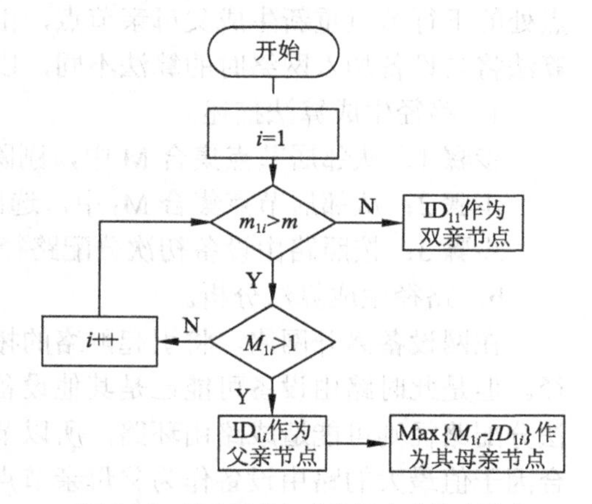

图 5.15 路由设备初次路径生成算法描述

b．路径生成算法分析。

路由设备加入网络，网络管理者将首次为路由设备分配路径，根据双树型拓扑结构的要求，算法的分配原则有：尽可能选择邻居节点中综合路由因子值最大的节点作为父母亲节点；尽量选择不同的邻居节点为父母亲节点；父母亲节点跳数相同。根据此原则，可知路径生成时，选择两个综合路由因子值最大的节点作为父、母亲节点是最理想的情况，但是事实上这种情况发生的概率不大，所以适用于 WIA-PA 网络的安全路由机制在父母亲节点的选择上优先选择一个综合路由因子值最大的节点作为父亲节点，然后在同一跳数的剩余邻居节点中，选择一个综合路由因子值最大的节点作为母亲节点。

可能存在这样一种情况：节点 A、B、C、D、E 都为节点 S 的邻居节点，它们的综合路由因子按降序排列，其中，A 的跳数为 1，B、C 的跳数为 2，D、E 的跳数为 3。此时若选择节点 A 作为父母节点，则无法保持多路径；若选择节点 B、C 作为父母亲节点，则无法选择最优的节点。为此，适用于 WIA-PA 网络的安全路由机制在步骤 3 中对跳数为 1、2、3 的最大的综合路由因子 A、B 和 D 节点的综合路由因子的值取平均值。然后判断 B 是否大于该平均值，作为是否选择 B、C 为其父母亲节点的依据。这样做的好处是使得节点可以选择与最优节点相差不大的次优节点作为父节点，而且还达到了多路径的目的。

B．现场设备初次分配路径。

a．路径生成算法描述。

步骤 1：从邻近节点集合 M 中，剔除部分不可用做父母亲的节点。

步骤 2：从删选后的集合中，选出路由综合因子最大的节点作为簇头节点。

步骤 3：网络管理者对加入的节点进行短地址的配置，当现场设备需要发送数据时，直接令自身的短地址的低 8 位为 0，便可以将数据发送至簇头节点。

b．路径生成算法分析。

现场设备加入网络，并不需要选择多个簇头，所以直接选择综合路由因子最大的路由设备为簇头即可。

② 重新分配路径。

当网络中存在节点失效时，网络管理者需要给失效节点的下行设备重新分配路径。节点失效的原因主要包括三种情况：设备由于电量不足或者某种原因而主动离开网络；信道质量太差，通信连接失败；设备被检测到为攻击者，网络管理者将其主动剔除出网络。以上三种情况的发生，都需要网络管理者给相应路径上的设备重新分配路径信息，根据设备属性的不同，可以分为路由设备重新分配路径和现场设备重新分配路径。

A．路由设备重新分配路径。

在 WIA-PA 网络的双树型结构中，当存在路由设备失效时，网络管理者只需要为失效节点处的下行节点重新生成父母亲节点，由于节点已分配有跳数，根据拓扑控制的原则，路由算法将与设备加入网络时的算法不同，以下是路由设备重新分配路径的具体步骤。

a．路径生成算法描述。

步骤 1：从邻居节点集合 M 中，剔除部分不可用做父母亲的节点，得到新的集合 M_1。

步骤 2：从邻居节点集合 M_1 中，选出跳数小于 r_{Hop} 的节点集合 M_2。

步骤 3：按照路由设备初次分配路径中的步骤 2 至步骤 5，进行路由的生成与配置。

b．路径生成算法分析。

在网设备离开网络，将引起网络的拓扑结构变化，从而需要为断开处的设备重新建立路径。但是此时路由设备可能已是其他设备的父亲节点或者母亲节点，若按照初次路径生成算法分配路径则可能造成路由环路，所以节点只能从小于自身的跳数的邻居节点中寻找路由综合因子值最大的路由设备作为父母亲节点。

B．现场设备重新分配路径。

由于现场设备在网络拓扑中处于叶子节点的位置，只负责与其簇头通信，所以当需要给现场设备重新分配路径信息时，必定是其簇头设备出现问题，从而造成现场设备与网络脱离了连接，所以现场设备重新分配路径信息，不需要考虑是否会影响其他设备，按照初次分配路径的算法进行运算即可。

4. 时隙资源分配算法

WIA-PA 网络采用 TDMA 和 CSMA 相结合的通信方式，网络中的绝大部分通信基于时隙有序进行，网络管理者需要为所有通信报文分配时隙资源。根据报文是否进行多跳通信，WIA-PA 数据报文可以分解为图 5.16 所示的 5 类。

在图 5.16 中，参与路由的主要是多跳通信类型的报文，而在多跳通信的数据中，簇间融合转发数据是多对一的的上行通信数据，其流量占整个 WIA-PA 网络流量的绝大部分比重。管理控制命令一般是 Client/Server 通信模式的报文，即由网关设备发出的、一对多形式的报文，并且目的设备需要回复响应；报警命令用于偶然事件的汇报。

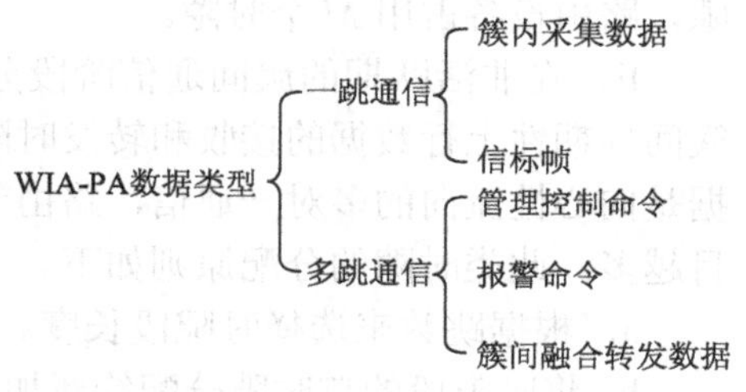

图 5.16 WIA-PA 数据类型

WIA-PA 时隙资源的分配算法不仅需要为每种数据类型分配时隙，而且需要尽量减少占用网络最大流量的簇间融合转发数据在上行通信中等待发送时隙的时延，从而使得路由的端到端时延最小。因此本节提出了一种适用于规模已知而且最大深度确定的 WIA-PA 网络的时隙分配策略。

（1）时隙资源分配的方案描述

若网络规模已知为 N，路由设备数目为 M，普通终端设备数目为 K，最大深度确定为 L，其中，$N=M+K+1$。令节点当前深度为 $LevelL$，CAP 时隙总长度为 $CAP\_Len=7\times L$，CFP 时隙总长度为 $CAP\_Len=K$，信标帧时隙总长度 $Beacon\_Len=M+1$，则活动期时隙的长度为

$$Wake\_Len = Beacon\_Len + CAP\_Len + CFP\_Len \tag{5-10}$$

时隙资源的分配与路径资源的分配一样，分为路由设备的时隙分配和现场设备的时隙分配。

① 在为路由设备分配路径信息后，网络管理者将依据该路径信息给路由设备分配时隙资源信息，主要包括以下 5 个部分内容。

A. 一段 CFP 时隙，用于分配给簇内成员，作为簇内成员采集数据的发送时隙。

步骤 1：根据节点跳数，计算需要分配的时隙资源个数为 $LevelL\times2+1$ 的 TDMA 类型时隙，使得离网关设备越大，簇也越大。这样做可以减少离网关近的簇头设备的能耗，从而延长整个网络的生命周期。

步骤 2：在活动期的 CFP 时隙段中，搜索满足步骤 1 需求的时隙。

步骤 3：对加入节点进行时隙配置。

B. 在非活跃期的簇间通信阶段分配一段全网共享的时隙，用于接收和发送管理命令帧，这样分配的原因在于管理命令帧通常由网络管理者或者安全管理者发起，是一对一的控制命令，不存在网络中多源发送情况，而且当下接收到管理命令帧的节点都会回复一个响应至管理者，所以一段共享的时隙足够保证全网管理命令帧的可靠传输。

步骤 1：确定需要分配的时隙资源为 $Level\times2+1$ 个 TDMA 类型时隙。管理命令帧由网关设备发出，目的设备接收到后，直接回复响应，所以需要分配的时隙数目是直接上行或者下行所需时隙的两倍。

步骤 2：在非活跃期的簇间通信阶段，搜索满足步骤 1 要求的时隙。

步骤 3：对加入节点进行时隙配置。

C．在非活跃期的簇间通信阶段另外分配一段全网共享的 CSMA 时隙，用于节点自发的报警数据的上传。

D．信标发送时隙，用于发送信标帧。信标帧主要用于时间同步及超帧结构的描述，每个已入网的路由设备和协调器都会周期性广播信标帧，向周围的节点描述超帧的结构，并与子节点进行单向时间同步。信标帧时隙是超帧的前 M+1 个时隙，其中，网关设备占用 1 个时隙，路由设备占用 M 个时隙。

E．在非活跃期的簇间通信阶段分配多个专用的时隙，用于融合转发数据的发送时隙、簇间周期性上行数据的接收和转发时隙，以及信任管理中的监督时隙。WIA-PA 网络上行数据是向心性流向的多对一通信，路由节点离网关设备越近，通信量越大，需要分配的时隙数目越多。此类时隙的分配原则如下。

a．根据跳数来选择时隙段长度。

b．将时隙段的首时隙分配给新加入设备，然后按顺序为新加入设备的上行路径上的节点分配时隙。

根据时隙分配的原则，具体的实现算法如下。

步骤 1：计算需要分配的时隙资源个数 *Level*，确定需要时隙段的长度，该时隙段只用于数据报文的上行通信，不需要响应。

步骤 2：在非活跃期的簇间通信段，搜索满足步骤 1 要求的时隙段。

步骤 3：将搜索的时隙段的最小时隙分配给新加入的节点，然后依次为该节点的上行路径分配后续的时隙，使得上行数据能以最短的时间传送到网关设备。

步骤 4：为新加入设备分配其父母亲节点的转发时隙，用于新加入设备检测其父母亲节点的转发情况。

② 现场终端设备加入后，网络管理者将基于双树型拓扑结构，给现场设备分配以下两部分时隙。

A．一个 CFP 时隙，用于发送采集的数据，此部分时隙由自身的簇头分配。

B．在非活跃期的簇间通信阶段分配一段全网共享的时隙，用于接收和发送管理命令帧。

其中，接收时隙主要是为了保证节点在相应的时间点能从休眠的状态醒过来，若节点处于活动期，节点能时刻保持苏醒的状态，所以不需要分配接收时隙，即接收时隙主要分配在非活动期。

（2）时隙资源分配的方案分析

适用于 WIA-PA 网络的安全路由机制的时隙分配算法为每种类型的数据都分配了时隙资源，由于某些类型的数据很少出现，导致分配给它的时隙也很少使用，这可能造成部分时隙资源的浪费。但是，适用于 WIA-PA 网络的安全路由机制的优点是当有数据需要传输时，能及时传送至目的设备。

本章小结

在早期的物联网路由协议中并没有考虑到安全因素。由于物联网设备各方面的资源有限，在设计路由协议时，协议设计者首先考虑如何节约资源，减少不必要的计算、存储与通信，进而延长网络的寿命。物联网又具有网内数据聚集的特点，数据在网络传播的过程中可以被中间节点阅读修改进行数据融合，这个特点增加了安全防范的难度。本章首先介绍了常见的路由攻击和防范方法，其次针对现有物联网路由攻击，介绍了以安全设计为目标的经典安全路由协议，最后通过对适用于 WIA-PA 网络的安全路由机制进行研究，提出了基于认证管理和信任管理的安全路由机制。

练　习　题

1．物联网与传统网络路由技术的区别是什么？
2．简述路由节点面临的安全威胁。
3．面向 WIA-PA 网络的安全路由方案主要包括哪几个部分？
4．WIA-PA 路由的建立是基于哪两种情况？
5．时隙资源分配算法具体有哪些步骤？

第6章 物联网安全时间同步

时间同步技术作为物联网应用中的基础技术，是物联网中的重要研究内容，也是物联网应用的支撑。物联网系统大多为一种分布式的网络，时间同步作为其中一个非常关键的组成部分，网络内部各节点只有保持时间上的同步，才能互相协作，完成相应的任务。正是由于时间同步的重要性，使得其自身的安全性受到了很大的挑战，攻击者能够通过破坏网络的时间同步机制来使得整个物联网系统无法正常运行。因此，研究和设计具有抗攻击能力的时间同步算法，对物联网的发展有着极其重要的意义。

6.1 物联网安全时间同步机制概述

在大多数物联网的应用中，各物联网节点拥有统一的时间是非常重要的。依赖时间同步协议的技术存在于物联网的各个应用中。

（1）节点数据融合：数据融合算法需要融合节点利用数据采集的时间来处理采集到的信息（如：在工业现场中，对采集的温度数据的融合及对环境变化的监测等）。如果网络中的节点时间上不能同步，就不能进行有效的数据融合，因此时间同步机制在物联网数据处理过程中是非常重要的。

（2）节点的定位：大多数节点定位算法需要测量节点定位消息收发的时间差，这通常对时间同步的要求比较高。

（3）时分多路复用：物联网系统中的时分多路复用技术，是通过为网内的每个节点分配时隙来使节点能够进行通信，这需要网络中所有节点保持一个较高的时间同步精度。

（4）节点状态切换：为了降低网络能耗开销，网络中节点的状态需要在空闲、活动和休眠之间相互切换，为了使网内节点不会因为休眠时间过长而丢包或因空闲时间太长而造成过多的能量消耗，网内节点需要保持一个统一的时间，来使得各节点的状态相对应。

网络管理中心需要与节点保持统一的物理时间，才能通过分析节点采集的数据，推断出监测环境中发生的事情。物联网中的许多应用对于时间同步都有要求，例如，构成低功耗的TDMA 调度算法、多节点时序消息的融合，以及测量目标移动速度。一些诸如加密、验证方案和数据库查询、系统调试时有序的日志事件、行为协调、人机交互等应用都需要节点间有精确的时间同步。

物联网应用的多样化使得时间同步成为一个关键性的基础服务，也给时间同步算法的研究提出了诸多不同的要求，主要体现在对时间同步算法的能耗开销、精度、可用性、范围及效率等方面的要求。例如，在军事应用中，对于敌方环境的监测必须有非常高的时间同步精度，但在监测蔬菜大棚内温度和湿度变化的应用中，要求的时间精确度则要低很多；有的局部协作的任务只需要邻居节点间保持时间同步，而全局协作则需要网络内保持全局时间同步；执行事件触发任务可能只需要节点瞬时的同步，而当系统长时间进行数据的记录或调试时，则需要保持长期的同步；当需要与外部用户通信时，需要与外部用户保持绝对的同步，例如世界协调时间（Universal Time Coordinated，UTC），相对的时间同步一般只适用于网内；有些节点需要长时间运行，而有些节点仅需要偶尔地工作，采集一个数据并发送出去，随后立刻进入睡眠状态。

时间同步机制在传统的网络中已得到广泛应用，如网络时间协议（Network Time Protocol，NTP）是 Internet 中的时间同步协议，无线测距、GPS 等技术也用来为网络提供全局的时间同步。但是在物联网中，一般由于节点资源受限且节点间采用无线链路进行通信，传统的时间同步技术很难适用于物联网，因此，结合物联网特点的低功耗、高效的时间同步机制的研究越来越多。

在物联网应用中，节点大多部署在开放的环境中，更容易遭受到威胁，由于时间同步协议的重要性，对节点时钟的破坏将造成非常严重的危害，因此，时间同步机制很容易成为攻击者的攻击对象。如何在满足原有时间同步精度的情况下同时保证时间同步机制的安全性成为近年来研究的热点，各种适用于物联网的安全时间同步机制也相继被提出。

6.2 典型的物联网时间同步算法

6.2.1 基于 Receiver-Receiver 同步算法

参考广播同步协议（Reference Broadcast Synchronization，RBS）是这种同步算法的典型代表[17、18]。RBS 算法采用“第三方广播”的思想。

RBS 时间同步机制采用第三方广播同步消息，使得两个接收节点能够抵消信道接入时间和发送时间，其运行机制如图 6.1 所示，第三方发送节点广播一个信标帧（Beacon），通信范围中两个节点都能够接收到这个信标帧。接收节点记录各自接收到信标帧的本地时间，然后交换它们各自记录的信标帧接收时间。两个信标帧接收时间的差值为两个接收节点间的时间偏移，其中一个接收节点可根据该时间差值更改它的本地时间，从而使两个接收节点间达到时间同步。

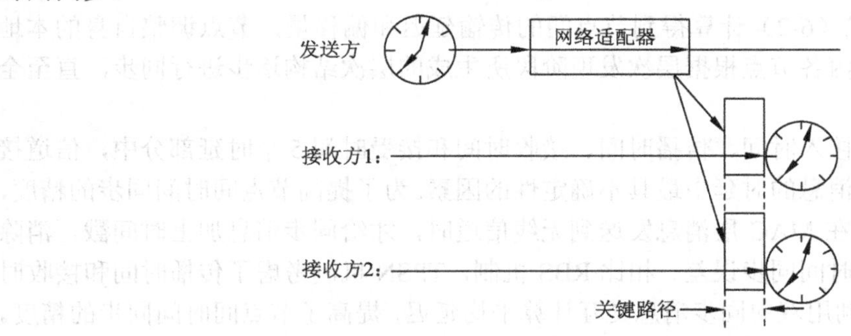

图 6.1 RBS 运行机制

RBS 机制并没有直接告知接收节点发送节点的时间值，而是通过第三方节点广播同步消息来实现接收节点间相对的时间同步。信标帧本身并不携带时间信息，信标帧的发送时间也并不是非常重要的。正是因为无线信道广播的特征，信标帧相对所有的接收节点而言都是同时接入和发送到信道上，能消除发送时间和信道接入时间所引入的时延。RBS 机制通过消除这两个主要误差源来提高时间同步的精度，该算法仍然无法消除接收时间所带来的不确定因素。

6.2.2 基于 Pair-Wise 的双向同步算法

双向时间同步算法是现有的使用较多的同步算法，比较典型的算法有 Tiny-Sync 协议和 Mini-Sync 协议、TPSN（Timing-Sync Protocol for Sensor Network）、TDP（Time Diffusion Synchronization Protoco1）单向和双向成对同步相结合的时间扩散协议、异步扩散（Asynchronous Diffusion，AD）协议、TSS（Time-Stamp Synchronization）同步协议、TSync 算法、LTS 算法，此外，还有一些高精度的双向时间同步算法，如 PTP-LRWPAN（Precision Time Protocol over LRWPAN'S），该算法的同步精度可达到 50ns。

双向时间同步算法中最典型和实用的代表是 TPSN 算法。TPSN 算法采用发送者与接收者之间双向发送同步消息的工作方式，并将该同步方式扩展至全网域。TPSN 算法的实现分为 2 个阶段：层次发现阶段与同步阶段。在层次发现阶段，网络将产生一个分层次的拓扑结构，并为每个节点赋予一个层次号。在同步阶段，节点进行成对的报文交换，图 6.2 所示为 TPSN 对节点报文信息的交换情况。

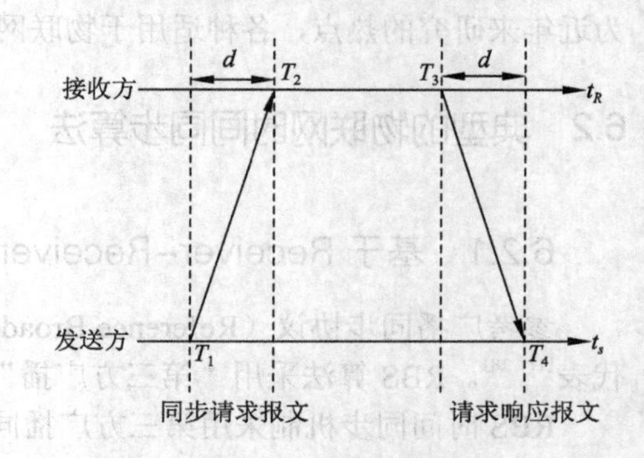

图 6.2　TPSN 报文交互

发送方首先发送同步请求消息，接收方在接收到请求消息后记录接收时间戳，并给发送节点回复响应消息，发送方能够得到整个消息交互过程中的时间戳 T_1、T_2、T_3 和 T_4，由此可以计算出节点间的传输延迟 d 和偏移量 β，即：

$$d=\frac{(T_2-T_1)-(T_3-T_4)}{2} \tag{6-1}$$

$$\beta=\frac{|(T_2-T_1)+(T_3-T_4)|}{2} \tag{6-2}$$

根据式（6-1）和式（6-2）计算得到节点间的传输延迟和偏移量，节点调整自身的本地时钟到同步源时钟。网内各节点根据层次发现阶段所生成的层次结构逐步进行同步，直至全网所有节点同步完成。

在发送时间、信道接入时间、传播时间、接收时间和接受时间 5 个时延部分中，信道接入时间通常是发送同步消息的时延中最具不确定性的因素。为了提高节点间时间同步的精度，采用 TPSN 协议的节点在 MAC 层消息发送到无线信道时，才给同步消息加上时间戳，消除了信道接入时间带来的时间同步误差。相比 RBS 机制，TPSN 机制考虑了传播时间和接收时间带来的不确定因素，利用双向同步消息交互计算平均延迟，提高了节点间时间同步的精度。在 Mica 平台上，TPSN 时间同步机制的平均误差为 16.9μs，而 RBS 机制为 29.13μs，但如果考虑 TPSN 机制生成层次结构的开销，节点在时间同步过程中需要传递 3 个消息，协议的通信开销比较大。

6.2.3 基于 Sender–Receiver 的单向同步算法

该同步算法为单向的时间同步算法，相比前面所介绍的时间同步机制，这种算法更适用于物联网，这类算法的典型代表主要有 DMTS 和 FTSP 协议。在 DMTS 机制中，其中一个节点作为主（Leader）同步节点广播同步消息，其他所有接收节点计算这个时间广播报文的时延，设置它的时间为接收到同步消息所携带的时间加上这个广播报文的传输时延，这样所有接收到广播报文的节点都与主同步节点进行时间同步。时间同步的精度主要由延迟测量的精度所决定。

DMTS 机制中，节点广播同步消息的传输过程如图 6.3 所示。主同步节点在检测到信道空闲后，给广播报文加上时间戳 t_0，用来消除同步消息发送端的发送时间和 MAC 层的信道接入时间带来的不确定因素。在发送广播报文之前，主同步节点需要发送一段前导码和起始符，以便接收节点能够进行消息接收的同步，前导码和起始符的发送时间可以根据发送消息的位数 n 和每比特位所需的发送时间 t 计算得到，发送时间 $T_{xt}=nt$ 接收节点在广播报文到达的时刻记录时间戳 t_1，并在调整自己本地时钟之前的时刻再记录时间 t_2，接收节点从接收到处理同步消息的延迟就是（t_2-t_1）。如果不考虑无线信号的传播时间，接收节点从添加 t_0 时刻到调整本地时钟前的时刻的总时间约为 $nt-(t_2-t_1)$。因此，接收节点为了达到与发送节点时间同步，需调整其本地时钟为 $X-Y$。

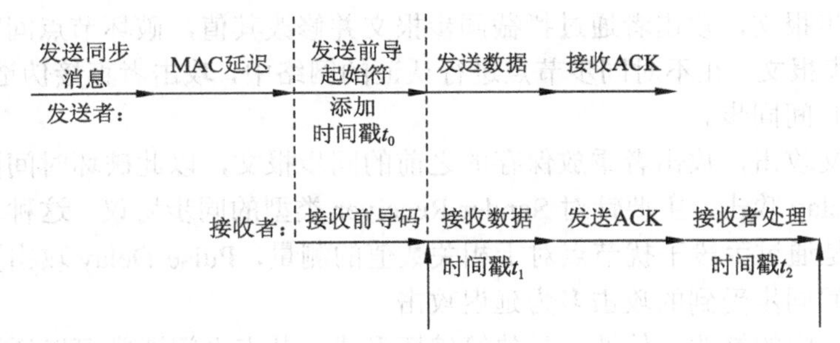

图 6.3 DMTS 时间同步机制

FTSP 算法也是一种典型的单向同步算法，FTSP 算法与 DMTS 有些相似，但是并不完全相同。

FTSP 算法实现步骤如下。

（1）FTSP 算法在完成同步字节的发送后给时间同步报文标记时间戳 t 并嵌入到当前报文中发送出去。

（2）接收节点记录同步字节最后到达的时间 t_r，并计算位偏移。在接收到完整报文后，接收节点计算位偏移产生的时间延迟 t_b，这个时间可以通过位偏移和接收速率得出。

（3）接收节点通过式（6-3）计算与发送节点之间的时钟偏移量（Offset），然后调节本地时钟与发送节点达到时间同步。

$$Offset=t_r-t_b-t \tag{6-3}$$

由于时钟晶振的偏差，想达到微秒级别精度的时钟同步，必须持续再同步，然而多次同步将增加能量消耗和带宽需求，因此 FTSP 算法对接收时钟相对于发送时钟的漂移进行了线性回归分析。考虑到在特定时间范围内节点时钟晶振频率是稳定的，因此节点间的时钟偏移量与时间成线性关系。通过发送节点周期性的广播时间同步报文，接收节点取得多个数据对，并构造最佳拟合直线。通过回归这条直线，在误差允许的时间间隔内，节点可以直接通过直线计算某一时间点节点间的时钟偏移量，而不需要再发送时间同步消息进行计算，从而减少了报文的发送次数也减少了系统的能量消耗。

FTSP 算法只包含了传送时间、传播时间和接收时间，所以同步精度较高。FTSP 算法可以发送一条报文就完成多个设备的同步，从而减少了功耗。

6.3 物联网时间同步面临的攻击

在物联网这种分布式系统中，各个节点都有自己的本地时钟。由于网络中的节点多暴露在野外恶劣生存环境中，受温度变化、电磁波干扰及各个节点晶体振荡器差异，即使所有节点在某个时刻达到时间同步，时间也会逐渐出现偏差。然而，节点间时间同步的完成离不开报文的交互，这就给敌方制造了攻击的机会，目前，针对时间同步的攻击，分为外部攻击和内部攻击。

6.3.1 外部攻击

外部攻击是指网络节点并没有被俘获，恶意攻击者通过无线信道开放的环境破坏时间同步过程中同步信息的交换，主要有以下 4 种形式。

（1）修改同步报文，攻击者通过拦截同步报文并修改其值，破坏节点间时间同步。

（2）伪造同步报文，在不对同步节点进行认证的网络中，攻击者直接伪造各种同步报文，以此干扰正常的时间同步。

（3）重放报文攻击，攻击者重放保存的之前的同步报文，以此破坏时间同步。

（4）Pulse-Delay 攻击，主要针对 Sender-Receiver 类型的同步协议。这种攻击方式并不修改同步报文，而是通过手段干扰节点对于相关数值的测量，Pulse-Delay 攻击更加隐秘且难于被发现，目前时间同步受到的攻击多为延迟攻击。

对于外部攻击中的修改、伪造、重放等破坏形式，节点之间通常可以通过报文加解密、MAC 验证等方式来进行抵御，造成的影响在两个节点之间，对整个网络来说，破坏性较小。而 Pulse-Delay 攻击很难用加解密的方法进行防御，目前很多研究都是针对如何更有效地检测出延迟攻击，从而通知基站后能尽早处理。如图 6.4 所示。

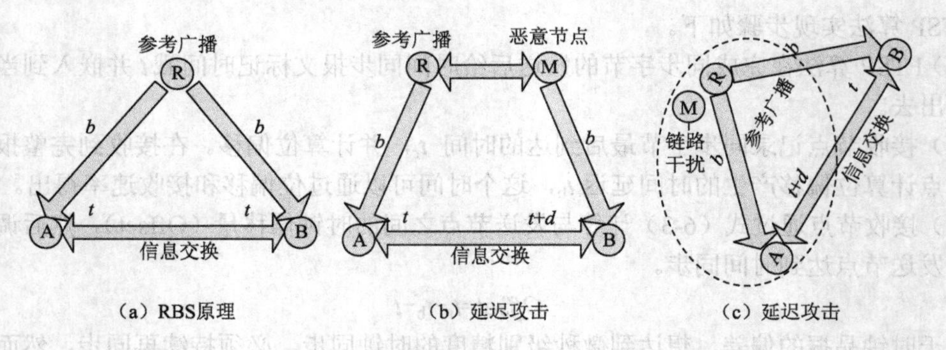

图 6.4 RBS 受到的安全威胁

由图 6.4（a）可以看出，RBS 算法忽略传播时延的影响，假设参考报文同时到达其他节点，同时记录本地时间，获得比传统单向同步方法较高的时间同步精度。此种方法容易受到的攻击有以下 3 种。

首先，攻击者伪装成 B，或者 B 的不新鲜的包被重放，与 A 交换错误的时间同步信息，A 与 B 之间的同步处理遭到破坏。攻击者丢弃，伪造或者修改需要交换的同步报文来破坏时间同步过程，这些都有可能。

其次，如图 6.4（b）所示，受威胁节点为参考节点，恶意节点 M 伪造成参考节点，在不同的时间向节点 A 和 B 发送参考报文，而 A 和 B 误以为同时收到参考信息，以致交换错误的时间信息，同步过程受到破坏。

最后，图 6.4（c）所示恶意节点可以干扰节点 A 或者 B，导致其中一个接收不到时间信息，同样可以破坏同步信息交换。

图 6.5 所示为 TPSN 时间同步协议的原理和遭受到的安全威胁，对于 TPSN 攻击，攻击者可以伪造自己身份为父节点，修改 T_2、T_3 值，由上式可知影响延迟和偏差的计算。攻击者堵塞信号并在一段时间后重放该消息，通过带来任意的延迟 Δ，影响延迟和偏移量，这种 Pulse-Delay 延迟攻击不能通过简单的加解密方法来避免。攻击者同样可以通过 Pulse-Delay 攻击来修改 T_4 值。

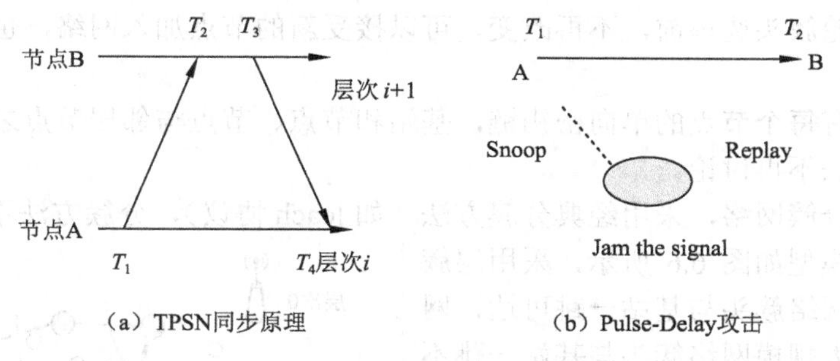

图 6.5 TPSN 受到的安全威胁

在 TPSN 分级的网络中，下级节点是根据上级节点完成同步的。因此，如果上级节点被捕获，会影响下级节点的同步，被俘获节点越靠近根节点，那么对整个网络的危害也就越大。被俘获节点还可谎称自己在同步中的级别，低于真实层次，使得同级节点向恶意节点申请同步。除此之外，还可在同步树构造的过程中，把受威胁节点隐藏起来，造成其子节点直接脱离网络。

6.3.2 内部攻击

内部攻击是指网络中节点被俘获，并用来对网络发起攻击。节点一旦被俘获，其密钥信息、加密算法均被恶意节点所破获，恶意节点可伪造自己为合法时钟源的身份，向依赖其同步的网络中的节点进行虚假信息的传递，从而导致后面的节点脱离网络。这种攻击，尤其是在层次型的时间同步算法中，破坏较大，攻击者可伪造自己身份为根节点，子节点很难识别。现有的安全协议大多是针对外部攻击，对内部攻击的处理还都处于防御阶段，没有深入的研究。

6.4 安全时间同步服务方案

本节介绍一种新的低功耗、适用于簇状网络结构的安全时间同步服务方案，其采用单向哈希函数认证的方法来阻止外部攻击，同时节点采用时间序列分析的方法拟合预测模型，生成检测模型来排除延迟攻击。以较小的安全开销代价，达到保障网络完全、延长网络寿命的目的。

6.4.1 方案设计

1. 网络模型

网络模型满足以下 5 点要求。

（1）基站是可信的，提供唯一的时钟源，计算能力不受限，每个节点有自己的本地时钟，在网络初始化阶段，不存在恶意攻击节点。

（2）网络节点的同步方法是逐级同步方法，为了把同步误差维持在一定的范围内，节点采用周期性同步方法。

（3）网络选举簇头为周期性选举，在每一轮簇头选举后，网络节点均重新进行初始化，拓扑结构在下一轮簇头选举前，不再改变，可以接受新的节点加入网络，也可以隔离被怀疑为受威胁的节点。

（4）基站存有每个节点的单向密钥链，基站和节点、节点与邻居节点之间可以安全建立对密钥，建立方法不再讨论。

（5）网络为分簇网络，采用经典分簇方法（如 leach 协议），分簇方法不在本书讨论。

构建的网络模型如图 6.6 所示，采用层簇式网络，中小型网络簇头与基站一跳可达，网络不需要分层；大规模网络簇头与基站一跳不可达，此时网络簇头需进行分层，每个节点资源、计算能力相同。

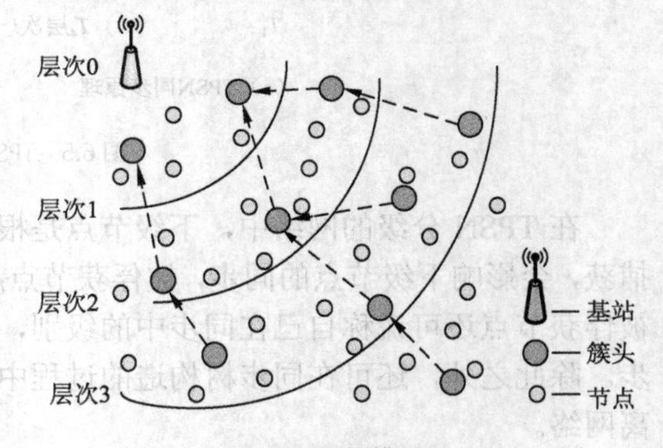

图 6.6 网络模型图

2. 本地广播认证

在无线传感器网络中，广播认证是提供防御外部攻击的一个有效方法。随着节点本身计算能力和存储能力的提高，节点功能和应用场合也在不断提升，电池供电，能耗有限的问题仍然是需要重视的问题，因此广播认证主要需求低开销的解决办法。目前用于无线网络的广播认证按照主要技术不同分为基于数字签名和基于对称加密技术两类。前者系统开销较高，因此寻求从高效的对称加密算法构造非对称认证算法的方案。μTESLA[19]是最为经典的一个广播认证协议。它利用哈希密钥链和延迟发布密钥等技术，以一定的认证延迟为代价，用对称加密机制实现了很高的效率，达到了防止恶意攻击的目的，具有较高的安全性。但是运用它的前提便是时间同步，因此，可以采用简化的 μTESLA 协议思想用在时间同步报文认证。

使用轻量级的基于单向链的广播认证机制，散列函数算法一般计算量小，效率高。安全时间同步服务方案有两个比较突出的优点：一是网络不需要紧耦合的时间同步；二是密钥的有效性与时隙无关。节点密钥链用尽后，重新生成链表。单向散列链有如下性质。

单向散列链是由随机数 k_n 和单向函数 f 生成的散列值序列 $\{k_1,k_2,\cdots,k_n\}$，序列中元素满足单向函数：

$$k_{i-1}=f(k_i),1\leqslant i\leqslant n \tag{6-4}$$

$$f(k_i)=f_{j-i}(k_j),1\leqslant i\leqslant j\leqslant n \tag{6-5}$$

3. 数据过滤算法

通过节点计算的偏差的长期趋势作为近似值来得到敌方可能导致的误差上界，排除攻击者。节点利用线性预测技术（自回归滑动平均模型 ARMA）对每轮时间偏差进行分析和预测，节点在完成本轮时间同步的同时，通过本轮与上轮的时间偏差估计出下轮可能的时间偏差，当接收到下轮同步信息时，首先进行数据过滤，再完成时间同步。如果节点受到了攻击，收到更新产生的偏差和偏移远大于相应的近似值就忽略此次数据。过滤是指比较预测值与实际值的差值的绝对值是否超过阈值，可以来判定数据包是否异常。运用线性预测模型，如果选取参数得当，会起到计算量小、节省能耗的作用。

对序列 $z_1,z_2,\cdots,z_i,\cdots,z_n$，建立 ARMA($p$，$q$)模型，即：

$$\varphi(B)Z_t=\theta(B)a_t \tag{6-6}$$

其中，B 是后移算子，a_t 是白噪声，它是独立同分布的高斯随机变量，均值 μ 为零，方差为非零值 σ^2。$\varphi(B)=1-\varphi_1 B-\varphi_2 B^2-\varphi_3 B^3-\cdots-\varphi_p B^p$，$\theta(B)=1-\theta_1 B-\theta_2 B^2-\cdots-\theta_q B^q$。其中 φ_1，$\varphi_2,\varphi_3,\cdots,\varphi_p,\theta_1,\theta_2,\cdots,\theta_q$ 是估计参数。由 AIC 准则并且根据节点数据处理能力，选取阶数最优的 ARMA(p，q)来对时间序列样本数据进行拟合。

φ_1，$\varphi_2,\varphi_3,\cdots,\varphi_n,\theta_1,\theta_2,\cdots,\theta_m,\sigma^2$ 等参数可以由上位机计算后分发至节点，有助于减少节点的计算开销及降低节点能量消耗。再通过估计参数判断 ARMA(p,q)模型时间序列稳定性，这里稳定条件是 $|\hat{\varphi}|<1$。只要 ARMA 模型平稳，就可根据预测精度来确定阶数。通常阶数越大，预测误差越小；预测的步数越大，误差越大。

6.4.2 实施流程

安全时间同步服务方案分成两个阶段：网络初始化阶段和安全同步阶段。整体流程如图 6.7 所示，方案周期性的执行，以下简述方案在一个执行周期内的实施步骤。

（1）网络初始化阶段

步骤 1：网络分簇。目前采用簇型结构的传感器网络，为了节省能耗，延长节点寿命，比较成熟的分簇算法都是周期性选取簇头，在每轮成簇后完成网络的初始化。

步骤 2：节点确定父节点、层次。如果簇头与基站一跳可达，则确定基站为父节点；如果簇头与基站距离多跳，将网络进行层次划分。假设基站为根节点，层次号为 0，然后基站广播包含层次号及自己身份 ID 的分层信息包，接收到此信息包的簇头解析出层次号、身份信息，在层次号上加 1 作为自己的层次号。在多跳网络中，簇头可能会接收到不同层次中多个上级簇头发来的分层包，挑选出层次号最小且距离最小的上级节点作为自己的父节点，将其 ID 信息存在节点中。

节点选取出了父节点后，广播包含有自己层次号和身份的信息报文，重复这个过程直到整个网络簇头均设置完成。在整个过程中，普通节点接收到分层信息包后直接丢弃。在整个网络中，簇头与距离自己一跳距离的父节点完成时间同步，节点与自己的簇头完成时间同步。

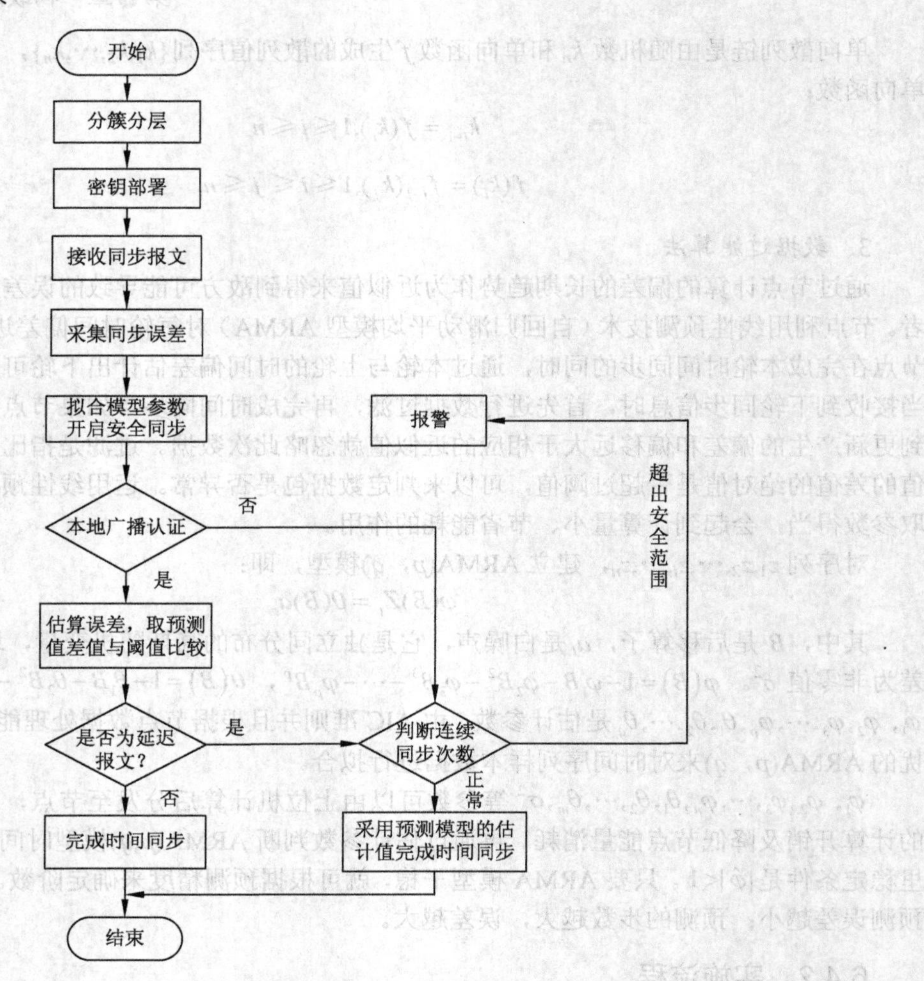

图 6.7　安全同步过程示意图

步骤 3：节点进行对密钥、单向函数部署。基站与簇头，簇头与簇内节点安全建立对密钥，对密钥建立方法不再讨论。基站用随机数和单向函数生成密钥链，并通过对密钥加密把密钥链上的最后一个密钥值 k_n，即全网广播密钥，安全发送给簇头，当密钥链用尽，基站可重新生成密钥链，并采用对密钥发送新密钥链链尾到簇头；簇头与节点采用同样的方法完成密钥链首密钥值的分发，所有簇头采用基站密钥链的链尾，簇头与簇内节点均采用簇头密钥链尾，当密钥链用尽，重新生成密钥链，并采用对密钥发送密钥链链尾至节点。

步骤 4：节点在同步初期完成模型建立，此过程放到上位机上完成，然后分发到节点。节点周期性进行时间同步，在同步初期，假设不存在安全威胁，每个节点内存有一张动态表 $A=\{id,diff_{\text{timer}}\}$，其中 id 为父节点标识号，$diff_{\text{timer}}$ 为本地节点时间与父节点的时间差值，在节点同步稳定初期，记录多个周期性的同步误差，并用时间序列分析方法来完成预测模型的参数估计，然后删除表格内数据，保存模型参数和由经验设定的阈值到表 B。至此，网络完成初始化，开始进行安全时间同步。节点内置动态表 B，如表 6.1 所示的属性。

表6.1 节点内置动态表格

符号表示	说明
$k_i(id)(1<i<n)$	单向密钥链值
$\phi_1,\phi_2,\cdots,\phi_n$	AR模型参数
$\theta_1,\theta_2,\cdots,\theta_m$	MA模型参数
z_i	时间序列样值
ϖ	阈值
d	危险系数

建立线性模型如下。

$$z_t=\varphi_1 z_{t-1}+\cdots+\varphi_P z_{t-p}+a_t-\theta_1 a_{t-1}-\cdots-\theta_q a_{t-q} \quad (6\text{-}7)$$

（2）安全时间同步阶段

步骤1：通过广播认证和数据过滤排除攻击，完成时间同步。基站与簇头完成时间同步过程。基站开始广播时间同步报文，报文附带有密钥链值$k_i(1<i<n)$、时间戳、层次号及自己身份信息，当一级层次簇头节点收到父节点广播报文时，检测之前的密钥值是否与k_i相同，如果相同，则丢掉报文；如果不相同，则用单向函数f进行验证，如果$k_j=f^t(k_i)(1\leqslant j<i<n,t\leqslant i-j)$，则认证通过，否则丢弃报文。

当认证通过，此时节点记录父节点的时间值，读取本地节点时间，计算时间差值；节点读取自身的动态表格B，获取上一轮同步过程后预测的时间差值z_i，两个数值相减，如果差值在阈值ϖ范围之内，则节点采用此次同步数据，进行参数估算，并调整自己的本地时间完成时间同步，此外，节点用此次的时间数据对下一次数据进行预测，并将预测的数值存入动态表格中。如果超出阈值ϖ范围，则有理由认为节点接收到数据异常，丢弃此次数据包，采用动态表中估算的预测值z_i来进行参数估计，进行本地时间调整，同时，添加动态表格记录d，如果记录到的危险系数d达到一定的上限，则向簇头或者基站报警，由基站进行分析判断，是否采取进一步的措施。

簇头与簇内节点完成时间同步过程。当一级簇头完成与基站的同步后，广播自己的时间同步报文，簇内节点依照前面所述基站与簇头之间安全时间同步类似的步骤完成时间同步，并采用动态表中估算的预测值进行检测，直到全网完成时间同步，此一轮同步周期结束。

步骤2：报警处理及模型更新。如果簇头或者节点接收到的时间同步信息经计算后时间偏差多次超过阈值，向基站报警，如图6.8所示。当基站检测到某个簇头下面多个节点同时报警，或报警频率超过一定的频率上限（$f\geqslant f_n$），经过基站的综合分析，判断该簇头节点，即时间源受到安全威胁，基站及时做出安全处理，以防止簇头节点下面的节点脱离网络。

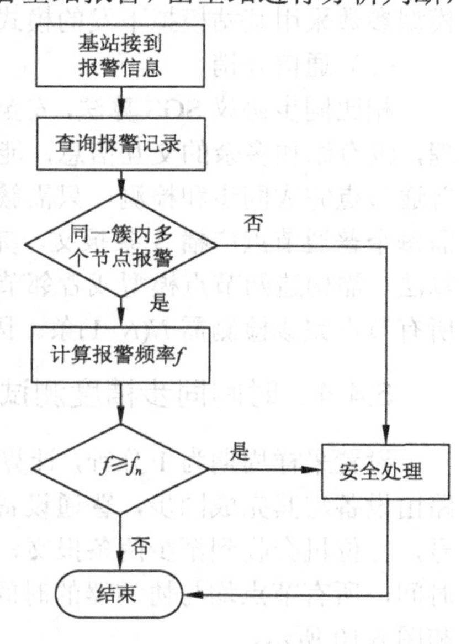

图6.8 报警处理示意图

网络的不同簇根据自己节点规模及应用需要，由基站处理设置不同的模型参数更新周期。如果时间达到了一个周期，或者网络受到外部环境影响，均重新启动初始化，对节点模型参数进行更新配置，由基站重新训练参数并分发至节点，以保证模型的有效性。

步骤 3：簇头的撤销。当簇周期结束，网络重新选举簇头。网络重新确定簇头级别，进行初始化。

6.4.3 方案分析

1. 安全性分析

（1）采用简单的单向链的本地认证算法。对接收到的报文进行认证可以保证报文来源的合法性和报文的完整性。报文以广播的方式发送容易产生的问题在于，无线链路的开放性，报文容易被截获、篡改或者冒充。在同步的过程中，节点一般在一致的时间内接收到广播信息，如果报文被截获或者篡改，是需要时间的，所以一般节点只接收第一个到达的报文便可以保障报文的完整性。通过对携带的密钥进行认证，便可以保障报文来源的合法性。基于单向链的本地认证算法，在广播通信中，以较少的计算量和能耗达到了较高的安全性。

（2）提出了基于时间序列的检测算法。本地认证的方法已经能防止绝大部分的外部攻击，比如篡改、截获及身份不合法，但不能防范危害较大的延迟攻击。安全时间同步服务方案提出的检测算法一方面能够及时检测出接收到数据包的新鲜性，并及时报警保障网络的安全性；另一方面由于具有较高的检测精度，对内部攻击也能起到一定的容忍作用，可以很好地预防由于微小同步差的攻击而产生的节点脱离网络，并且，节点只需要采集自身历史数据进行参数拟合，避免了接收大量冗余信息造成的链路冲突，能耗过大问题。

2. 性能分析

（1）计算存储开销

本地认证算法，只需把该轮密钥值附加在同步报文后面，接收节点进行一次或者多次迭代运算，计算量较小，接收节点密钥链的存储量视节点运行时间而定，虽然采用间隔存储的方式，仍然是笔不小的开销。数据过滤算法，在每轮的同步过程中，只需进行一次线性运算，模型参数采用基站模拟下发的模式，节点只需存储模型参数，计算量较小，存储开销较小。

（2）通信开销

相比同步协议 SGS 算法，安全时间同步服务方案的优点在于节点本身对历史时间差值处理，没有添加多余的交互信息，能够有效减少通信开销。假设簇内有 N 个普通节点。簇头与普通节点完成同步和检测，只需簇头广播一条报文，SGS 的检测算法则是构造检测三角形，需每个普通节点广播 3 条报文，完成检测，簇内每完成一次检测需 $3N$ 条报文。GESD 检测算法，需构造两节点模型或者邻节点模型，即每个节点检测一次需接收 $N-1$ 条报文，则簇内所有节点完成检测需 $N(N-1)$条。因此安全时间同步服务方案具有较小的通信开销优势。

6.4.4 时间同步精度测试

设置采样周期为 1 分钟，计算误差平均值。在这个小型拓扑中，协调器作为精确时间源，路由设备与其完成同步，普通设备与自己的路由节点完成同步。测试设备每产生一次触发信号，上位机会收到至少两条报文，协调器记录自己的接收时间，路由设备及普通节点的接收时间，所有节点均与协调器的时间信息进行时间差计算，测试流程和测试结果分别如图 6.9 和图 6.10 所示。

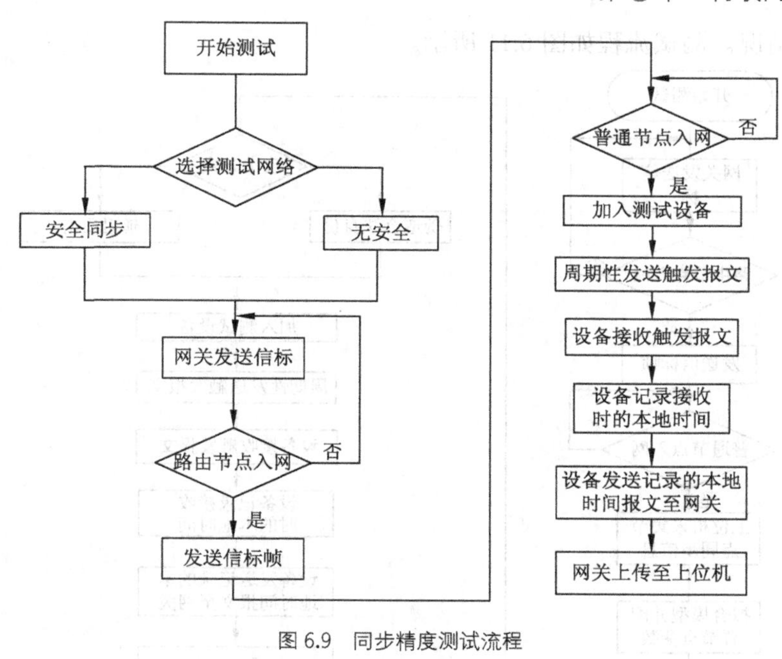

图 6.9 同步精度测试流程

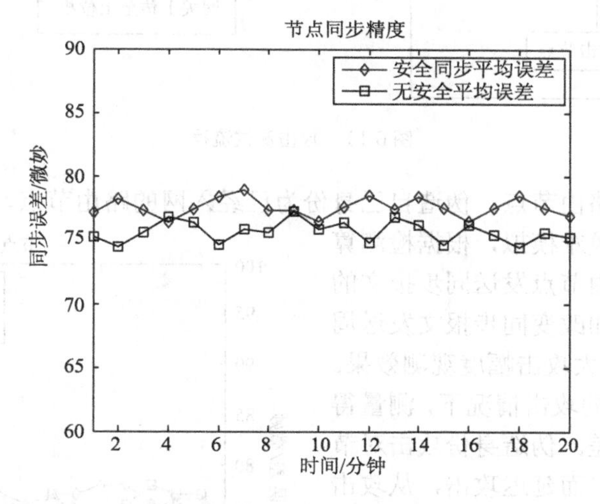

图 6.10 节点时钟同步精度测试

图6.10所示为协议栈未添加安全服务代码得出的时间同步精度曲线图及添加安全代码后的时间同步精度。节点同步精度跟选用的单向函数算法有关，可以看出，时钟同步精度稳定在 73～76μs，而添加检测代码之后，节点同步精度有波动，在 75～78μs 波动，安全机制的加载并未对时间同步精度产生大的影响。同步精度很大程度上取决于同步周期，以及设备的老化程度，周期越长，时钟漂移越大，同时设备的老化，更加剧了时钟漂移，这样，同步精度就会越低。

6.4.5 攻击测试

节点一般部署在较为安全的环境，不会存在恶意攻击。因此，为了测试安全时间同步服务方案性能，人为模拟伪造合法父节点身份攻击和延迟攻击，加入正常运行的网络，同时，测试节点同步情况。测试流程如图 6.11 所示。

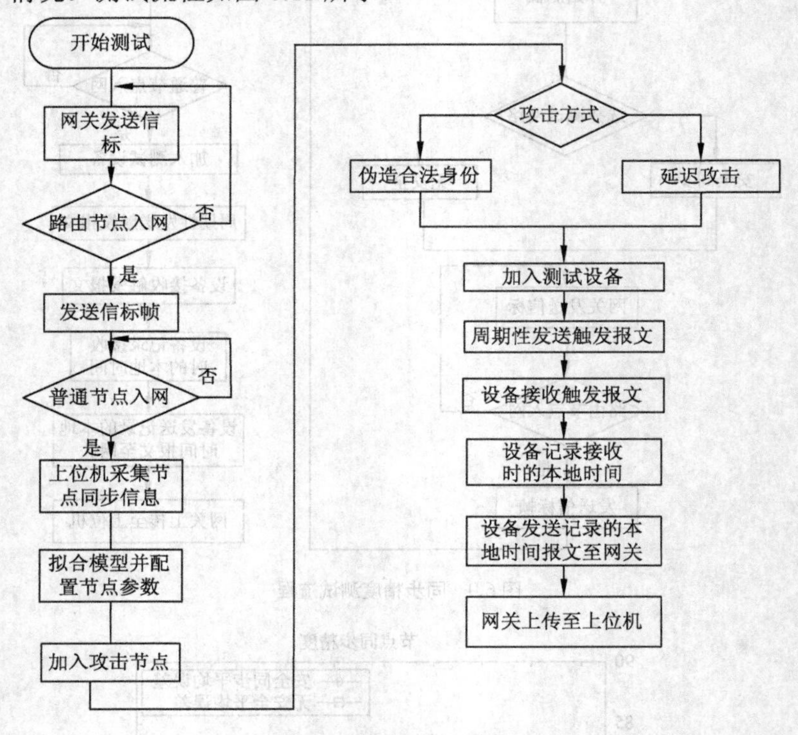

图 6.11　攻击测试流程

拟攻击节点采用路由节点，伪造自己身份为已经入网的路由节点，广播同步信息。带有天线干扰的延迟攻击较难模拟，根据检测算法的特点，拟改变路由节点发送同步报文的周期来达到效果，例如改变同步报文发送周期为 3 个周期，适当加大攻击幅度观测效果。

图 6.12 所示为不同攻击情况下，测量得到的平均时间同步误差。伪造身份攻击对节点同步精度影响不大。而延迟攻击，从攻击开始，在一定的时间范围内，同步误差开始偏大。算法检测到数据异常，造成了节点拒绝服务攻击，一直采用预测值同步，不同幅度的攻击对节点本身误差的上涨幅度影响不大，安全时间同步服务方案能够很好地检测到网络异常，上位机根据报警信息，可快速定位到受攻击路由节点。

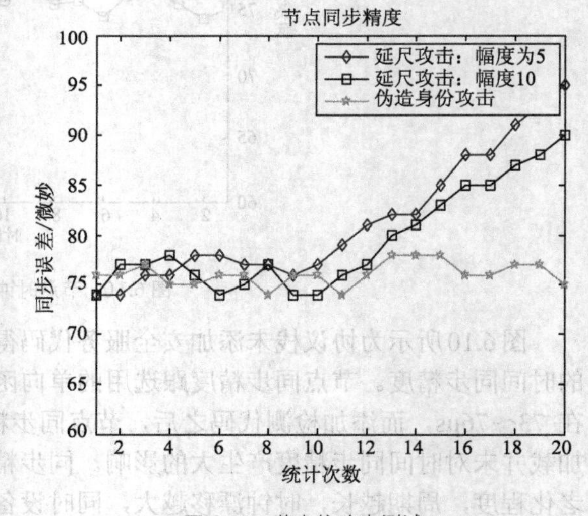

图 6.12　节点抗攻击测试

6.4.6　安全开销分析

对节点来说，表 6.2 列出了正常通信协议栈中，加入了相关安全机制的协议栈代码，以及加入了安全同步代码的协议栈。加入时间同步安全服务后，代码量增加了 3.71%，对于整个安全机制代码来说，代码量较小，完全可以接受。

存储数据需要占用 RAM 空间。加入安全机制后，路由节点和普通节点的存储要求都有较大提高，路由存储消耗了 3.25%，节点存储消耗了 2.21%，相对于只有 8KRAM 的节点来说目前可以接受。

表 6.2 网络节点计算消耗及存储消耗

	代码量增加比例	数据存储量增加比例
路由节点	4.35%	3.25%
普通节点	3.08%	2.21%
平均值	3.71%	2.73%

本章小结

针对安全时间同步算法的攻击主要有两种，一种是以 Pulse-Delay 攻击为代表的外部攻击；另一种是网络内部节点被俘获的情况下对时间同步协议进行的内部攻击。现有的安全时间同步算法几乎都采用了认证机制对同步消息进行认证，来防止外部攻击，更进一步的做法是采用阈值认证的措施，丢弃伪造的能够影响同步结果的时间消息；而对于内部攻击的防御机制依然是当前研究的热点，特别是在物联网的实际应用中，现有的安全时间同步算法将面临很大的挑战。例如，在 SGS 安全时间同步协议中，组内各节点需要多次广播时间信息，这与物联网低能耗开销的要求是相悖的。在分层的网络中，比较适用冗余机制。网络分层的过程中，单个节点接收多个邻居节点的信息，可获取一个由时间差值组成的集合，容易处理。但是，采用冗余的方法，忽略了一个重要前提，在节点等待接收足量的冗余信息的同时又产生了新的时延，时间同步正是为了保证节点同步的高精度，冗余方法以同步精度为代价在某种程度上带来了安全性的提高，但同步精度和安全性需要选取合适的度。

物联网安全时间同步机制的发展，应该在现有经典时间同步算法的基础上结合特定应用领域进行改进和研究。

练习题

1. 时间同步在物联网中的应用有哪些？目前有哪些典型的物联网时间同步算法？
2. 简述 RBS 时间同步算法的运行机制。
3. FTSP 算法相比较于 DMTS 而言有什么优点？
4. 物联网时间同步所面临的外部攻击有哪些？
5. 时间同步安全服务方案网络模型需要满足哪些条件？

第7章 物联网访问控制

访问控制策略作为物联网安全策略的重要组成部分，主要研究系统中主体对客体的访问及其安全控制，对物联网安全的发展有着重要的意义。本章主要介绍了各种访问控制策略的特点，并分析当前访问控制策略所面临的威胁和需求，最后以第三方认证控制方案为例，详细的分析了访问控制的机制。

7.1 访问控制简介

访问控制技术起源于20世纪70年代，该技术是信息系统安全的核心技术之一，最初的提出是为了解决大型主机上共享数据授权访问的管理问题。所谓访问控制，就是在鉴别用户的合法身份后，通过某种途径控制用户对数据信息的访问能力及范围，从而控制用户对关键资源的访问，防止非法用户使用系统资源和合法用户越权使用系统资源的关键技术。访问控制技术是一个安全信息系统中不可或缺的安全措施，对保护主机系统和应用系统安全具有重要的意义，因此相应的访问控制机制在物联网中是必需的。

7.1.1 访问控制原理

访问控制作为网络安全防范和保护的主要策略，其目的是为了限制主体（用户、进程、服务等）对访问客体（文件、数据、系统等）的访问权限，使用户在合法的授权范围内可以最大程度地共享资源。访问控制的一般原理如图7.1所示。

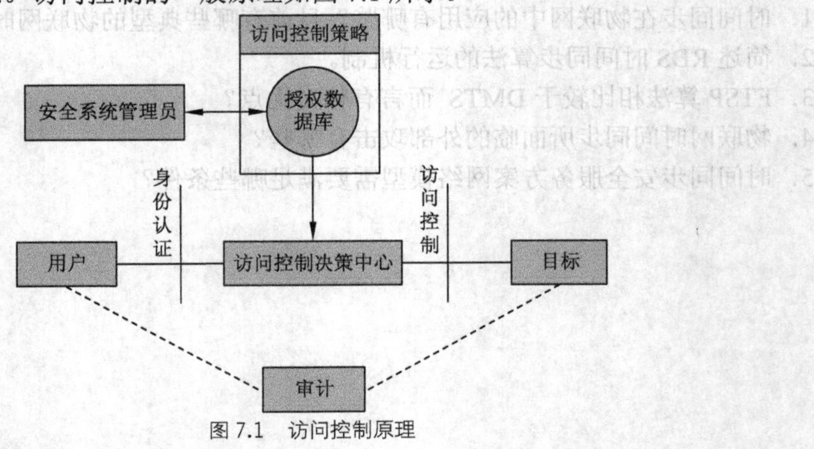

图7.1 访问控制原理

访问控制中一般包括主体、客体和访问策略三大要素。

（1）主体（Subject）：主体是发出访问指令、存取要求的主动方。主体负责提出访问资源的具体请求，是某一动作的发起者，但不一定是动作的执行者，通常指的是用户或用户的某个进程等。

（2）客体（Object）：客体是被访问资源的实体。通常包括被调用的程序、进程，要存取的数据、信息，要访问的文件、系统或各种网络设备、设施等资源。

（3）访问策略（Access Police）：是主体对客体操作行为和约束条件的相关访问规则的集合，规定不同的主体可对客体执行的动作（如读、写、执行或拒绝访问）。

其中，安全系统管理员是系统中安全策略的制定者，系统初始化时，安全系统管理员根据系统的安全等级和特定资源的访问条件制定相应的访问策略并存储。当系统中有用户提出访问请求时，首先，这个访问请求会到达访问控制决策中心，用户对资源的任何操作都必须经过访问控制决策中心允许；然后，访问控制决策中心根据用户的身份和访问权限到授权数据库中查询相应的访问策略规则，若用户符合访问策略，则访问控制决策中心允许该用户的访问请求，若不符合要求，则拒绝其访问请求；最后，访问控制决策中心将判定结果返回给用户。

7.1.2 访问控制策略的安全需求

对于系统来说，访问控制可以有效地防止未授权用户访问系统资源，而对于系统资源来说，访问控制可以有效地防止资源被用户非法访问和使用。访问控制通常以用户身份认证为前提，在认证成功的基础上通过访问控制策略规则对已授权用户在系统中的行为进行限制，当用户身份和权限验证成功后，还需对用户的操作进行监控。因此，物联网中的访问控制机制应提供认证、授权和审计 3 种安全服务。

1. 认证

一般情况下，访问控制中的认证机制指的是通信实体的身份认证。身份认证也称为身份鉴别或验证，指的是通信的数据接收方能够确认数据发送方的真实身份，以及数据在传输过程中是否被篡改。身份认证的目的是确认用户身份的合法性，用户想要访问网络资源时首先需要经过身份认证系统，检验其身份是否与所宣称的一致，也就是说，通信双方需要确认对方的身份，身份认证成功后，系统将根据用户身份信息和授权数据库来判断用户是否能访问某个合法资源。物联网中可以通过身份认证技术防止非法用户对感知节点的访问，同时能够有效保障感知数据的安全。

2. 授权

授权是建立合法用户和某些特定权限（如允许的操作或访问）之间的关系，用户用自己的身份信息向系统提出访问请求，系统中的授权服务应能够确定该用户是否具有相应的访问权限。相应的授权服务不仅能够防止系统资源泄露给未授权用户，防止未授权用户对信息进行非法增加、改写和删除等操作，还能够保障授权用户对系统的可访问性。但即便是简单实现，授权服务管理起来也会存在一些问题。当我们面临的对象是一个大型跨地区，甚至跨国集团时，如何通过正确的授权保证合法用户能够正常使用公司资源，而非法的用户无法得到访问控制的权限，这是一个复杂的问题。

访问控制与授权密不可分，实现正确的授权操作能够保障授权用户对系统的可访问性，确保系统资源不被非法用户使用和破坏。此外，授权表示的是一种信任关系，一般需要建立一种模型对这种关系进行描述才能保证授权的正确性，特别是在大型系统的授权中，没有信任关系模型做指导，要保证合理的授权行为几乎是不可行的。

3. 审计

审计是对访问控制的必要补充，是访问控制的一个重要内容。审计是指按照一定的安全策略，记录系统和用户活动等信息检查、审查和检验操作事件的环境及活动，从而发现系统漏洞、入侵行为，以及改善系统性能的过程。审计会在访问控制过程中对用户使用何种信息资源、使用的时间，以及如何使用（执行何种操作）等行为进行记录与监控，能够再现原有的进程和问题，这对于责任追查非常有必要。因此，审计可以防止用户对访问过的某信息或执行过的某一操作进行否认，是实现系统安全的最后一道防线。

审计不但有助于帮助系统管理员确保系统及其资源免遭非法授权用户的侵害，同时还能提供对数据恢复的帮助。例如，在亿赛通文档透明加密系统（SmartSec）中，客户端的"文件访问审核日志"模块能够跟踪用户的多种日常活动，特别是能够跟踪记录用户与工作相关的各种活动情况，如什么时间编辑什么文档等。

7.2 访问控制策略的分类

目前，常用的访问控制策略主要有自主访问控制（Discretionary Access Control，DAC）、强制访问控制（Mandatory Access Control，MAC）、基于角色的访问控制（Role-based Access Control，RBAC）和基于属性的访问控制（Attribute-based Access Control，ABAC），下面将对这 4 种不同的访问控制策略分别进行描述。

7.2.1 自主访问控制策略

自主访问控制策略最早出现在 20 世纪 70 年代初期的分时系统中，它是多用户环境下常用的一种访问控制技术，在目前流行的 Unix 类操作系统中被普遍采用。它的核心思想是拥有资源的主体能自主地将访问权限的某个子集授予其他主体，授予过程称为权限委托。

自主访问控制策略在网关实施，访问控制策略由网络管理员在网关进行制定，策略可通过访问控制表和访问能力表两种方式实现。为了实现自主访问控制，网关需要满足：能够对访问者的身份进行鉴别；能够标识物联网内的各种设备；能够制定访问控制策略并实施访问控制。

在 DAC 中，访问者负责启动访问过程，并由网关对访问进行控制。控制模型如图 7.2 所示。

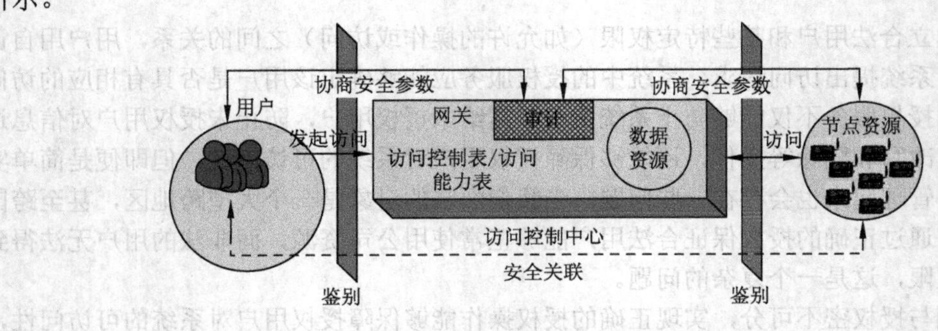

图 7.2　自主访问控制模型

1. 访问控制策略

自主访问控制的访问策略可由访问控制表和访问能力表两种方式实现，具体描述如下。

（1）访问控制表：在通过访问控制表进行访问控制时，网关需要制定相应的访问控制表，明确指明网内的每种设备可由哪些用户访问，以及进行何种类型的访问（读取、发送控制命令）。

（2）访问能力表：在通过访问能力表进行的访问控制中，网关需要制定相应的访问能力表，明确指明每个合法用户能够访问哪些设备资源，以及进行何种类型的访问（读取、发送控制命令）。

2. 访问控制方式

自主访问控制的访问控制方式可分为基于用户身份的访问、基于分组的访问及基于角色的访问3种，具体描述如下。

（1）基于用户身份的访问：在高级别安全中，如果明确指出细粒度的访问控制，那么需要基于每个用户进行访问控制。

（2）基于分组的访问：为了简化访问控制表，提高访问控制的效率，在各种安全级别的自主访问控制模型中，均可通过用户组和用户身份相结合的形式进行访问控制。

（3）基于角色的访问：为了实现灵活的访问控制，可以将自主访问控制与角色访问控制相结合，实施基于角色的访问控制，这便于实现角色的继承。

为了保证系统的安全性，在基于用户身份和基于用户组的访问控制中，应避免访问权限的传递性。

3. 访问控制对象

自主访问控制策略中访问控制实施的对象一般包括数据和信息采集节点设备。

（1）对于数据的访问：假设信息采集节点已将数据集中到网关处，这种访问事实上是对网关数据的访问，在这种访问控制中，网关需要明确标识出不同类别和不同用途的数据，并制定相应的访问控制表/访问能力表。

（2）对于信息采集节点设备的访问：网关需要明确标识出每个信息采集节点，并在网关处设置访问控制表/访问能力表，同时，为了确保访问过程中的资源不被非法利用，需通过网关为用户和设备之间建立安全关联，提供访问的鉴别、数据的机密性与完整性。

由以上分析可知，自主访问控制策略的特点是，资源的属主将访问权限授予其他用户或用户组后，被授权的用户便可以自主的访问资源，或者将权限传递给其他的用户。但由于自主访问控制策略是对系统所有访问主体和受控对象进行一维权限管理，这就导致对于用户数量多，资源分布广泛且数据量大的物联网来说，用户权限的管理任务将变得十分繁重且效率低下，降低了系统的安全性和可靠性。

7.2.2 强制访问控制策略

强制访问控制策略最早出现在1965年由AT&T和MIT联合开发的安全操作系统——Mdtim系统中，在1983年美国国防部的可信计算机系统评估标准中被用作B级安全系统的主要评价标准之一。常用的强制访问控制策略是指预先定义用户的可信任级别及资源的安全级别，当用户提出访问请求时，系统通过对两者进行比较来确定访问是否合法。在强制访问控制策略系统中，所有主体（用户/进程）和客体（文件/数据）都被分配了安全标记，安全标记表示安全等级。主体（用户/进程）被分配一个安全等级，客体（文件/数据）也被分配一个安全等级，访问控制执行时对主体和客体的安全级别进行比较。

为了实施强制访问控制策略，系统需要能够按照统一的安全策略对用户和被访问的资源设置安全标记，以明确其安全级别，如高密级、中密级、低密级、无密级。在强制访问控制策略中，访问者负责启动访问过程，并由网关对访问进行控制。控制模型如图 7.3 所示。

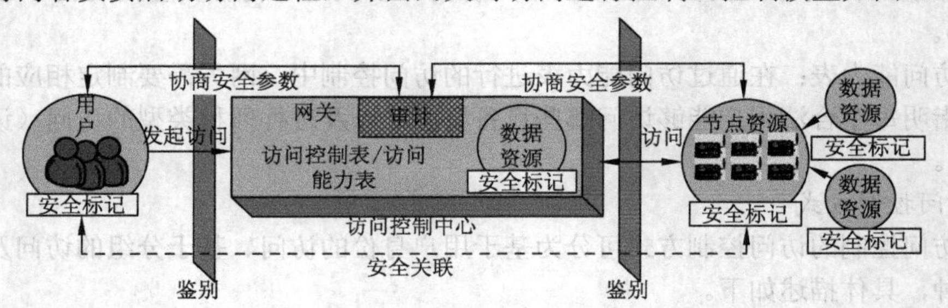

图 7.3　强制访问控制模型

1. 访问控制策略

主体在访问传感器网络的资源时，其操作分为：只读、改写、删除已有数据、添加数据和发送控制命令。强制访问控制的访问控制策略如下。

（1）当主体的安全级别不高于资源的安全级别时，主体可执行添加操作。

（2）当主体的安全级别不低于客体的安全级别时，可执行改写或删除已有数据的操作。

（3）当主体的安全级别不低于客体的安全级别时，可执行只读操作。

（4）当主体的安全级别不低于客体的安全级别时，可执行发送控制命令操作。

2. 访问控制方式

根据不同的应用场景，强制访问控制策略可基于单个用户、用户组和角色进行实施，也就是说，它能够为不同的用户、用户组或角色设置不同安全级别的标记，并根据这些标记实施强制访问控制。

3. 访问控制对象

根据应用场景的不同，强制访问控制策略既可以在网关处实施，也可以在被访问的节点设备上实施。

（1）在网关处实施访问控制

系统需对用户和被访问的资源进行安全分级，并打上安全标记，然后在网关处实施强制访问控制。被访问资源分为数据资源和节点资源两种。

① 数据资源。假设数据资源集中在网关处，且已经进行安全分级，则通过访问控制策略实施访问控制。

② 节点资源。假设用户对节点资源进行访问，可由网关实施强制访问控制。首先将节点设备进行安全分级，然后按照强制访问控制策略实施访问控制（读数据、发送控制命令）。为了确保访问过程中的资源不被非法利用，网关需要为节点和用户建立安全关联，确保访问的认证性、数据的机密性与完整性。

（2）在节点处实施访问控制

系统需要对用户和被访问的资源进行安全分级，并打上安全标记，然后在节点处实施强制访问控制。在节点处实施强制访问控制的前提是节点能够识别用户的安全标记，并能决定是否为用户提供访问，且网关需要为节点和用户建立安全关联，确保访问的认证性、数据的机密性和完整性。节点资源的访问分为节点本身的访问和节点数据的访问。

① 节点本身的访问。节点能够通过简单的认证机制识别合法用户，并根据自身的安全级别和用户的安全级别决定是否接受用户的访问（提供数据、接受控制命令）。这种控制中，节点数据的安全级别与节点的安全级别相同。

② 节点数据的访问。在这种访问控制中，节点采集的不同数据有不同的安全级别。物联网中预设各类型信息数据的安全级别，节点根据比较自身数据的安全级别和用户的安全级别，来实施强制访问控制。

由以上分析可知，在强制访问控制策略中，资源访问授权根据资源和用户的相关属性确定，或者由特定用户（一般为安全管理员）指定。它的特征是强制规定访问用户必须或者不许访问资源或执行某种操作，这一特点使强制访问控制策略主要应用于军事系统或是安全级别要求较高的系统之中。此外，强制访问控制策略对特洛伊木马攻击有一定的抵御作用，即使某用户进程被特洛伊木马非法控制，也不能随意扩散机密信息。但由于强制访问控制策略配置粒度大，且缺乏灵活性，不满足物联网中因应用的深入和多样化导致的控制策略多样化的需求，所以不能全部照搬，但可有选择地加以应用。

7.2.3 基于角色的访问控制策略

随着计算机和网络技术的发展，传统的DAC和MAC已经无法满足实际的应用需求。为此，美国国家标准与技术研究院（National Institute of Standards and Technology，NIST）提出了基于角色的访问控制策略的概念并被广为接受，它的突出优点是简化了各种环境下的授权管理。基于角色的访问控制策略的出现基本解决了自主访问控制策略中由于灵活性造成的安全问题和强制访问控制策略中不支持完整性保护所导致的局限性问题。它的核心思想是将访问权限分配给角色，系统的用户担任一定的角色，与用户相比角色是相对稳定的。角色实际上是与特定工作岗位相关的一个权限集，当用户改变时只需进行角色的撤消和重新分配即可。虽然RBAC已在某些系统中得到应用，但由于其仍处于发展阶段，因此它的应用仍是一个相当复杂的问题。

作为现代访问控制模型，RBAC一直是访问控制领域的研究热点，并先后出现了RBAC96、ARBAC97（AdministrativeRBAC97）、ARBAC99和ARBAC02等一系列更加完善的基于角色的访问控制模型。以下将对RBAC96和ARBAC97两种访问控制模型进行简单介绍。

1. RBAC96模型

RBAC96模型是Sandhu等人提出的一个RBAC模型簇，该模型簇中包含RBAC0、RBAC1、RBAC2和RBAC3 4个模型。Sandhu等人认为RBAC是个内含广泛的概念，难以用一个模型全面地描述。

（1）RBAC0是基本模型，描述了任何支持RBAC系统的最小要求，其中包含用户、角色、会话和访问权限4个基本要素。用户在一次会话中激活所属角色的一个子集获得一组访问权限后即可对相关客体执行规定的操作，而且任何非授予的权限都是被禁止的。

（2）RBAC1是对RBAC0的扩充，增加了角色等级的概念。通过角色等级，上级角色继承下级角色的访问权限，再被授予自身特有的权限构成该角色的全部权限，这一概念的提出极大地方便了访问权限的管理。比如销售部经理应具有销售部职员的访问权限，同时还应有普通职员不具备的权限，如制订和修改销售计划、考核每个销售员的业绩等。

（3）RBAC2 也是 RBAC0 的扩充，但与 RBAC1 不同的是 RBAC2 引进了约束的概念。约束机制久已有之，如在一个组织中会计和出纳不能由同一个人担当（称为职责分离）。RBAC2 中的约束规则主要有下 4 点。

① 最小权限。用户被分配的权限不能超过完成其职责所需的最少权限，否则会导致权力的滥用。

② 互斥角色。组织中的有些角色是互斥的，一个用户最多只能属于一组互斥角色中的某一个，否则会破坏职责分离原则，如上面提到的会计和出纳。权限分配也有互斥约束，同一权限只能授予互斥角色中的某一个。

③ 基数约束与角色容量。分配给一个用户的角色数目及一个角色拥有的权限数目都可以作为安全策略加以限制，称作基数约束。一个角色对应的用户数也有限制，如总经理角色只能由一人担当，这是角色容量。

④ 先决条件。一个用户要获得某一角色必须具备某些条件，如总会计必须是会计。同理一个角色必须先拥有某一权限才能获得另一权限，如在文件系统中先有读目录的权限才能有写文件的权限。

（4）RBAC3 是 RBAC1 和 RBAC2 的结合，将角色等级与约束结合起来就产生了等级间的基数约束和等级间的互斥角色两种等级结构上的约束。

① 等级间的基数约束。给定角色的父角色（直接上级）或子角色（直接下级）的数量限制。

② 等级间的互斥角色。两个给定角色是否可以有共同的上级角色或下级角色，特别是两个互斥角色是否可以有共同的上级角色，如在一个项目小组中程序员和测试员是互斥角色，那么项目主管角色如何解释（它是程序员和测试员的上级）。

2. ARBAC97 模型

RBAC96 模型假定系统中只有一个安全管理员进行系统安全策略设计和管理，但是大型系统中用户和角色数量多，单靠一个安全管理员是不现实的，通常的做法是指定一组安全管理员，如有首席安全员、系统级安全员、部门级安全员等。因此在 RBAC96 的基础上又提出了它的管理模型 ARBAC97。

在 ARBAC97 中，角色分为常规角色和管理角色，二者是互斥的。其中，管理角色也具有等级结构和权限继承。那么根据角色的分类原则，访问权限可分为常规权限和管理权限，二者也是互斥的。ARBAC97 包括 3 个组成部分。

（1）用户—角色分配管理（User-Role Assignment: URA97）

描述管理角色如何实施常规角色的用户成员分配与撤销问题。一般情况下，成员分配又常常涉及先决条件问题，如工程部安全管理员只能在本部门内为用户成员分配角色，而被分配的用户必须是工程部的职员。用户成员的撤销要简单得的多，如部门安全管理员可以依据部门安全策略在本部门内任意撤销角色的用户成员，但这种撤销是一种弱撤销。如用户 u 是角色 A 和 B 的成员，同时 B 是 A 的上级角色。假如安全管理员撤销了 u 在 A 上的用户成员关系，那么通过继承 u 仍然具有 A 的权限。要实现强撤销可以采用级联撤销，即从指定角色及其所有上级角色中撤销指定用户。

（2）权限—角色分配管理（Permission-Role Assignment: PRA97）

从角色的角度看，访问权限与用户具有对称性。因此权限—角色分配与用户—角色分配具有相似的特点，可以通过类似的办法处理，但权限的级联撤销是沿角色等级结构向下级联的。

（3）角色—角色分配管理（Role-Role Assignment: RRA97）

讨论常规角色的角色成员分配规则以构成角色等级的问题。为了便于讨论将角色分成 3 种类型，如表 7.1 所示。

表 7.1 角色分类

角色类型名称	角色类型描述
能力角色	只有访问权限成员或其他能力角色成员的角色，即没有用户成员
组角色	只有用户成员或其他组角色成员的角色，即没有权限成员
用户权限角色	成员类型不受限制的角色

这样区分是由建立角色之间关系的管理模型决定的。能力角色实际上是一组必须同时授予某一角色的访问权限的集合，因为有的操作需要用户同时具备多项权限，为了管理方便，将这组权限提取为能力角色，且禁止为其分配任何用户。同样，对于分组角色实际是应同时分配给某一角色的一组用户，他们形成一个团队共同完成某一任务，就将它们抽象为一个组角色，禁止为其分配权限。基于这种思想，PRA97 可用于能力-角色分配（Abilities-Role Assignment: ARA97）管理，URA97 可用于组-角色分配（Group-Role Assignment: GRA97）管理。

三者的关系是能力角色只能用能力角色作为其子角色，可以用能力角色或用户-权限角色作为父角色。组角色只能用组角色作为父角色，可以用组角色或用户-权限角色作为子角色。这样，管理角色可以在自己的管辖范围内（相应于常规角色等级而言）进行系统要素的创建、修改、删除等管理活动。

由以上分析可知，基于角色的访问控制策略能够适应用户数量多且变动频繁这一特点，它将访问权限与角色相联系，通过给用户分配合适的角色，让用户与访问权限相联系。这种策略中，被访问的对象往往是大型的数据库系统，系统所管理的资源集中，且保存了所有的访问权限与角色的对应关系，因此系统可以很方便地完成对所有用户的控制任务，即此策略适用于资源拥有者也是访问控制策略的施行者这一情况。而物联网中资源的拥有者是各个节点，且资源的分散程度往往远大于现有访问控制系统，网络管理者难以作为控制策略的施行者对每个用户进行权限控制。而若采用节点控制，由于每个节点只拥有全部资源中的一部分，所以节点保存的角色中所对应的资源很可能不是此节点所拥有的资源，这样做的缺点有两个：一是浪费了节点有限的存储空间；二是当某节点收到用户发起的访问请求时，无法从一开始就判断是继续处理还是丢弃，节点必须先查找用户对应的角色，再查找此角色对应的资源中是否有属于自己的资源，最后才能确定用户是否有权访问该资源，这样便大大增加了节点的计算开销。

7.2.4 基于属性的访问控制策略

传统的基于身份的访问控制是通过各自的身份标识来唯一确定三个基本元素的，难以适应具有分布式特点的物联网。虽然引入角色的概念改进了授权方式，但这种方法难以满足开放式网络的实际需求。在此背景下，基于属性的访问控制被提出[20]。该访问控制是基于用户属性执行访问控制策略，其用户属性包括用户身份、用户角色等基本信息。

在基于属性的访问控制中，用户信息、操作方式、访问方式和资源信息这 4 种对象的集合被定义为属性。在这里，用户信息指的是资源的需求者、访问的发起者；操作方式是指用户对资源的操作方式，如读取、写入、读写等；资源信息指的是网络中的有用信息，通常为被访问的对象。基于属性的访问控制模型如图 7.4 所示。

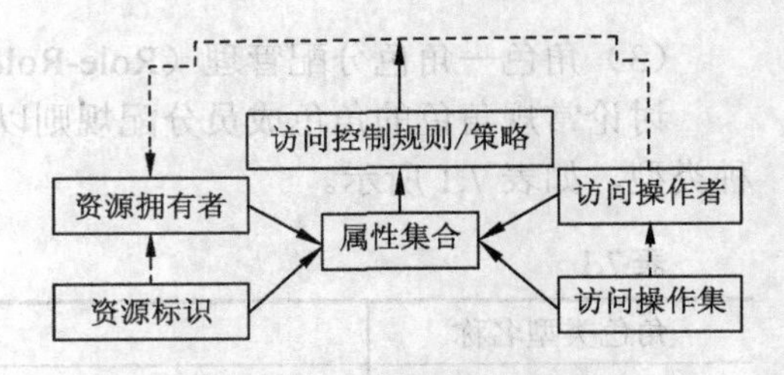

图 7.4 基于属性的访问控制模型

基于属性的访问控制中的授权决策是指访问控制服务器根据访问控制的规则判定某个用户对资源的访问是否合法，并给出访问允许或者拒绝的结果。在基于属性的访问控制中，用户以属性证书的形式提交访问请求，访问控制策略执行者根据收到的属性证书内容，结合访问控制策略，受理访问请求并回复用户所需资源。其授权决策流程如图 7.5 所示。

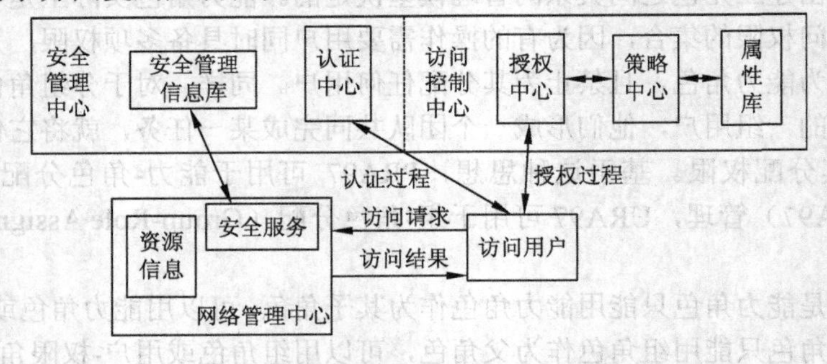

图 7.5 基于属性的访问控制授权决策流程

基于属性的访问控制策略一般分为两个过程：认证授权过程和访问控制过程。安全管理中心负责完成对用户的认证授权过程，访问控制中心负责对用户进行权限分配，分配过程需要访问策略中心和属性库协作完成，策略中心根据属性库制定访问控制策略，并以权限的形式分发给用户。网络管理中心基于用户属性对用户执行访问控制操作。在大多数访问控制过程中，访问控制者主要关心的是网络资源安全，并不关心访问者身份。基于属性的访问控制策略能够解决用户判断的单一性。

在基于属性的访问控制模型中，与访问控制过程相关的对象都以属性的方式存在，即用户属性、资源属性、访问规则属性，以及访问环境属性。所有对象以属性的方式形成属性集合，访问控制策略的制定者基于该属性集合制定访问控制规则。在访问时，用户提交用户自身的属性材料，包括身份、角色、需求资源、操作类型等，相比其他的访问控制策略，基于属性的访问控制策略更适用于开放性的网络环境。

在资源数量巨大，以及用户和资源的动态变化的环境下，基于角色的权限管理和访问控制将变得极其复杂和繁琐，效率低下，对用户的权限维护也更加困难。而基于属性的访问控制通过访问者的属性来判定授权，避开了身份识别的问题，所有的授权和访问判断都只依赖于属性值。此外，基于属性的访问控制中包括用户属性，资源属性和操作属性，不是单一的只考虑用户某一个属性，将资源安全等级、资源内容、用户的访问记录作为权限分配的依据，授权过程更加灵活，且符合细粒度的访问控制要求。但目前针对基于属性的访问控制的研究大多集中在应用方面，而对其理论模型的研究较少，这使得基于属性的访问控制策略中很多概念没有一个规范的定义。

7.3 基于受控对象的分布式访问控制机制

根据上述对传统访问控制模型和物联网中现有的访问控制方案的分析不难发现，没有哪一种控制策略和方案能够很好地解决物联网中对用户的访问控制问题。节点和网络低开销的要求与有效进行权限控制的平衡问题成为传统访问控制策略应用到物联网安全中的主要瓶颈。

在分析了传统访问控制模型应用到物联网安全中的不足的基础上，提出了一种基于受控对象的分布式访问控制方案[21]，该方案在信息采集节点低开销的基础上实现对用户严格的接入控制和权限限制，并有效减少了 DoS 攻击和重放攻击对网络的威胁。

基于受控对象的分布式访问控制方案的研究基于以下假设。

（1）节点与网络管理中心采用对称密钥加密通信。

（2）用户已向访问控制服务器注册，并得到访问控制服务器的公共密钥。

（3）访问控制服务器负责管理用户注册信息，有权对用户颁发授权证书。

（4）访问控制服务器拥有强大的计算能力和存储能力，且带宽很高。

（5）网络管理中心已与访问控制服务器共享了公共密钥，根据网络应用环境确定了所有节点的资源安全级别，并将其汇报给了访问控制服务器。

（6）网络管理中心是拥有最大访问权限的特殊用户。

在基于受控对象的访问控制（Object-based Access Control，OBAC）模型中，将访问控制列表（Access Control Lists，ACL）与受控对象相关联，并将访问控制项（Access Control Entry，ACE）设计成为用户或用户组与其对应权限的集合，其结构如图 7.6 所示。

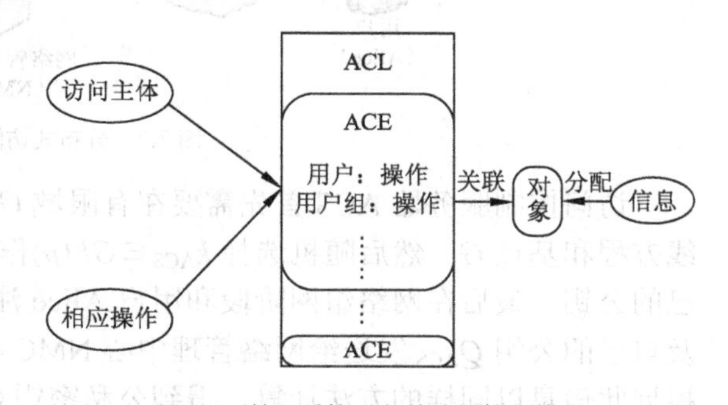

图 7.6 基于受控对象的访问控制模型

这种结构模型应用在物联网访问控制中的好处是：首先，节点可以根据自己所拥有的资源将有权访问该资源的用户信息添加进 ACL 中，而无权访问该资源的用户信息则不需要保存，避免了基于角色的访问控制模型中节点保存的角色所对应的资源可能跟节点资源毫无关系的情况，这样就节省了节点的存储空间与计算资源。其次，引入了用户组，使得在多个具有相同访问权限的用户存在的情况下，节点尽可能少地保存用户权限信息达到对多个用户进行权限限制的目的。再次，即使用户之间存在权限委托的行为，只要节点中的 ACL 不改变，被委托的用户仍然不可能有权访问到被授权的资源，避免了权限泄露问题。最后，在任务改变或监测到合法用户恶意行为的情况下，拥有最大访问权限的网络管理中心可以主动发起更改或撤销用户权限的命令，节点只需删除或添加 ACL 中对应用户的权限即可改变用户的访问权限，达到了简单管理用户访问权限的目的。

此外，基于受控对象的访问控制中的权限控制方式可以根据应用和任务需要动态改变用户权限，所以对前期的权限配置要求无需过细，这在一定程度上能够减少自主访问控制策略中网络管理中心权限管理负担过重的问题。

7.3.1 网络模型

用户访问网络时，首先需要得到网络对其身份的认证，只有认证通过的用户才有权进一步访问网络资源。因节点非常脆弱且资源极其有限，完全由节点控制的访问控制模式不仅对节点来说十分耗能而且存在极大的安全隐患。由于网络资源数量众多且动态分布的特点，网络管理中心难以管理如此多的资源，如果考虑由网络管理中心对访问控制模式进行控制，则会导致网络管理中心负担过重，而且对其安全性的要求也越高。

为了保证在节点低开销的基础上对用户访问进行严格控制，基于受控对象的分布式访问控制方案中引入了基于受控对象的访问控制模型，通过该模型大大减少了节点的存储开销。并采用由网络管理中心和节点对用户进行分布式控制的方法，平衡了安全性要求高与节点计算开销过大的问题。通过采用 ECC 公钥密码体制与对称密码体制相结合的方法，在不需要对网络内部密码体制改动的情况下，可以保证对用户访问的有效控制，并且两种密码体制共同保障了用户与数据传输的安全。网络模型如图 7.7 所示。

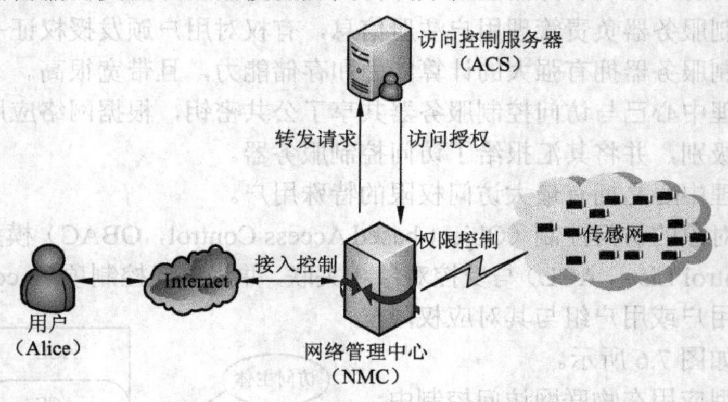

图 7.7 分布式访问控制网络模型

访问控制服务器 ACS 首先需要在有限域 $GF(P)$（p 为一素数）上确定一个特定的椭圆曲线方程和基点 G，然后随机选择 $k_{ACS} \in GF(p)$作为自己的私钥，并由 $Q_{ACS}=k_{ACS}G$ 计算得到自己的公钥，最后在网络组网阶段和用户 Alice 注册时将确定椭圆曲线方程的参数、基点 G 以及自己的公钥 Q_{ACS} 发送给网络管理中心 NMC 与用户 Alice。Alice 收到后保存此信息，NMC 根据此信息以同样的方法计算，得到公私密钥对$<k_{NMC}, Q_{NMC}>$，并将公钥 Q_{NMC} 发给 ACS。

7.3.2 控制方案

基于受控对象的分布式访问控制方案包括访问授权阶段和分布式访问控制阶段两个阶段。访问授权的目的是为了建立起节点对用户的信任，是分布式访问控制能够成功实施的前提和基础。分布式访问控制包括接入控制和权限控制两部分，由 NMC 对用户进行接入控制，保证了用户身份的合法性。由节点对用户进行权限限制，一方面使合法用户能够访问到受保护的网络资源；另一方面，当合法用户对受保护的网络资源进行非授权访问时，系统能够及时发现并禁止该用户的访问。

1．访问授权阶段

第一步：Alice 使用获得的椭圆曲线方程参数和基点 G 生成公私密钥对$<K_A, Q_A>$，K_A 为 Alice 的私钥，Q_A 为公钥。并构造访问申请消息发送给 NMC，访问申请消息中包含 Alice

的身份标识 ID_A、Alice 的当前时间 T_A 和私钥 Q_A，表示如下：

$$Alice \rightarrow NMC: M_{AA} = T_A \| E_{Q_{ACS}}(ID_A \| Q_A)$$

其中，$E_{Q_{ACS}}(ID_A \| Q_A)$ 表示使用 ECC 加密算法和公钥 Q_{ACS} 对 ID_A 与 Q_A 进行加密，$\|$表示连接符，M_{AA} 为访问申请消息。

第二步：当 NMC 收到 Alice 的访问申请消息后，首先判断 T_A 是否是有效的时间值，若 $T_N-T_A > Delay\_T_{max}$，则直接丢弃消息；若 $T_N-T_A > Delay\_T_{max}$，则将 $E_{Q_{ACS}}(ID_A \| Q_A)$ 发送给访问控制服务器 ACS：

$$NMC \rightarrow ACS: ID_A \| Q_A$$

其中，T_N 为 NMC 的收到访问申请消息的当前时间，$Delay\_T_{max}$ 表示用户访问申请消息的最大传输时延。

第三步：当 ACS 收到 NMC 发来的消息后，用自己的私钥 k_{ACS} 对报文解密，解密成功后，根据 ID_A 查看用户注册信息中是否有 Alice 的记录，若没有则拒绝访问申请；若有则将构造签名的授权证书 $Cert_A$ 发送给 NMC，同时设置用户访问状态为 $State_A = Access\_In$，$Access\_In$ 表示允许访问网络。证书内容包括 Alice 的身份标识 ID_A、公钥 Q_A、访问时限 $Time\_Bound_A$、资源类型标识 R_ID_i 和对应权限的标识 $P\_ID_i(1<i<\cdots<m)$，发送消息表示如下。

$$ACS \rightarrow NMC: Cert_A = E_{k_{ACS}}(ID_A \| Q_A \| Time\_Bound_A \| \{\{R\_ID_1, P\_ID_1\}, \{R\_ID_2, P\_ID_2\}, \cdots, \{R\_ID_m, P\_ID_m\}\})$$

其中，资源类型和对应权限是 ACS 根据 Alice 的用户级别与资源安全等级确定的。其中，用户级别分为 4 种：重要级、高级、中级、普通，且重要级>高级>中级>普通；资源安全等级也有 4 种：绝密级、机密级、秘密级、无密级，且绝密级>机密级>秘密级>无密级。且用户级别与资源安全等级呈一一对应关系，如重要级与绝密级同级，高级与机密级同级等。访问权限的确定原则是：高级别的用户能访问所有低级别的资源，用户对同级的资源只具有读取权限，对低一级别的资源能读和写，对低两个级别的资源能读、写和添加，对低三个级别的资源能读、写、添加和删除。

第四步：当 NMC 收到 ACS 签名的授权证书后，使用 ACS 的公钥 Q_{ACS} 对其进行认证，若认证失败则丢弃证书；若认证成功，则为 Alice 建立用户信息表，表中保存的信息如表 7.2 所示。

表 7.2　用户信息表

用户身份标识	用户公钥	访问时限
ID_A	Q_A	$Time\_Bound_A$

然后构造证书消息 B_{cert} 广播发送给所有节点 $N_i(i=1,2,\cdots,n)$，证书消息包含 Alice 的身份标识 ID_A、访问时限 $Time\_Bound_A$、资源类型标识 R_ID_j 和对应的权限标识 P_ID_j（$1 \leqslant j < \cdots \leqslant m \leqslant r$），发送消息表示为：

$$NMC \rightarrow N_i: B_{cert} = F_{Net\_Key}(ID_A \| Time\_Bound_A \| \{\{R\_ID_1, P\_ID_1\}, \{R\_ID_2, P\_ID_2\}, \ldots, \{R\_ID_m, P\_ID_m\}\})$$

其中，F_{Net_Key} 表示使用对称加密算法和全网密钥 Net_Key 对消息进行加密。

第五步：当网络中的节点，比如节点 N_s，收到 NMC 广播的证书消息后，用 Net_Key 解密消息，并将自己的资源类型标识与证书消息中的资源类型标识进行比较，若没有相同标识的则丢弃证书消息；若存在相同标识则保存对应的资源类型标识和权限标识，添加到访问控制列表，并返回确认信息给 NMC。在访问控制列表中，具有相同访问权限的用户或以用户组形式访问的用户可保存在同一组标识下。访问控制列表如表 7.3 所示。

表 7.3　　节点的访问访问控制列表

组标识（可选）	用户身份标识	访问时限	资源类型标识	权限标识
\	ID_A	$Time\_Bound_A$	R_ID_S	P_ID_S
G_ID_1	…	…	R_ID_j	P_ID_j
	ID_N	$Time\_Bound_N$		

其中，R_ID_S 与 P_ID_S 分别表示节点 N_s 的资源类型标识与用户 Alice 对该资源所拥有的权限标识，G_ID_1 对应的是其他用户组的信息。

第六步：为了与 Alice 建立共享密钥，当所有节点收到证书消息并进行响应后，NMC 用自己的私钥 k_{NMC} 点乘 Alice 的公钥 Q_A 得到

$$k_{NMC}\cdot Q_A=(x_{NMC},y_{NMC})$$

将 x_{NMC} 作为与 Alice 的共享密钥，并将自己的公钥 Q_{NMC} 与用户的权限信息作为响应消息发送给用户 Alice，发送消息表示为

$$NMC\rightarrow Alice：Q_{NMC}||\{\{R\_ID_1,P\_ID_1\},\{R\_ID_2,P\_ID_2\},\cdots,\{R\_ID_m,P\_ID_m\}\}$$

至此，访问授权阶段结束。

2. 分布式访问控制阶段

当 Alice 收到 NMC 的响应后，首先保存自己的权限信息$\{R_ID_1,P_ID_1\},\{R_ID_2,P_ID_2\},\cdots,\{R_ID_m,P_ID_m\}$，然后用自己的私钥 k_A 点乘 NMC 的公钥 Q_{NMC}，即

$$k_A\cdot Q_{NMC}=(x_A,y_A)$$

因为 $k_{NMC}\cdot Q_A=k_{NMC}\cdot k_AG=k_A\cdot Q_{NMC}$，所以 $x_A=x_{NMC}$，于是 Alice 便与 NMC 在不进行密钥传输的情况下建立起双方的共享密钥。

访问控制过程如图 7.8 所示。

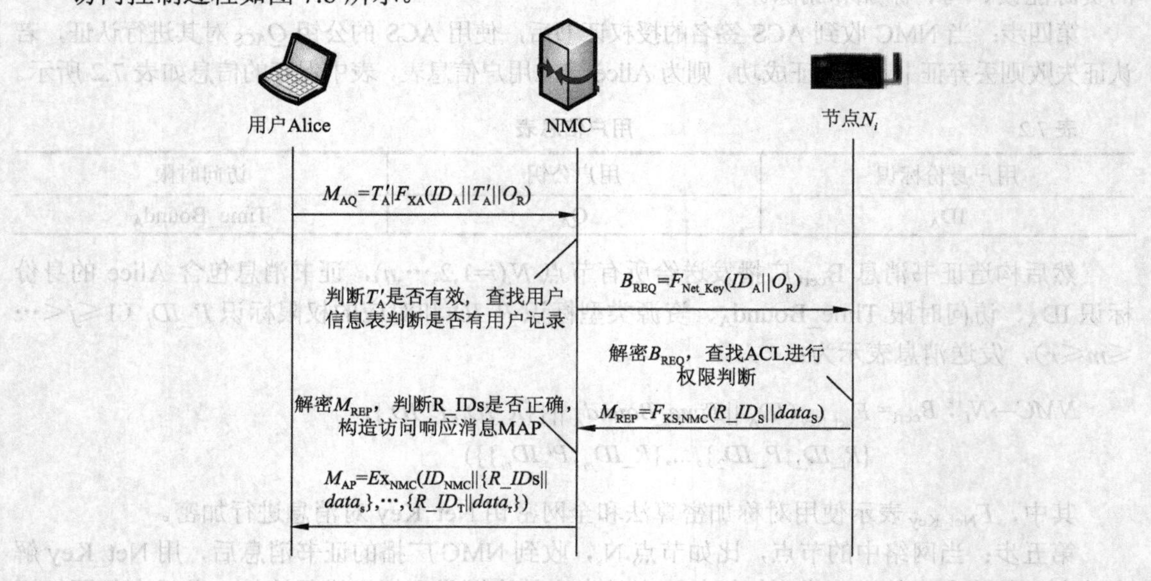

图 7.8　分布式访问控制示意图

第一步：Alice 构造读请求消息 M_{AQ}，用与 NMC 的共享密钥 x_A 加密发送给 NMC：

$$\text{Alice}\rightarrow\text{NMC}: M_{AQ} = T'_A \| F_{x_A}(ID_A \| T'_A \| O_R)$$

其中，T'_A 代表当前时间，O 代表用户的请求操作，R 表示读请求。

第二步：NMC 收到访问请求消息后，首先判断 T'_A 是否为有效的时间值，若 NMC 的当前时间 $T'_N - T'_A > Delay\_T_{max}$，则直接丢弃消息；若 $T'_N - T'_A < Delay\_T_{max}$，则用与 Alice 的共享密钥 x_{NMC} 解密消息得到 ID_A*与 T'_A*，比对 T'_A 与 T'_A*是否相等，若不相等则丢弃消息；相等则继续根据 ID_A*查找用户信息表中是否有 Alice 的记录，没有则返回验证失败回应；有则构造广播消息 B_{REQ} 发送给所有节点 $N_i(i=1,2,\cdots,n)$：

$$NMC\rightarrow N_i: B_{REQ}=F_{Net\_Key}(ID_A \| O_R)$$

第三步：当网络中的节点，比如节点 N_S 收到 B_{REQ} 后，用全网密钥 Net_Key 解密得到 ID_A 与 Q_R，根据 ID_A 查找访问控制表中是否有 Alice 的记录，没有则返回失败回应；有则根据读请求 R 将响应消息 M_{REP} 发送给 NMC：

$$N_S\rightarrow NMC: M_{REP} = F_{K_{S,NMC}}(R\_ID_S \| data_S)$$

其中，$data_s$ 代表了节点 N_S 采集的数据。

第四步：当 NMC 收到节点 N_S 的响应消息后，用与节点 N_S 的个体密钥 $K_{S,NMC}$ 解密消息，然后判断消息中的 R_ID_S 是否正确，不正确则丢弃消息；正确则构造访问响应消息 M_{AP} 发送给用户 Alice：

$$NMC\rightarrow Alice: M_{AP} = E_{x_{NMC}}(ID_{NMC} \| \{R\_ID_S \| data_S\},\cdots,\{R\_ID_T \| data_T\})$$

其中，$\{R\_ID_T \| data_T\}$ 表示的是除节点 N_S 外的其他节点的响应消息。Alice 收到访问响应消息后，用与 NMC 的共享密钥 x_A 解密，然后判断 ID_{NMC} 是否正确，不正确则说明访问响应消息被篡改或是伪造的，Alice 将丢弃此消息；若正确，则保存资源类型标识及其对应的数据。

7.3.3 安全性分析

安全性包括 NMC 对用户的接入安全和网络对用户权限控制和管理的安全。接入安全包括防止非法用户接入网络或减轻恶意用户在接入过程中对网络进行 DoS 攻击和重放攻击所造成的危害。权限控制和管理安全是指能够对用户权限进行安全分配，并能够对具有明显恶意行为的用户进行权限撤销。

1. 网络接入的安全分析

为了防止非法用户接入网络，合法用户需要事先和 NMC 共享密钥作为加入网络的凭证，并且在共享过程中应该保证密钥的安全。在基于受控对象的分布式访问控制方案的访问授权阶段，基于 ECC 的签名认证机制保证了 NMC 只有在成功认证授权证书的情况下才会接受用户的公钥，其他第三方无法伪造签名的授权证书，因为只有访问控制服务器有签名的私钥。当用户与 NMC 共享各自的公钥后，通过椭圆曲线密钥交换协议，用自己的私钥点乘对方的公钥各自得到彼此的共享密钥，并用此密钥作为用户的加入密钥，密钥建立过程不需要信息的交互，很好地保证了密钥的安全。

用户向网络发送请求消息时，可能在短时间内发送大量的报文达到 DoS 攻击的目的。对于用户的请求消息，在基于受控对象的分布式访问控制方案访问授权阶段的第二步，NMC 首先判断访问申请消息中的时间戳 T_A 是否有效，无效则丢弃消息；有效则直接转发后面加密的消息给 ACS，因为 ACS 带宽高且拥有强大的计算能力，所以这里不用考虑 ACS 受 DoS 攻击的威胁。基于ECC的访问控制方案[22]在处理同类情况时用消息认证码算法生成MAC值后才进行了转发，因此基于受控对象的分布式访问控制方案在用户请求消息处理速度上比基于椭圆曲线的访问控制方案更快，更能减少恶意用户DoS攻击的威胁。而在分布式访问控制的第二步，当NMC收到用户的访问请求消息后，在判断用户时间戳T'_A的基础上虽然还进行了一次对称加解密操作，但目前测得的在MICA2节点上执行一次RC5加密或解密所用的时间为0.26ms，一次对称加解密操作也只需0.52ms，是基于椭圆曲线的访问控制方案处理同类情况所花时间的1/6（约为3.12ms），因此与基于ECC的访问控制方案相比仍然能够减少DoS攻击的威胁。

非法用户还可能截获合法用户的请求消息对NMC发起重放攻击，以达到欺骗并进入网络的目的。然而由于基于受控对象的分布式访问控制方案中对用户的请求消息进行了时间戳有效性的鉴别，NMC能很容易检测到这种攻击。即使非法用户重放的请求包在有效的时间范围内，因采用了加密机制来保证信息传输的安全，所以非法用户仍然不能够通过重放攻击进入网络获取网络资源。

2. *用户权限控制和管理安全*

基于受控对象的分布式访问控制方案中，用户的权限由ACS根据用户注册信息决定，并用安全的方式下发给NMC和信息采集节点，因此，对于未注册的用户，NMC和节点中不会存储该用户的信息，用户也就不可能完成后面的接入认证和权限控制。在权限下发过程中，由于ACS与NMC之间采用的是ECC公钥加解密机制，因此能够很好地保护信息的安全传输，避免被其他恶意用户窃取消息。对于合法用户的非授权访问，NMC可以设定一个阈值，若在一段时间内收到的节点对某个用户的失败响应次数超过这个阈值，说明用户可能从合法用户转为恶意用户，NMC则向网络广播撤销该用户权限的命令，相关节点收到后删除访问控制表中对应用户的信息，以禁止用户访问，同时NMC也将删除用户信息表中该用户的信息，并将回馈消息发送给ACS，ACS收到回馈消息后，将用户的访问状态$State_A$设置为Access_Out状态，表明禁止该用户访问网络。这时即使用户再次向NMC发起访问申请消息，ACS也不会对该用户授权，以此达到对恶意用户的访问进行严格禁止的目的。

7.3.4 计算开销分析

因为用户与NMC一般都是电源供电设备且处理能力强大，与信息采集节点相比，计算开销相对来说可以忽略不计，因此基于受控对象的分布式访问控制方案只需要考虑节点的计算开销。根据在Mica2节点上的实际应用来看，在表7.4中列出了每项安全操作执行所需要的时间。

表7.4　Mica2上安全项的运行时间

标　号	含 义 描 述	时间（单位：ms）
T_H	执行一次单向散列函数所需要的时间（比如SHA-1）	3.636
T_{MAC}	生成校验码所需时间	3.12
T_{RC5}	执行RC5加密或解密算法所需时间	0.26
T_{MUL}	执行ECC点乘算法所需时间	810

我们将基于受控对象的分布式访问控制方案与方案MAACE[23]和ECCAC[24]中节点的计

算开销进行对比，并依据表 7.4 中已经测得的实际应用的数据，得到如表 7.5 所示的传感节点总的计算时间。

表 7.5 总计算时间对比

	DACBCO	MAACE	ECCAC
用户认证	None	$2T_{MAC}+T_H+T_{RC5}$	$2T_H+2T_{MAC}+T_{RC5}+3T_{MUL}$
节点鉴别	None		None
权限分发	T_{RC5}	None	None
权限控制	$2T_{RC5}$	None	None
总计	$3T_{RC5}$	$2T_{MAC}+T_H+T_{RC5}$	$2T_H+2T_{MAC}+T_{RC5}+3T_{MUL}$
时间总计	0.78ms	10.136ms	2 415.04ms

从表 7.5 中可以容易看出，由于基于受控对象的分布式访问控制方案采用了分布式的访问控制机制，节点不再需要参与对用户的认证，只是在权限分发阶段和权限控制阶段利用对称加密机制保障信息的传输安全。而在 MAACE 方案中，因为提供了用户与节点的双向鉴别的机制，导致节点进行了两次校验码（$2T_{MAC}$）、一次单向散列函数（T_H）和一次对称解密（T_{RC5}）的计算，从上表中可以看出，节点总的计算时间约是基于受控对象的分布式访问控制方案的 13 倍。但事实上，因为两个方案都是以 NMC 为信任中心的，对用户的认证在控制中心完成即可，不必再由节点继续进行鉴别，而节点的威胁属于网络内部威胁，内部威胁应该由网络内部的安全机制防御，无需由用户再去判断节点的合法性，因此 MAACE 方案中的双向鉴别机制没有太大必要，也因此浪费了节点有限的计算资源。ECCAC 方案中因为采用了节点直接控制用户进行访问的模式，使得节点既要对用户进行认证还要对用户进行权限控制，且认证采用的是基于 ECC 公钥密码体制的认证签名算法，导致计算开销更大。从表 7.5 中也可以看出节点总的计算时间是基于受控对象的分布式访问控制方案的 3 096 倍，在多个用户同时访问的情况下，节点能耗将会很快耗尽。所以，对比之前的方案，基于受控对象的分布式访问控制方案降低了节点的计算开销，很好地平衡了节点的计算能耗和对用户的有效控制。

7.3.5 结论

本节主要介绍了了基于受控对象的分布式访问控制方案，通过 ECC 密钥交换协议在不需要对密钥进行传输的情况下就能建立起网络管理中心与用户的共享密钥，以此用于网络管理中心对用户的接入控制和信息交互的安全，通过对称密码体制保证了网内权限分发的安全，使得节点能依据正确的权限信息对用户进行权限限制。采用基于受控对象的访问控制模型，在简化权限管理的同时减少了节点的存储量，也解决了权限泄露的问题。性能分析表明，基于受控对象的分布式访问控制机制能够在节点低开销的基础上保证对用户进行有效的接入控制和权限限制，同时还能减少用户 DoS 攻击和重放攻击对网络的威胁。

本章小结

访问控制技术起源于 20 世纪 70 年代，当时是为了满足管理大型主机系统上共享数据授权访问的需要。但随着网络技术应用的发展，这一技术的思想和方法迅速应用于信息系统的各个领域，在30多年的发展过程中，先后出现了多种重要的访问控制技术，它们的基本目标都是防止非法用户进入系统和合法用户对系统资源的非法使用。

目前，物联网中对于访问控制的研究并不是很多，其研究内容可以分为两类：①对用户的访问控制，不能让用户随意对网络中的资源进行访问；②对于物联网信息采集节点的权限管理，不能让节点拥有太多权限，并能对节点的权限进行分发与回收，否则当个别节点被攻击获知控制后，将会对整个网络带来更发的安全隐患。因此，物联网中对于访问控制的研究具有十分重要的意义。

练 习 题

1. 简述访问控制的三大要素和主要目的。
2. 自主访问控制策略可以通过哪几种方式实现?
3. 与基于角色的访问控制策略相比，基于属性的访问控制策略的优势有哪些?
4. 基于受控对象的分布式访问控制方案主要包括哪几个阶段?
5. 在基于受控对象的分布式访问控制方案中，访问授权阶段如何保证密钥安全?

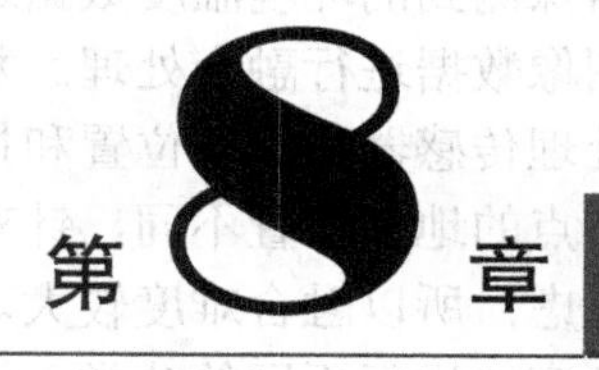

第8章 物联网安全数据融合

以 WSN、RFID 等核心技术为支撑的物联网将物理世界与逻辑世界有机地融为一体，可以极大地提高人们的工作效率、降低协作成本、方便众多不同应用模式的构建。物联网中的传感器节点通常容易受到严格的能量约束，数据融合是实现节能的基本途径之一；物联网的开放性分布和无线广播通信特征存在安全隐患，而数据安全（包括机密性、完整性、真实性、可用性、新鲜性、访问控制）是物联网实现基础信息采集与后续应用的基本要求，数据融合技术对提高物联网数据安全具有重要的作用。

8.1 安全数据融合概述

物联网数据融合是指在网络运行过程中，中间节点通过组合由多个传感器节点采集的数据信息，消除冗余数据和不可靠数据并转换成简明的摘要后，将融合信息传送到汇聚节点的过程。数据融合在平时的日常生活中也常常见到，当面对一个新事物的时候，往往是靠视觉、嗅觉、味觉和触觉等多种感觉器官获得的信息综合起来认识新事物，甚至更复杂的情况下需要透过现象看本质才能认清一个事物。该过程可有效避免冗余数据的干扰和不可靠数据传输过程中的能量开销，提高了信息收集效率。

数据融合的功能主要体现在降低功耗、提高信息采集效率和确保数据准确性 3 个方面。我们知道传感器节点数量大、随机分布且节点不稳定性，造成采集的数据存在误差，甚至是错误的信息，如果把错误数据传送给观察者，可能会造成观察者误判，数据融合操作则可以根据相关策略，剔除错误或者误差大的信息，以提高数据的准确率。为了提高采集数据的准确性，需要适当增加传感器节点分布密度，但同时也会造成相邻传感器节点对于同一区域都会检测到各自的数据，造成数据具有很大的重复性，大量冗余数据不仅是多余的而且发送到网上，会浪费有限的能量，因此需在网内对数据进行融合操作以减少数据在网内的传输量，降低功耗。与此同时，减少网内数据碰撞概率，能提高信息采集效率。

同时考虑到传感器网络处于开放、易遭受网络攻击的环境，因此有必要研究适用于无线传感器网络的安全数据融合机制，有效地保障融合过程的正确性与安全性，以及融合数据传输到汇聚节点过程中的机密性与完整性。

8.2 安全数据融合的分类及特点

对于传感器网络的应用，数据融合技术主要用于处理同一类型传感器的数据。例如在森林防火的应用中，需要对多个温度传感器探测到的环境温度数据进行融合；在目标自动识别应用中，需要对图像监测传感器采集的图像数据进行融合处理。数据融合技术的实现与其具体应用密切相关，森林防火应用中只要处理传感器节点的位置和报告的温度数值，比较容易实现；而在目标识别应用中，由于各个节点的地理位置不同，针对同一目标所报告的图像的拍摄角度也不同，需要进行三维空间的考虑，所以融合难度较大。

物联网数据融合的分类根据不同的角度能进行不同的分类，根据对数据融合前后的信息含量进行分类，可以将数据融合分为无损融合和有损融合两类。

（1）无损融合。融合节点将接收到的多个数据融合在一个融合数据包，并且不改变各个数据包所携带原始数据的方法为无损融合。这种方法只是减少了数据包的包头量和传输多个数据信息而消耗的数据传输开销。在这种无损融合中，所有数据的细节信息都被保留。根据信息理论，在无损融合中，信息整体缩减的大小受到其熵值的限制。

时间戳融合是无损融合的一个例子。在远程监控应用中，传感器节点汇报的内容可能在时间属性上有一定的联系，可以使用一种更有效的表示手段融合多次汇报。比如一个节点以一个短时间间隔进行了多次汇报，每次汇报中除时间戳不同外，其他内容均相同；收到这些汇报的中间节点可以只传送时间戳最新的一次汇报，以表示在此时刻前，被检测的事物都有相同的属性。

（2）有损融合。有损融合是采用省略一些数据包的细节信息和降低数据信息质量的一种融合方法，来减少存储或是传输的数据信息，从而节省节点的存储资源和能量资源。在有损融合中，信息损失的上限是要求保留应用所需要的全部数据信息。

很多有损融合都是针对数据收集的需求而进行网内处理的必然结果。比如温度检测应用中，需要查询一区域范围内的平均温度或最低，最高温度时，网内处理将对各个传感器节点所报告的数据进行运算，并只将结果数据报告给查询者。从信息含量角度看，这份结果数据相对于传感器节点所报告的原始数据来说，损失了绝大部分的信息，仅能满足数据收集者的要求。

我们还能从其他角度对数据融合进行分类，根据数据融合操作的级别进行分类，数据融合能分为数据级融合、特征级融合和决策级融合；根据如何有效降低数据传输量和能量方面可以将数据融合分类为基于生成树的数据融合，消除时空相关性的数据融合，路由驱动型数据融合，基于预测的时域数据融合和基于分布式压缩的数据融合等；根据数据融合和应用层数据语义的关系，数据融合分为依赖于应用的数据融合、独立于应用的数据融合，以及结合以上两种技术的数据融合。

数据融合在减少数据的传输量、提高获取信息的准确率、减少报文碰撞和提高收集效率的同时，也需要以牺牲其他方面的性能作为代价。

（1）构造数据融合树和融合操作都会增加网络的平均延时。

（2）数据融合在减少数据的传输量的同时，也损失掉了更多的信息，同时网络的鲁棒性有所下降。

（3）数据融合带来了很多安全隐患，容易受到各种潜在的攻击，如数据窃听、数据篡改、数据伪造、数据重放攻击等。

8.3 数据融合面临的安全问题

8.3.1 安全威胁

无线传感器网络数据从源节点传输至汇聚节点的过程面临多种安全威胁，如篡改攻击、拥塞攻击、重放攻击等，而数据融合机制贯穿其中，因此也面临着同样的威胁，主要表现在如下4个方面。

（1）在原始数据采集过程中，节点发送的数据信息可能被攻击者所窃听而制造重放和伪造的数据信息，或攻击者和被俘获的节点直接向融合节点发送虚假数据信息。另外由于节点自身硬件故障也可能导致错误数据的产生，虚假和错误的原始数据信息将直接导致错误的融合结果。

（2）在数据融合过程中，融合节点需要完成虚假和重放数据的识别和剔除，防止攻击者利用协议漏洞对其发起耗尽攻击，不断注入虚假消息或利用妥协节点不断与其通信达到快速消耗其能量的目的，与此同时，如何减小虚假信息对融合结果的影响也是融合节点面临的重要挑战。

（3）在融合数据传输过程中，融合信息将以直接或间接（中间节点转发）的方式传输至汇聚节点，该过程中针对数据本身、路由及网络的安全威胁都可以看作是融合过程所面临的安全威胁，如篡改、重放、碰撞攻击、拥塞攻击等。

（4）从网络整体角度来看，数据融合在降低信息冗余度、减少网络通信量的同时也导致了网络鲁棒性的降低。部分原始数据的丢失，使得攻击者针对融合节点发起的攻击或篡改，伪造融合信息将对网络产生更大的破坏性。

因此，安全数据融合方案的设计将以解决上述安全威胁对融合过程和结果所产生的问题为目标，主要包括原始数据安全性认证、融合过程的安全性保护、传输过程数据的机密性和完整性保护，以及网络抗攻击能力的提升等方面。

8.3.2 安全需求

在一般的数据融合方案中，都是假定网络运行在安全可靠的环境中，而没有考虑到融合过程中存在的安全威胁，因此之前研究的数据融合方案在遭到恶意节点的攻击时显得非常的不可靠，这就要求在设计数据融合方案时，必须考虑数据融合及传输过程中的数据安全，所以物联网安全数据融合的最大的挑战，就是在节点资源受限的前提下保障数据融合过程中数据融合和传输的安全需求。

针对上述数据融合面临的各种安全威胁，要确保数据融合的安全，无线传感器网络需要满足如下基本要求。

（1）原始数据采集节点应当尽可能的提供可靠、真实的数据并能将其安全的送达到上级融合节点。

（2）上级融合节点应具备能对原始数据是否可信做出判断的能力，并采用合理、高效的融合算法生成融合数据。

（3）所有的融合信息应当安全、迅速地到达汇聚节点。

传统网络中所用的安全技术，例如数字签名和非对称加密算法等并不适合于物联网，因为使用这些安全技术都会消耗节点大量的存储空间和能量，这样导致节点的生存周期大大减小，此外还降低了系统的通信效率。物联网的安全需求主要有5个方面：数据机密性、数据完整性、数据新鲜性、身份认证和可用性等，安全需求与数据融合的相互关系如图8.1所示。

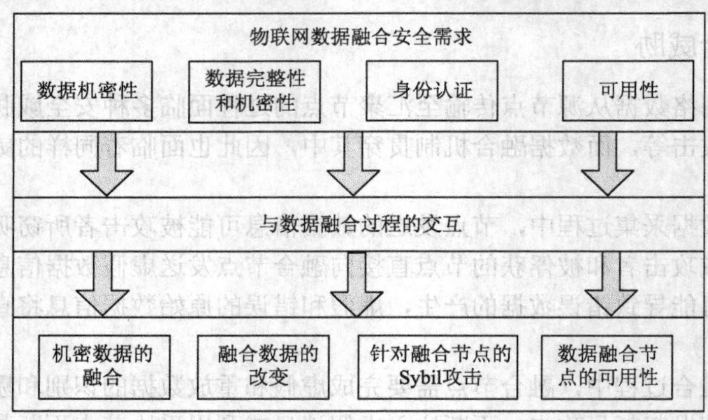

图8.1 安全需求与数据融合过程的关系图

8.4 基于同态加密的安全数据融合

EAED（Efficient Aggregation of Encrypted Data）是C.Castelluccia等提出的一种同态加密数据融合算法，旨在对融合数据的机密性进行保护。同态加密运算是一种允许直接对密文进行计算的加密机制，因此网络中的融合节点可利用同态加密运算对收到的密文数据直接进行融合操作，避免了融合过程中的因频繁地加解密操作所带来的额外的开销。

EAED首先将原始数据信息表示成一个整数 m（$0<m<M-1$，M 为大整数），然后同时从0到 $M-1$ 之间随机选择整数 k 作为流密钥，然后根据公式（8-1）对数据信息进行密文计算。汇聚节点在收到信息后，选择对应的解密密钥，利用公式（8-2）进行解密即可。

$$c = Enc(m,k,M) = m + k(\bmod M) \tag{8-1}$$

$$m = Eec(c,k,M) = c - k(\bmod M) \tag{8-2}$$

该算法仅涉及运算量较小的模加运算，对资源受限的无线传感器网络具有良好的支持性。算法假定汇聚节点与网络中每个节点都共享独立的密钥种子和密钥生成函数，每次融合过程的密钥都是不同的，这种采用流密钥加密的方式可有效防止已知明文攻击，但是汇聚节点需要利用数据中的节点ID判断融合信息中具体包含有哪些节点的数据，才能找到对应的密钥进行解密。在参与融合的节点较多的情况下，节点ID的上传将造成极大的通信开销。

之后，C. Castelluccia对自身的EAED方案中因节点ID传输引入的额外通信开销问题进行了改进，采用多重加密的方式，节点只需存储少量的对密钥信息即可实现。首先，每个节点将自身的密钥告知距离其 t 跳的节点，从而源节点可以在没有与其他节点建立或者共享组密钥的情况下，将采集到的数据信息发送给根据某种规则建立的一个动态集合内的节点；然后，通过转发至已告知密钥的节点上进行解密与融合；最后，融合节点采用同样的方式将融合信息发送至汇聚节点。改进方案在 EAED 的基础上减少节点 ID 的传输，通信开销在一定程度上有所降低，但是改进方案中节点需要将密钥信息告知其他节点，导致网络的安全性降低，在连续 t 层节点被俘获的情况下，数据的机密性将受到威胁。

8.5 基于模式码和监督机制的数据融合安全方案

为了适应工业物联网的安全应用，通过对工业物联网的安全分析，考虑了常见的安全威胁和攻击，借鉴了几种目前流行的数据融合安全的方案，提出了基于模式码和监督机制的数据融合安全方案[25]。利用模式码的高效性和安全性，结合监督机制可靠、适应性好的优点，同时提高网络的鲁棒性和数据的即使性。模式码的使用大大节省了传播能耗，提高了节点的使用寿命。用博弈论证明了监督报文上传方式的安全性，并且通过安全分析和性能分析验证了基于模式码的数据融合方案的安全性和合理性。表 8.1 是基于模式码的数据融合方案相关术语与定义。

表 8.1 基于模式码的数据融合方案相关术语与定义

术 语	定 义
融合节点	簇头节点，对簇内节点的信息执行融合功能的节点
监督节点	位于簇内由基站指定或随机选取的普通节点，在一定周期内起到对融合信息的监督作用，用于保障融合信息的真实有效性
监督周期	监督者对融合节点进行监督的周期，一般一个融合周期包含数个监督周期
模式码	模式码是一种编码的形式，通过将实际采集信息采用特殊算法生成没有物理意义的编码
模式码的生成	由基站处理，节点只需要将采集数据映射成模式码即可，映射过程不涉及融合算法
模式码传播的信息	对于外界节点是不可知且周期变化，在一定程度保证了语义安全。模式码内容简短包含信息量大，节省了传播能耗，提高了节点寿命

以下是基于模式码的数据融合方案实施的基础或假设。

（1）网络中的节点资源、功能都是相同的。

（2）假设任意一个节点都能够收到簇内其他节点的报文，且节点能感知自身能量。

（3）基站作为整个无线网络向外的接口，基于模式码的数据融合方案的可信中心，故设定其完全可信。

（4）成簇算法、密钥管理、加密算法、鉴别方法、认证方法、时间同步等算法作为数据融合安全和工业物联网通信的基础，其有效性、安全性、效率都不在讨论之列或可认为基于模式码的数据融合方案中其是安全有效的。

8.5.1 实施流程

分簇聚类方法已被证明是有效的数据采集和融合方法，基于模式码的数据融合方案基于 LEACH（Low Energy Adaptive Clustering Hierarchy）分簇协议，主要分成 3 个主要阶段：网络成簇阶段、融合信息监督阶段和信息处理阶段。方案周期性的执行，以下简述方案在一个执行周期内的实施步骤。

1．网络成簇阶段

采用常用的成簇形式，网络节点根据内置算法自组织成簇，完成融合节点和监督节点的选举。

（1）融合节点和监督节点的选举

节点首先生成一个随机数，而后将自己的能量值和随机数值加入到融合节点请求报文、监督节点请求报文中向一跳范围内的节点（邻居节点）发送。

每个节点接收到其邻居节点的融合请求报文和监督请求报文后，首先判断发送节点的能量值，相互比对并最终选取能量最大的节点作为本簇内的融合节点，能量次小的节点作为该簇内的监督节点；若有两个或两个以上的节点能量值相等时，随机数值最小的节点作为融合节点，随机数次小的节点作为监督节点；若两个或两个以上节点能量值和随机数值都相等时，则这些节点再次生成随机数，依据随机数值最小的节点作为融合节点，随机数值次小节点作为监督节点的原则两两协商直到选出该簇内的融合节点和监督节点。融合节点和监督节点选定后的网络拓扑图如图 8.2 所示。

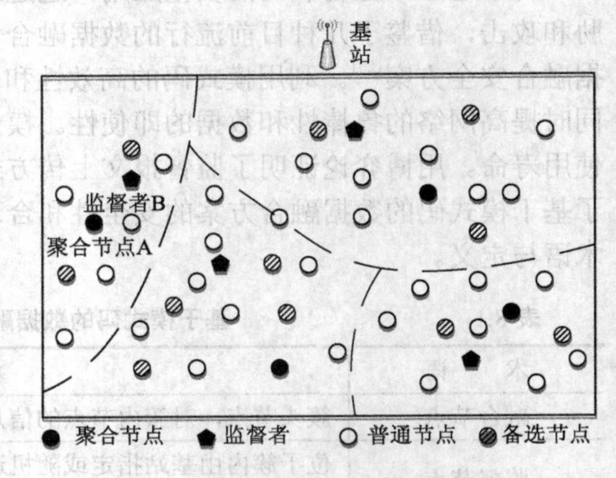

图 8.2 方案拓扑示意图

监督节点选定后，其监督周期应满足公式（8-3）

$$T_s \geqslant \sum_{m=1}^{n} T_m \text{且} T_c \geqslant T_s \tag{8-3}$$

其中，T_m 为该簇内普通节点的通信周期，T_c、T_s 分别为融合周期、监督周期。当簇周期完结时同时更新本簇内的融合节点和监督节点以保证网络通信过程的安全性。

（2）模式码的生成和下发

成簇阶段，节点采集一次原始数据，用与基站的对偶密钥加密后经融合节点转发给基站；基站根据收到的信息分类原始数据并将原始数据映射成相应的模式码，而后将原始数据与模式码的对应关系下发。

模式码的编码方式根据应用场景，采集信息种类等信息进行设定，不做具体规定。以应用场景为普通工厂，采集信息为环境温度为例，模式码设定如下。

① 采集数据值集中区域密集设定。如采集温度有 2 个区域较为集中：21℃～25℃，27℃～29℃，则在上述区域设置较多模式码，如每 0.2℃设置一个模式码。

② 参考先验数据设定。如根据以往经验，温度在 30℃～32℃属于系统稳定运行区域，则设一模式码表示稳定状态即可。

③ 不可信区域。如实际使用环境，不可能出现-40℃以下值，则可在-40℃以下只设定一模式码。

④ 实际需求。根据用户的需求设置。

2. 融合信息监督阶段

（1）数据融合和监督功能的执行

在节点接收到模式码后，开始进行数据融合。簇内节点将采集到的原始数据映射成模式码，采用簇密钥加密后发送给融合节点。融合节点和监督节点同时接收簇内节点发送的原始数据。合节点对报文类型进行判断，普通报文等待融合，特殊报文直接上传给基站；由于无线通信的特点，监督节点能接收到目的地址为本簇融合节点的报文，一般节点当目的地址不为自身时则抛弃报文，基于模式码和监督机制的数据融合安全方案中监督节点接收这些报文，通过与融合节点同样的融合算法生成监督报文。

（2）融合信息、监督信息的上传

融合节点将生成的融合报文用与基站的对偶密钥加密后，直接或间接的上传给基站。监督节点生成监督信息后，采用与基站的对偶密钥加密，通过融合节点转发给基站。

3. 信息处理阶段

（1）基站对于融合信息可信性的判定

基站接收到信息后，根据信息类型进行相应的处理。根据监督信息判断相应数据融合信息是否可靠，若可靠则进一步生成正确信息，不可靠则发送撤销融合节点和监督节点信息。如果接收为紧急报文报告数据变化超过阈值，则报警，同时修正预期融合数值。

（2）融合节点和监督节点的撤销

当簇周期结束或收到撤销融合节点和监督节点报文时，簇内节点重新选举融合节点和监督节点。如果是撤销报文，节点在重新选举融合节点和监督节点后，用与基站的对偶密钥加密上传存储的模式码（不融合），达到恢复一段时间内采集数据的目的。基站收到节点存储的历史数据后，修正部分错误的数据。

8.5.2　博弈论验证

在基于模式码和监督机制的数据融合安全方案中，通过监督信息来保证融合信息的安全性，所以监督信息的安全性显得尤为重要。通过非对称信息重复静态非合作博弈论的战略分析，得出监督节点、恶意融合节点、基站的策略，在反复剔除劣策略的情况下，将三方博弈转换为恶意融合节点和基站的双方博弈，最终得出监督报文上传的安全方式。

基于模式码和监督机制的数据融合安全方案中博弈论的基本要素如表 8.2 所示。

表 8.2　博弈论基本要素

参与者	行为集	次序	信息
监督节点	直接上传监督信息给基站	同时行动	参与者决策所依据的信息
	将监督信息上传给融合节点		
恶意融合节点	如实上传监督信息		
	丢弃或篡改监督信息		
基站	信任融合节		
	不信任融合节点		

收益描述：为了方便描述，给定每个节点初始能量为 1 000 单位，每个节点的目的都是尽可能久的在网络中通信。发送一次报文减少能量单位 1。融合信息被采纳，则整个簇的收

益为 β。监督节点直接上传报文给基站的消耗假设为 100 能量单位，其收益为 900，而发给融合节点收益为 999；设恶意节点能量为 χ，融合节点如果被基站判定为不可信，则不能继续在网络中通信，假设重新冒充合法节点或俘获合法节点消耗为 λ。基站的收益为全网收益假设为 α，重新生成融合节点消耗为 k，融合信息错误且可信则消耗为簇内所有节点能量 β，判断恶意融合节点不可信时收益为 $\alpha-k$，判断恶意融合节点为可信时收益为 $\alpha-\beta$。

监督节点、恶意融合节点、基站三方决策树如图 8.3 所示。

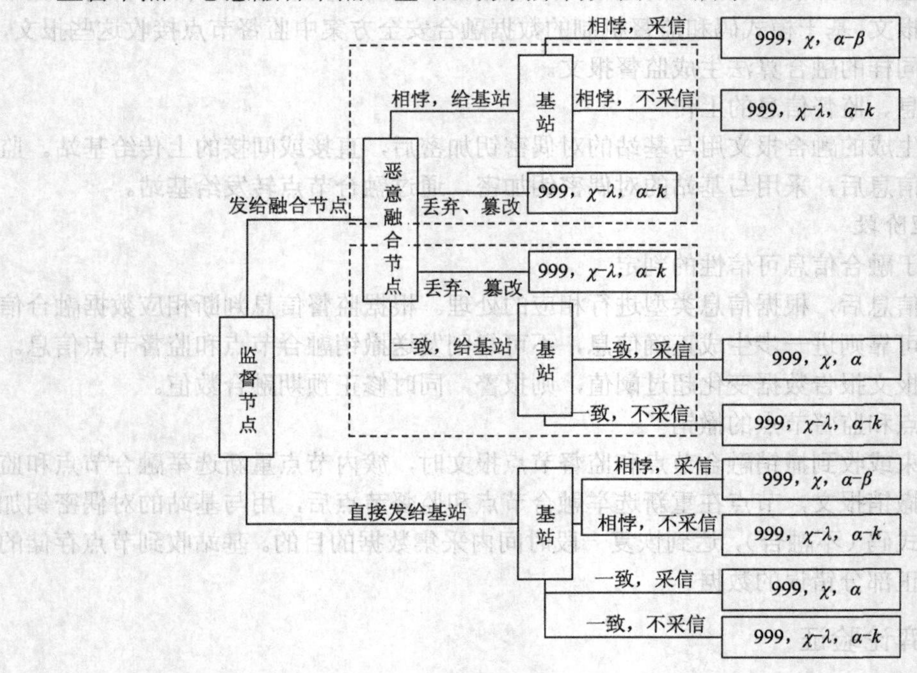

图 8.3　监督节点、恶意融合节点、基站三方决策树

对于三方博弈来说，监督节点的行动是固定的，可以不予考虑，博弈参与者剩下恶意融合节点与基站两方。恶意融合节点、基站双方博弈策略如表 8.3 所示。

表 8.3　　恶意融合节点、基站双方博弈

		基站	
		采信	不采信
恶意融合节点	一致	χ，α	$\chi-\lambda$，$\alpha-\kappa$
	相悖	χ，$\alpha-\beta$	$\chi-\lambda$，$\alpha-\kappa$

用 θ 代表基站不采信的概率，γ 代表融合节点生成错误融合结果的概率。给定 θ，恶意融合节点不生成错误融合信息和生成错误融合信息的期望如下。

$$\pi_{\mathrm{G}}(0,\gamma)=(\alpha-\beta)\gamma+\alpha(1-\gamma)=\alpha-\beta\gamma \tag{8-4}$$

$$\pi_{\mathrm{G}}(1,\gamma)=(\alpha-k)\gamma+(\alpha-k)(1-\gamma)=\alpha-k \tag{8-5}$$

令 $\pi_{\mathrm{G}}(1,\gamma)=\pi_{\mathrm{G}}(0,\gamma)$，得 $\gamma^{*}=k/\beta$，即恶意融合节点最优的生成错误融合结果的概率，k 为固定值，而 β 则会随着网络时间的延长而降低。网络初始时 β 远远大于 k，基站撤销融合节点和监督节点的威胁可信，此时，恶意节点生成错误融合结果的概率很小；当 β 趋近于 k

时，恶意融合节点生成错误融合结果的概率接近于 1。这也真实反映了工业物联网的实际情况，即当网络能量快耗尽时，基站撤销恶意融合节点的威胁不可置信。同时，也从另一方面证明了基于模式码和监督机制的数据融合安全方案在网络运行初期的安全性。

8.5.3　安全性分析

基于模式码和监督机制的数据融合安全方案利用模式码的高效性和安全性，结合监督机制可靠、适应性好的优点，同时提高了网络的鲁棒性和数据的新鲜性。本节将从以下 6 个方面对基于模式码和监督机制的数据融合安全方案的安全性进行分析。

（1）数据的保密性高。由于模式码本身即可看作一种简单的加密且周期性更新，同时加入簇密钥和对偶密钥，数据的保密性比以往方案要高。

（2）将博弈论引入融合方案，使得簇头完整的转发监督信息收益最大，避免了以往恶意丢弃或篡改的可能。

（3）使用监督机制，保障了簇头不会恶意生成错误的融合信息，达到了数据融合安全的目的。

（4）减小了恶意融合节点和恶意监督节点对网络的持续危害性。当监督报文与融合结果不一致且基站认为簇头不可信时，基站会向该簇头所在簇的节点广播撤销簇头报文，该行为同时会重新选择监督节点。一方面，阻止了恶意簇头对网络的持续性危害；另一方面，如果监督节点是恶意节点，则当重新生成簇头时，监督节点也会重新选举，避免了恶意监督节点持续危害网络。

（5）可信性高。监督信息与融合信息同时同源，较之以往的节点估算簇头融合值等方法，基于模式码和监督机制的数据融合安全方案的可信度更高，得出的结果也更真实。

（6）提高了网络的鲁棒性。数据融合最大的缺点是降低了网络的鲁棒性，尤其在融合节点被俘获时，监督信息其实质是在监督节点生成的融合信息，当簇头融合信息在转发过程中出现丢弃或被篡改时，完整真实的监督信息可以作为融合信息采信。同时模式码的应用，使得节点有限的存储空间可以存储更长时间的历史数据，当需要时能提供更多的历史数据。

8.5.4　性能分析

基于模式码和监督机制的数据融合安全方案的性能分析主要包括以下 6 个方面：存储开销、通信开销、计算开销、能量开销、即使性和适用性。本节将从这 6 个方面对方案性能分别进行简要分析。

（1）存储开销。由于模式码的精简，其所占空间极其有限，相比原始信息小，存储要求空间少。

（2）通信开销。基于模式码和监督机制的数据融合安全方案仅在原有融合基础上添加 1 种报文，而监督报文的周期也是可调的。在一轮通信周期内，可近似认为每个簇发送两条融合信息，比起簇内节点签名认证要消耗小的多。

（3）计算开销。由于采用模式码，不同类型数据统一编码表示，使得融合节点效率更高，做高级数据融合时无需转换信息，速度快。融合数据真实性验证采用比对方式，处理速度为极快。

（4）能量开销。节点发送模式码，报文简短、能耗低。模式码的生成与具体信息精度和种类有密切关系。安全机制仅相当于每个簇将融合信息发送两次，没有交互认证，普通节点没有额外消耗。

（5）数据即时性。监督与融合同步进行，时延小；在基站验证融合信息，速度更快。

（6）适用性高。对硬件要求低，仅需对协议栈进行简单修改，使得节点采集信息能转化成模式码，同时，在节点上添加监督节点的功能。

8.6 基于分层路由的安全数据融合设计与开发

基于分层路由的安全数据融合机制[26]，以数据融合机制安全需求分析结论为主要依据，以保障融合数据的机密性和完整性为主要目标，结合当前国内外安全数据融合机制的研究成果与亟待解决的问题，开发了安全数据融合系统，以保障融合数据的安全生成与传输安全。

8.6.1 整体设计

1. *系统初始化*

节点部署到监测区域之前，必须完成一些相关信息的初始化操作，包括加入密钥、个体密钥的预配置，以及 Hash 函数 h 的部署等。网络构建过程中，所有节点利用加入密钥完成安全入网过程，同时网络完成簇头节点的选举与簇的构建。

2. *密钥链生成及密钥建立*

基站与簇头节点选取随机种子，利用 Hash 函数 h 计算长度为 n（根据网络需求、硬件条件等具体情况而定）的散列链。

基站根据可再生散列链的安全构造方案（RHC-S）为网内每个簇头节点计算并存储一组（2 条）可再生散列链，采用逆向发布散列链元素的方法进行密钥的更新。首次发布时，采用基站与簇头节点之间的个体密钥加密第一条散列链的链尾元素与签名信息发送至对应簇头节点进行对密钥的建立。后续的发布过程中，簇头节点可利用函数 h 对新接收到的散列链元素进行计算与当前正在使用的进行对比，实现对基站的身份认证，认证通过则进行密钥更新，防止因攻击者构造虚假的密钥更新信息对网络产生安全威胁。

簇头节点根据可再生散列链的安全构造方案计算并存储图 8.4 所示 3 条散列链 H_1、H_2 与 H_3。簇头节点从 H_1 的链尾元素开始随融合消息的发送过程一起逆向发布，用于提供给邻居簇头进行消息源认证，从 H_2 的链尾元素开始逆向发布进行簇密钥的更新。簇内节点利用函数 h 对更新的密钥进行计算并与当前使用的密钥信息对比，实现对簇头节点的身份认证，认证通过则进行密钥更新，防止因攻击者假冒簇头节点进行密钥更新而产生安全威胁。两者均定期逆向发布进行更新，此过程要求前者的更新速度小于或等于后者的更新速度。与此同时，簇头节点之间通过交换各自当前用于身份认证的元素，通过密钥协商过程完成对密钥的建立。

3. *融合数据安全生成及传输安全保障*

（1）簇内融合数据的安全生成

在簇内数据融合过程中，首先验证原始采样数据的真实性和有效性，然后借助融合算法生成融合信息。簇内数据融合流程如图 8.5 所示，主要包括如下步骤。

① 采样信息的采集与发送。

簇内节点 SN_i 将自身采样数据 M_i 及节点标签 $Flag_i$，利用式（8-6）所示的方式构造数据包送给簇头节点。

$$SN_i \rightarrow CH: ID_i \| N_i \| E_{k_{CH}}(Flag_i \| M_i \| MAC_{SN_i, CH}) \tag{8-6}$$

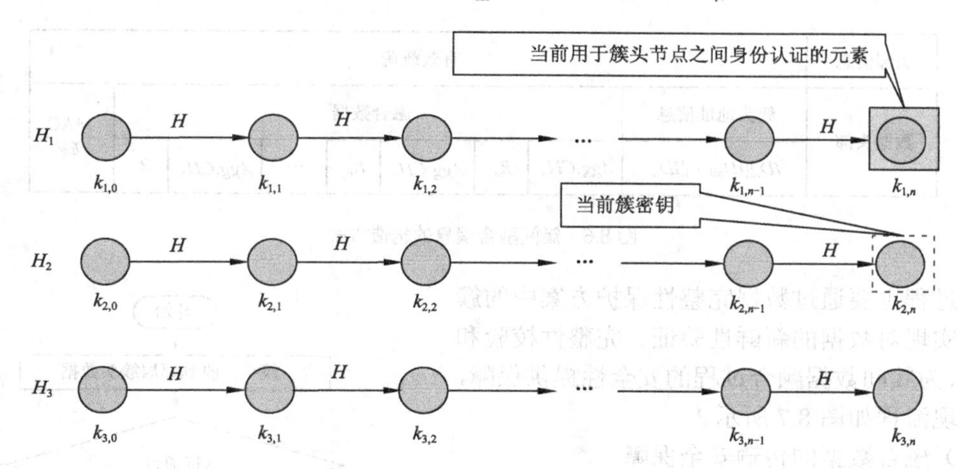

图 8.4 簇头节点生成的散列链示意图

② 原始数据信息提取。

簇头节点收到数据后，提取节点 ID 及随机数，然后利用簇密钥解密获得节点采样数据、节点标签及认证码。由于节点标签为节点利用自身与基站的个体密钥、身份信息和当前数据包序列号通过 Hash 函数生成，因此簇头节点无法知晓其具体意义。簇内认证通过后，簇头节点提取采样信息，并将节点 ID、随机数及节点标签存储备用。

③ 数据分类及有效性判断。

簇头节点根据节点 ID 判断传感器节点类型，通过将数据信息与阈值对比实现对节点状态的初步判断，数据有效则接收并存储用于后续融合，数据超出阈值则丢弃并构造报警信息，向基站发起报警。

④ 数据预处理及融合。

簇头节点依据节点 ID 进行数据分类，并去除冗余数据后借助预先部署的融合算法计算融合结果，同时随机挑选某个参与了本次融合过程的节点，将其地址信息、随机数及节点标签附在融合数据后上传。

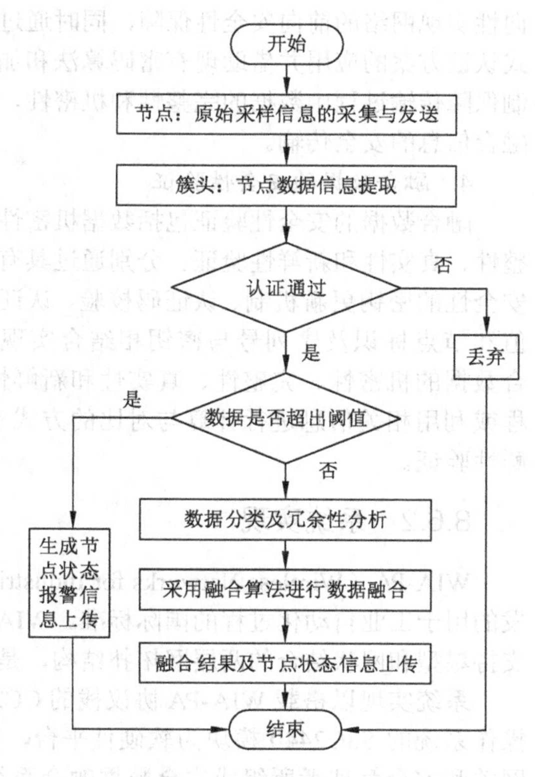

图 8.5 簇内数据融合流程

（2）簇间融合数据的安全生成

簇间数据融合过程中，簇头节点接收到其他簇头节点的融合消息后先进行数据的新鲜新验证、完整性校验和源认证。簇间认证通过后，按照预先部署的融合方案，将自身的融合数据信息与接收到的融合消息进行融合后继续向上传递直至基站，融合消息的构成如图 8.6 所示。

头部信息	有效载荷								
数据头部	簇头地址信息	融合数据							MAC码
	$ID_A \| ID_B \| \cdots \| ID_N$	$Agg.CH_A$	R_{A_i}	$Agg.CH_B$	R_{B_i}	…	$Agg.CH_N$	R_{N_i}	

图 8.6　簇间融合消息的构造方式

该过程主要通过数据完整性保护方案中的簇间认证实现对数据的新鲜性验证、完整性校验和源认证，为簇间数据融合过程的安全性提供保障，具体实现流程如图 8.7 所示。

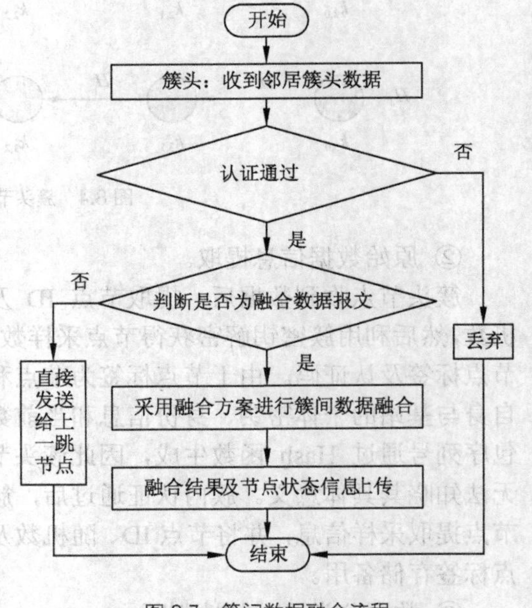

图 8.7　簇间数据融合流程

（3）融合数据的传输安全保障

融合数据的传输安全主要通过加密机制和认证机制来保障。采用可再生散列链完成密钥的安全更新、节点鉴别和数据鉴别，利用散列链的单向性实现网络的前向安全性保障，同时通过分布式认证方案的应用并借助现有密码算法和加密机制保障传输过程中数据的完整性和机密性，实现融合信息的安全传输。

4. **融合数据的安全性验证**

融合数据的安全性验证包括数据机密性、完整性、真实性和新鲜性验证。分别通过具有前向安全性的密钥更新机制、认证码校验、认证散列值和节点标识及序列号与密钥相结合实现对融合数据的机密性、完整性、真实性和新鲜性保护。中间簇头节点和基站则通过对应的逆过程或利用相关信息进行计算与对比的方式实现对融合数据的机密性、完整性、真实性和新鲜性验证。

8.6.2　系统实现

WIA-PA（Wireless Networks for Industrial Automation-Process Automation）是我国自主研发的用于工业自动化过程的国际标准。WIA-PA 网络基于 IEEE STD 802.15.4-2006 的标准，支持星型和网状结合的两层网拓扑结构，是一种分层结构的无线网络系统。

系统实现以搭载 WIA-PA 协议栈的 CC2530F256 传感器节点和 ARM9 平台下搭载 Linux 操作系统的 S3C2440 模块为软硬件平台，并搭建如图 8.8 所示，由普通节点、路由节点、网关和安全管理者所组成安全数据融合系统。普通节点进行数据信息采集，路由节点充当簇头的角色完成数据融合和转发，网关由 CC2530F256 协调器和 S3C2440 数据转发模块组成，协调器充当基站的角色完成信息的汇集，进行安全性验证后由 S3C2440 模块转发至安全管理者[24]。

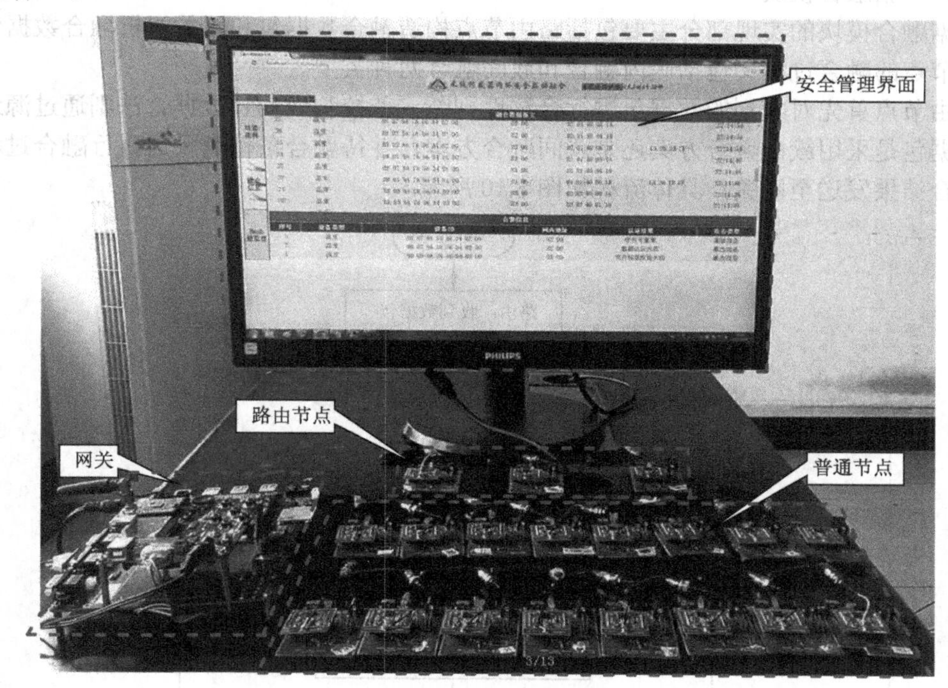

图 8.8 安全数据融合系统实物图

1．总体实现方案

系统总体实现方案主要由基站（网关）安全功能设计，簇头（路由）安全功能设计和节点安全功能设计三部分组成，总体设计方案如图 8.9 所示。基站安全功能包括融合数据安全性验证、可再生散列链的构造和发布及个体密钥的分发。簇头安全功能包括安全数据融合、可再生散列链的构造和发布及簇间会话密钥协商。节点安全功能包括簇密钥更新和采样数据的传输安全。

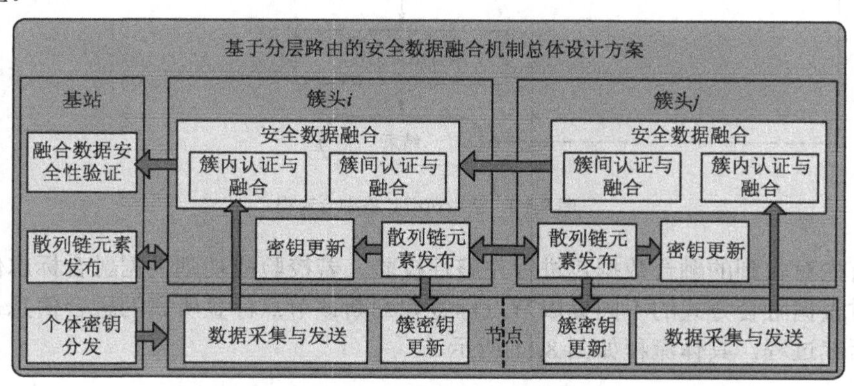

图 8.9 总体设计方案示意图

2. 关键功能模块的设计与实现

关键功能模块主要包括数据融合模块、散列链构造模块和数据完整性保护模块。

（1）数据融合模块

数据融合模块的实现部分主要包括路由节点构造融合数据包和网关解析融合数据包，其中路由节点的融合过程又包括簇内融合和簇间融合两种类型。

路由节点首先对收到的数据包进行合法性判断，若校验成功且数据合法则通过源地址确定此数据包是采用簇内融合方案还是簇间融合方案，并待融合条件满足后执行融合过程，然后将融合结果发送至网关，具体流程如图 8.10 所示。

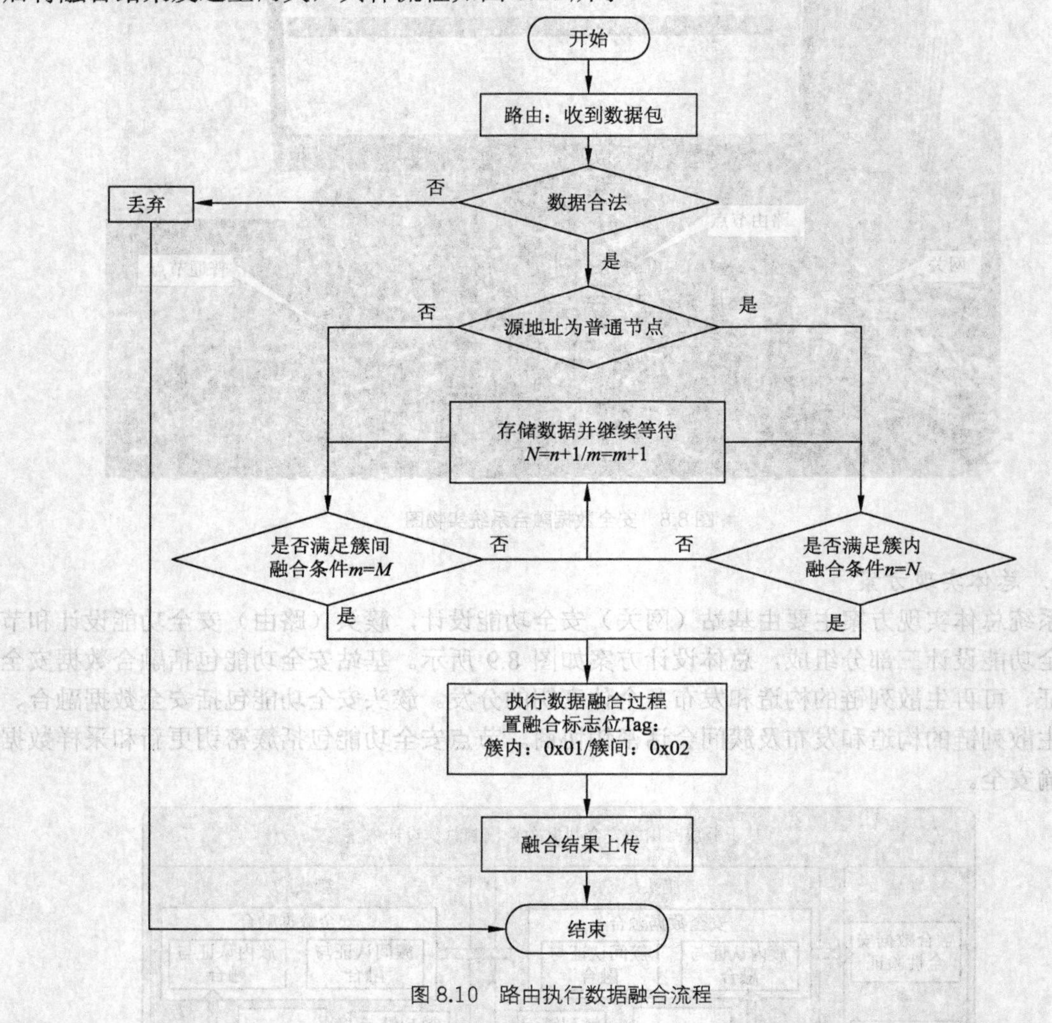

图 8.10　路由执行数据融合流程

网关首先对收到的融合数据包进行完整性校验，若校验成功则根据融合标志位判断解析方式，同时根据融合方式的不同提取节点标签并判断该节点标签所属的融合信息是否正确，然后完成后续过程，具体流程如图 8.11 所示。

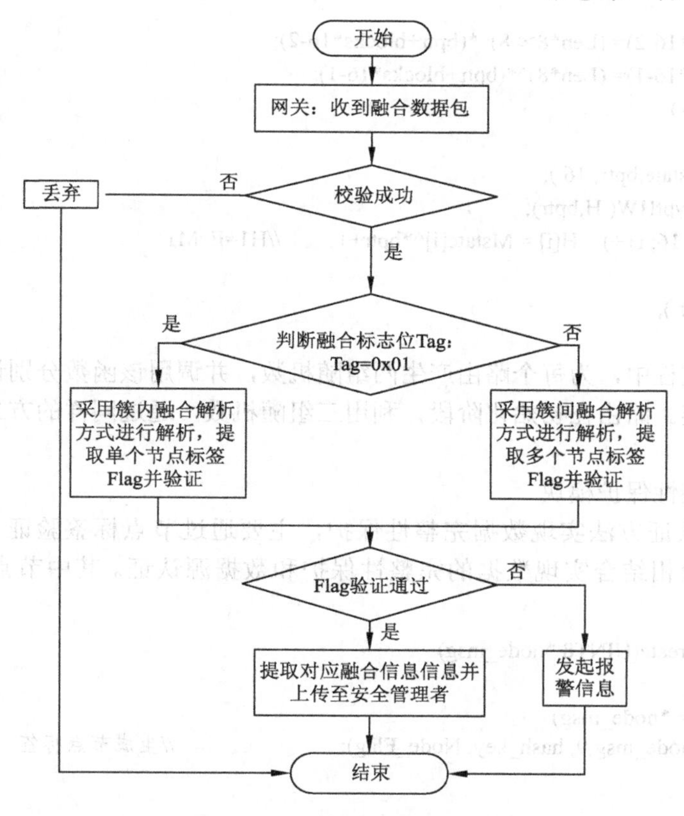

图 8.11　网关解析融合数据包流程

（2）散列链构造模块

网关和路由节点的可再生散列链的构造分别在路由入网过程中及入网后完成。网关为每个路由节点计算并保存两条长度为 8 的散列链，用于对密钥更新和节点对网关的身份认证。路由节点计算并保存自身 3 条长度为 8 的散列链，用于簇密钥更新和相邻路由节点的身份鉴别。散列链元素构造代码设计如下。

```
void MMO_Hash (UINT8 *M,UINT8 Len, UINT8 *H)
{
    UINT8     Mstate[16], *bptr, i=0;
    UINT8   blocks, remainder;

    if(!Len)        return;
    blocks = Len >> 4;
    remainder = Len & 0x0f;
    if (remainder) blocks++;
    if ((remainder>14)||(remainder==0)) blocks++;

    bptr = (UINT8 *)MemAlloc( blocks*16 );
    memcpy( bptr, M, Len );
    memset( bptr+Len, 0, blocks*16-Len );
    *(bptr+Len)= 0x80^*(bptr+Len);
```

```
    *(bptr+blocks*16-2)= (Len*8>>8)^*(bptr+blocks*16-2);
    *(bptr+blocks*16-1)= (Len*8)^*(bptr+blocks*16-1);
    while (blocks--)
    {
      memcpy(Mstate,bptr, 16 );
      sspAesEncryptHW( H,bptr);
      for (i=0; i < 16; i++)    H[i] = Mstate[i]^*bptr++;        //H1=E^M1
    }
    MemFree( bptr );
}
```

网关初始化过程中，为每个路由产生两组随机数，并调用该函数分别计算 8 次得到两条长度为 8 的散列链。路由在初始化阶段，利用三组随机数，通过同样的方式计算并存储自身 3 条散列链。

（3）数据完整性保护模块

采用分布式认证方法实现数据完整性保护，主要通过节点标签验证、身份 Hash 值校验与 MAC 码校验相结合实现数据的完整性保护和数据源认证。其中节点生成自身标签代码如下。

```
intNode_Flag_Create(UINT8 *node_msg)
{
      if(NULL != *node_msg)
      HMAC (*node_msg,9, hash_key, Node_Flag);                    //生成节点标签
      return 0;
}
```

原始采样数据发送至路由节点的过程主要通过 MAC 码实现数据完整性保护；路由节点之间的融合数据传输过程主要通过身份 Hash 值校验与 MAC 码校验相结合实现完整性保护；融合信息到基站后，基站主要通过对节点标签验证与 MAC 码校验相结合实现完整性保护，同时可通过节点标签的验证实现数据源认证和恶意节点识别。

8.6.3 安全性分析

基于分层路由的安全数据融合机制的安全性主要从以下 4 个方面进行分析：一是身份认证和密钥更新的前向安全性；二是节点标签的不可伪造性；三是数据完整性保护的有效性；四是方案的抗攻击性。

1. *身份认证和密钥更新的前向安全性*

散列链采用单向 Hash 函数生成，用于身份认证和密钥更新过程，攻击者即使在获得了当前密钥或者当前用于证实自身身份的 Hash 值后，仅能够解密当前密钥周期内的数据信息和完成本轮的身份认证，而无法计算出下一轮密钥和簇头节点传递的用于证实自身身份的 Hash 值，保障了身份认证和密钥更新过程的前向安全性。

2. *节点标签的不可伪造性*

节点在将采样数据发送至簇头节点时，通过公式 $Flag_i = h(k_{SN_i,BS}, ID_i, N_i)$ 计算自身标签信息，其中 $k_{SN_i,BS}$ 为网络部署时预先存储在节点上的节点与基站之间单独共享的个体密钥，且由于 Hash 函数具有单向性，攻击者无法通过节点标签计算出 $k_{SN_i,BS}$，因此无法伪造节点标签。同时由于节点标签的计算中加入了随机数 N_i，攻击者或恶意簇头节点也无法对节点标签进行

重复使用。

3. 数据完整性保护的有效性

数据完整性保护的有效性是指可有效避免数据在传输过程中遭受某些攻击情况下的未授权方式所作的更改或破坏，同时即使在存在电磁干扰的情况下，基站和簇头节点可通过安全手段对接收数据的完整性实施验证。基于分层路由的安全数据融合机制采用分布式认证的方式对数据完整性进行保护，完整性验证过程包括簇内认证、簇间认证和基站认证三部分。

簇内数据传输阶段，节点利用自身地址信息、采样数据和节点标签以及簇密钥根据公式 $MAC_{SN_i,CH}=F(k_{CH},ID_i \| N_i \| Flag_i \| M_i)$ 构造MAC码，其中 k_{CH} 为簇密钥。攻击者在没有簇密钥的情况下，无法构造出正确MAC码，因此簇头节点可通过对MAC码进行校验的方式判断节点原始采样数据传输至簇头节点过程中是否被篡改或破坏，以此实现簇内传输过程中的数据完整性保护。

簇间数据传输阶段，簇头节点在将融合数据向上一跳邻居簇头节点传输时附带将用于证实自身身份的散列值，同时采用公式 $MAC_{CH_A,CH_B}=F(k_{A,B},ID_A \| N_{A,B} \| E_{k_{BS,CH_A}}(Agg.CH_A \| ID_i \| N_i \| Flag_i)) \lim_{x\to\infty}$ 构造MAC码，并采用通过两者散列值作为种子协商的对密钥 $k_{A,B}$ 加密发送。攻击者在没有对密钥 $k_{A,B}$ 的情况下，无法构造出正确MAC码，且即使对密钥被泄漏的情况下，仍然可以通过附带的用于身份认证的散列值实现对方的身份认证。因此邻居簇头节点利用附带的散列值进行身份认证的方式可防止恶意节点的伪造数据，通过对MAC码进行校验的方式可判断融合数据在簇头之间传输过程中是否被篡改或破坏，以此实现簇间传输过程中的数据完整性保护。

簇头节点传输数据至基站的过程中，簇头节点采用图8.6所示的构造方法构造融合消息并采用基站与簇头之间的对密钥 $k_{CH_B,BS}$ 加密发送至基站，基站通过MAC码校验和节点标签校验实现对融合消息的完整性校验与源认证。攻击者在没有正确的对密钥 $k_{CH_B,BS}$ 的条件下，无法构造出正确的MAC码，基站可通过计算MAC码进行对比判断是否在传输过程中被篡改，同时基站通过对节点标签的校验可检测出是否存在恶意簇头节点篡改其他簇头节点的融合信息和构造虚假融合消息的行为，以此实现数据在簇头节点传输至基站过程中的数据完整性保护。

利用散列链的单向性和节点标签的不可伪造性，并结合认证码，通过分布式的认证方式分阶段的对数据完整性进行保护，以此实现整体过程中数据完整性保护的有效性。

4. 方案的抗攻击性

（1）抗重放攻击

采用单调递增计数器生成序列号与密钥相结合的方式进行数据新鲜性验证，且密钥更新采用具有单向性的散列链逆向发布其元素实现，密钥更新的前向安全性具有保障。接收者通过对收到的数据包序列号 N_i 与上一次接收到的进行对比即可实现对数据新鲜性的判断，若当前序列号小于或等于当前存储的序列号，则说明为应该丢弃的重放数据，防止因攻击者发起重放攻击而影响融合结果的情况出现。

（2）抗伪造攻击

数据融合过程可能遭受的伪造攻击包括节点原始采样数据的伪造和融合数据的伪造。由于节点标签具有不可伪造性，且采用散列链元素逆向发布的方式进行密钥更新，攻击者即使在获取了本轮簇密钥的情况下也只能进行原始采样数据的伪造，而无法伪造出节点标签，最后生成的融合结果也会由于基站对节点标签的校验失败而作为无效数据丢弃。同样攻击者在无法伪造节点标签的情况下若伪造出融合数据，首先会因为无法提供给上一跳簇头节点有效的用于身份认证的散列值而被识别出伪造而丢弃，其次即使攻击者通过非法手段获得了本轮簇头节点之间用于身份认证的散列值而通过了邻居簇头的认证，最后也会因基站对节点标签的校验失败而作为无效数据丢弃。鉴于对采样数据和融合数据的伪造均具有识别和抵抗效果，因此说明基于分层路由的安全数据融合机制可有效抵抗伪造攻击。

（3）抗篡改攻击

基于分层路由的安全数据融合机制采用分布式的认证方法实现数据的完整性校验，簇头节点和基站通过对 MAC 码和节点标签的计算与比较判断数据是否被篡改或破坏，且融合数据和节点标签采用基站与对应簇头节点的对密钥进行加密，中间簇头节点无法解密该消息，即使中间簇头节点已被俘获，也无法知道其他簇头节点融合信息的具体意义，直接对密文进行篡改将导致最后基站认证节点标签失效而丢弃该部分融合数据。因此说明基于分层路由的安全数据融合机制可有效防止因攻击者或被俘获的中间簇头节点进行篡改攻击而影响融合结果的情况出现。

8.6.4 开销分析

基于分层路由的安全数据融合机制的开销分析主要包括三方面：计算开销、通信开销和存储开销。本节将从这 3 个方面对其开销进行详细分析。

1. 计算开销分析

其计算开销主要集中在利用 Hash 函数 h（MMO Hash）计算散列链和采用密码算法进行报文安全封装和解析的过程，以下将从这两个方面进行具体分析。

（1）可再生散列链构造的计算开销

在 8 位的 ATmega128 平台，输入长度为 16B 的情况下，基于分层路由的安全数据融合机制所采用的 Hash 算法 MMO（Matyas-Meyer-Oseas）的理论计算时延约为 11.77μs。而同等情况下，MD5 的理论计算时延约为 1 473μs，SHA-1 的理论计算时延约为 4 715μs。因此，相对于 MD5 和 SHA-1，MMO 算法的开销极小。

在密钥链生成阶段，基站和簇头节点需要利用 Hash 函数生成密钥链。按簇头节点与普通节点比例为 1∶9（为方便计算而进行的合理假定），每条散列链由 8 个 16B 的元素组成为例进行计算，在不同网络规模下基站与簇头节点在密钥链生成阶段的计算开销如图 8.12 所示。

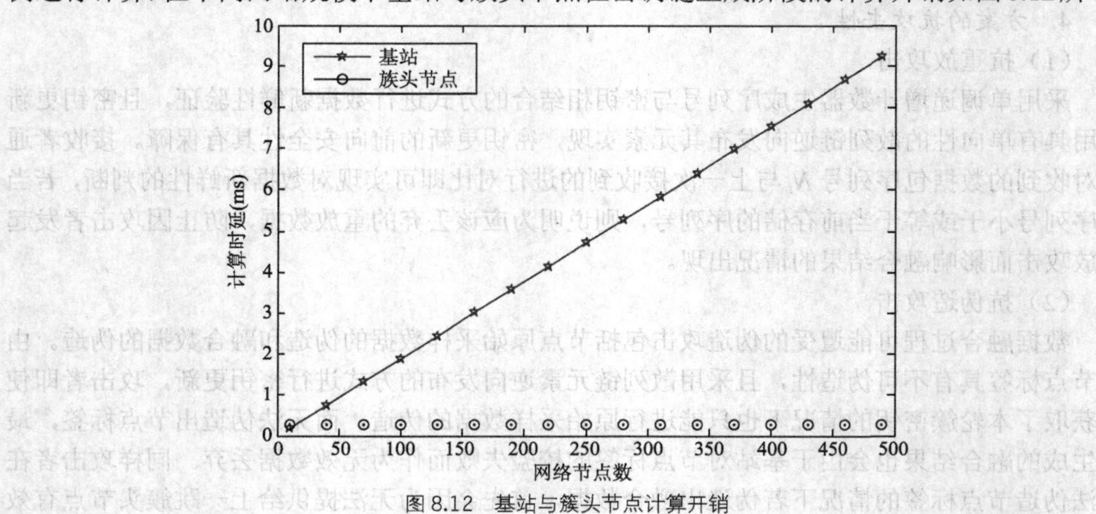

图 8.12 基站与簇头节点计算开销

由图8.12可知，由于每个簇头节点只需维持3条散列链，因此初始过程中计算开销固定不变，且时延远小于1ms。而基站的初始计算时延随节点数目的增多而呈线性增长，在500个节点的规模下初始计算时延仍小于10ms。由此说明，可再生散列链构造引入的计算开销较低。

（2）机密性保护的计算开销

基于分层路由的安全数据融合机制采用基于AES算法的轻量级密码算法实现数据的机密性保护，在支持AES协处理器的主流传感器硬件平台中，AES算法执行的计算开销非常低。以64B的输入为例，在搭载AES协处理器的Atmega128平台上，参考各密码算法软硬件实现的指令周期和计算时延，给出表8.4所示对比结果。

表8.4 机密性保护密码算法开销对比

算法	输入大小	指令周期	时延(μs)
AES-CBC	64 B	800	200
AES-CTR		320	80
DES		40 000	10 000
RC2		—	1 107

从表中对比结果可知，基于分层路由的安全数据融合机制中采用的密码算法在完成64B的报文的加密封装和解密仅需200μs，相比较于另外两种密码算法，计算开销较低。

2. 通信开销分析

基于分层路由的安全数据融合机制引入的通信开销主要集中在可再生散列链安全构造过程和数据完整性保护过程，以下将从这两个方面进行具体分析。

（1）可再生散列链构造的通信开销

基于分层路由的安全数据融合机制提出并采用拆分再生链的链尾元素进行签名的方式实现散列链的安全再生，其通信开销主要来源于散列值和签名数据的发布与验证。在存储所有散列链而非存储种子值的存储方式下，参考各可再生散列链构造方案的通信开销，给出表8.5所示对比结果。

表8.5 可再生散列链构造的通信开销对比

方案	通信开销		通信开销排序
	初始化	发送-认证-重组	
RHC-S	$(2+\frac{2k}{n})len_H$	$2(n+k-1)len_H$	⑤
RHC[27]	$2len_H$	$2len_r+(6L-2)len_H$	②
ERHC[28]	0	$2(n+L+\lfloor \mathrm{lb}L \rfloor+1)len_H+(L+\lfloor \mathrm{lb}L \rfloor+1)len_r$	③
SUHC[29]	$2len_H$	$2Llen_r+(6L-3)len_H$	①
SRHC[30]	$2len_H$	$2Llen_r+(4L-2)len_H$	④

其中，L为输出长度，len_H表示长度为$k$bit的通信开销，len_r表示随机数的通信开销（例如：MD5中L=128，k=128），n表示散列链长度。在$L \approx n$的情况下，通信开销大小的排序结果如表最后一列所示（数字越小表示开销越大）。由排序结果可知，RHC-S由于需要附带

发送签名信息，在初始化时通信开销要高于各方案，但总体更新过程的通信开销小于其余 4 个方案。

另相对于其他数据融合方案，散列链的发布过程相当于密钥更新过程，此部分所增加的额外通信开销为某条散列链耗尽之后的密钥更新命令 M_{Update} 的发送与接收过程所产生的开销。一般情况下，采样数据发送频率远大于密钥的更新频率，且一条散列链的使用可完成 8 次密钥更新过程，因此该部分增加的通信开销几乎可忽略不计。

（2）完整性保护方案通信开销

基于分层路由的安全数据融合机制中，由完整性保护方案所引入的通信开销包括节点标签、融合数据附带标签以及簇间认证 Hash 值的传输，参数具体大小如表 8.6 所示。

表 8.6　方案所引入参数的具体描述

方案引入参数描述	参数长度
节点标签 Flag	4B
融合数据附带标签 R_{X_i}	7B
簇间认证的 Hash 值	16B

以节点采样数据长度为 38B，融合数据长度均为 65B，节点 ID 长度为 2B，MAC 码长度 4B，序列号 1B，簇头节点与普通节点比例为 1∶9（为方便计算而进行的合理假定）的情况进行计算，在同等网络环境下对比每一轮通信过程中的基于分层路由的安全数据融合机制，文献[31]提出的利用红、黑簇头实现完整性保护方案，以及非融合情况下的通信开销，结果如图 8.13 所示。由图可知，基于分层路由的安全数据融合机制的通信开销低于文献[31]，当网络规模接近 500 时，通信开销约为其 2/3。

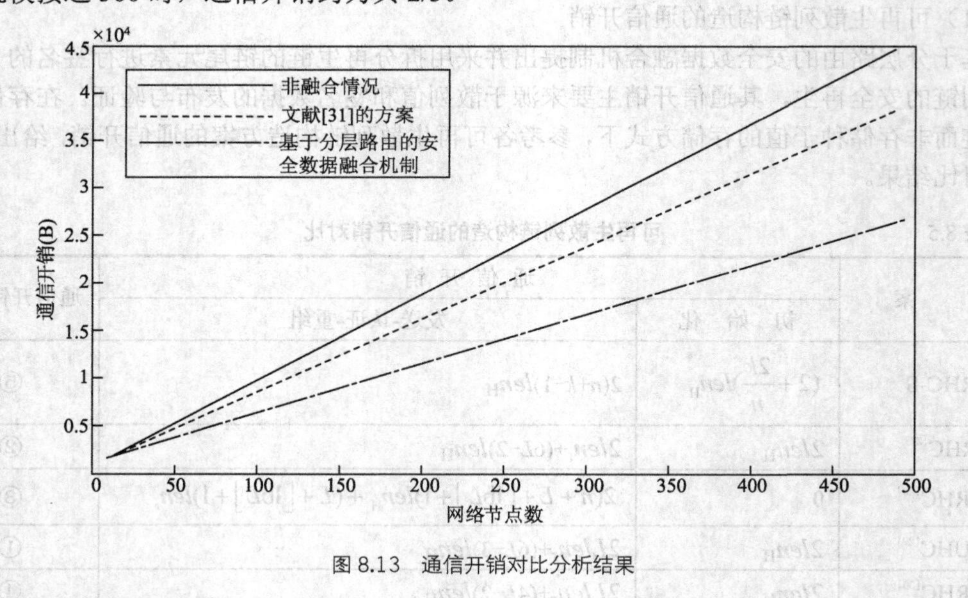

图 8.13　通信开销对比分析结果

3. *存储开销分析*

基于分层路由的安全数据融合机制的存储开销的引入主要包括 Hash 链信息、邻居节点身份 Hash 值、对密钥信息和数据报文序列号信息的存储。

假定网络中节点个数为 m，簇头节点与普通节点比例为 1∶9（为方便计算而进行的合理假定），按每条散列链由 8 个 16B 的元素组成为例进行计算，基站、簇头节点和普通节点的存储开销如表 8.7 所示。

表 8.7　存储开销分析结果对比

设备类型	存储信息	数据长度(*B*)	存储开销(*B*)
普通节点	与基站的对密钥	16	32
	簇头节点身份 Hash 值（簇密钥）	16	
簇头节点	与基站的对密钥	16	446
	自身散列链信息	3×8×16	
	子簇头节点的身份 Hash 值	16	
	簇内/间数据包序列号及对应地址信息	10×(1+2)	
基站	网内节点的对密钥	*m*×16	(*m*/10)×419
	散列链信息	(*m*/10)×2×8×16	
	融合包序列号及对应地址信息	(*m*/10)×(1+2)	

由分析结果可知，普通节点和簇头节点所增加的存储开销与网络规模无关，且增加量较小，分别约为 0.03KB 和 0.45KB。而基站的存储开销大小与网络规模大小成线性关系，且增长相对较大。因此在大规模应用场景下，需要在基站的存储能力及能量不受限制这一假设条件下进行支撑。

本章小结

本章结合数据融合在物联网中的作用介绍了物联网数据融合的种类，包括有损融合和无损融合及它们的特点。同时对比数据融合的优点，总结了物联网安全数据融合技术存在的不足。作者从数据采集、数据融合、数据传输和整体网络 4 个方面介绍了物联网数据融合方面存在的安全威胁，并且提出了数据融合的安全需求。本章立足于安全数据融合的发展，重点从 3 个方面提出了当今物联网数据融合的方案的研究，包括基于同态加密的安全数据融合，基于模式码和监督机制的数据融合安全方案和基于分层路由的安全数据融合机制。本章重点介绍了基于分层路由的安全数据融合机制的整体设计和系统实现，最后通过对系统的安全性和开销进行分析。在物联网安全领域，安全数据融合机制作为一个学术上活跃的研究论题是很重要但还远未成熟的课题。我们要在现实应用中设计出更加高效、低能耗、高安全性的适合物联网的数据融合机制。

练 习 题

1．根据对数据融合前后的信息含量进行分类，可以将物联网数据融合分为哪几类？
2．物联网数据融合受到的安全威胁有哪些？
3．基于模式码和监督机制的数据融合安全方案主要包括哪几个阶段？
4．基于模式码和监督机制的数据融合安全方案的安全性体现在哪些方面？
5．安全数据融合的设计方案中，系统的实现方案主要由哪几个部分组成？

第9章 物联网的入侵检测

物联网和互联网一样，在实际应用中，会存在很多安全隐患，例如恶意节点攻击网络，以窃取网络传输信息或破坏网络组织等。所以，物联网急需入侵检测系统来检测当前网络的安全状态，并在收到安全威胁时报警和对安全威胁做出一定防御。本章主要以入侵检测系统实现算法与设计原理为主线，阐述包括“入侵检测系统基本概念”“入侵检测系统基本构成”和“入侵检测系统攻击识别办法”等内容。

9.1 物联网入侵检测概述

9.1.1 入侵检测概述

在物联网安全技术的研究中，国内外许多专家都致力于寻求最有效的解决方法来保证物联网能够稳定、可靠、安全地通信。入侵检测系统（Intrusion Detection Systems，IDS）是一种网络安全系统，当有恶意攻击者企图通过网络进入物联网系统时，IDS 能够检测出来，并进行报警，通知网络管理者采取相应的措施进行响应。

一个理想的入侵检测系统不仅可以使系统管理员时刻了解网络系统（包括程序、文件和硬件设备等）的任何变化，而且可以为网络安全策略的制定提供指南。更为重要的是，它的管理配置应该是简单的，从而使非专业人员非常容易配置而获得网络安全。入侵检测的规模还应该根据网络威胁、系统构造和安全需求的改变而改变。入侵检测系统在发现入侵者后，会及时做出响应，包括切断网络连接、记录事件和报警等。

从软件工程角度看，IDS 是一个复杂的数据处理系统。IDS 必须建立适当的形式化抽象系统模型，通过对问题与实体及其关系进行抽象，在高层次上描述和定义系统的服务，这样才能够准确、全面地反映问题域中的各种复杂要求。

9.1.2 入侵检测原理与模型

1. 检测系统的基本原理

入侵检测系统的基本原理如图 9.1 所示，主要分为 4 个阶段：数据收集、数据处理、数据分析和响应处理。

（1）数据收集。数据收集是入侵检测的基础，通过不同途径采集的数据，需要采用不同的方法进行分析。

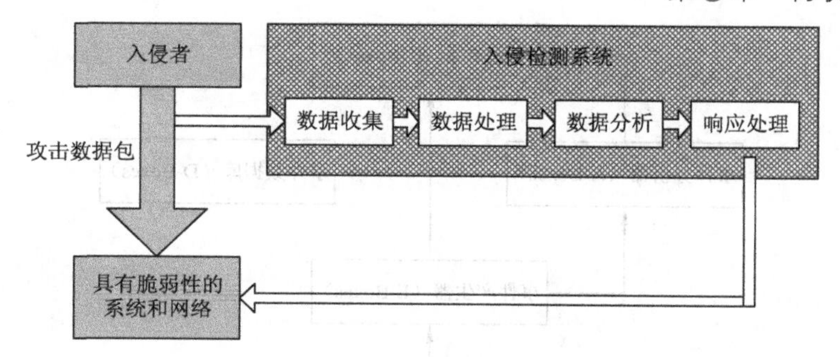

图 9.1 入侵检测系统的基本原理

（2）数据处理。在数据收集阶段，采集到的原始数据量非常大，而且还夹带着噪声。为了进行全面的、进一步的分析，需要从原始数据中去除冗余、噪声，并进行格式化及标准化处理。

（3）数据分析。经过数据处理阶段所得到的数据，需要对其进行分析，通过采集统计、智能算法等方法分析经过处理的数据，检查数据是否存在异常现象。

（4）响应处理。当发现或者怀疑存在入侵者时，系统需要采取相应的保护措施进行防御。常用的防御措施包括：切断网络连接、记录日志、通过电子邮件或者电话通知管理员等。

2. 检测系统的模型

所有的IDS模型都由3个模块组成，它们是信息收集模块、信息分析模块和报警与响应模块，如图9.2所示。

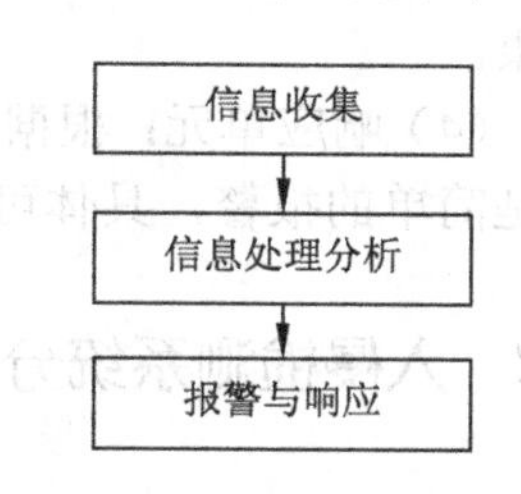

图 9.2 入侵检测系统的通用模型

入侵检测的第一步就是收集信息，内容包括系统、网络、数据及用户活动状态和行为。针对物联网而言，通常部署的网络规模较大，所以应尽可能扩大检测范围，通过扩大检测范围和对比同一地区、同一类型的多个来源的信息，才有可能发现更多的疑点，使检测系统更加准确可靠。

对于信息收集模块收集到的有关系统、网络、数据和用户活动的状态行为等信息，一般通过3种技术手段进行分析：模式匹配、统计分析和完整性分析。其中前两种分析方法用于实时的入侵检测，而完整性分析则用于事后的分析。

报警与响应模块的作用是，当信息分析模块完成系统安全状况分析并确定系统出现问题后，通过通知网络管理员目前系统中所存在的问题，并采取相应的安全保护措施来抵御入侵者的攻击，例如主动切断入侵者的链路，以安全日志的形式记录入侵者的访问数据，并传送至网络管理者等。

3. 入侵检测系统标准结构

对IDS进行标准化的两个组织分别为入侵检测工作组（Internet Detection Working Group，IDWG）和通用入侵检测框架（Common Intrusion Detection Framework，CIDF）。如图9.3所示，提供了一个通用入侵检测框架CIDF，能够使分布式网络中不同主机的IDS相互通信，并且交换检测结果，它将IDS的内部结构分为4个部分：事件产生器（Event Generators）、事件分析器（Event Analyzers）、响应单元（Response Units）和事件数据库（Event Databases）。一个完整的IDS还应包括一个负责定位、控制等常规管理功能（包括管理员控制台和日志输出）的模块，其中管理员控制台可采用命令行或者Web方式。

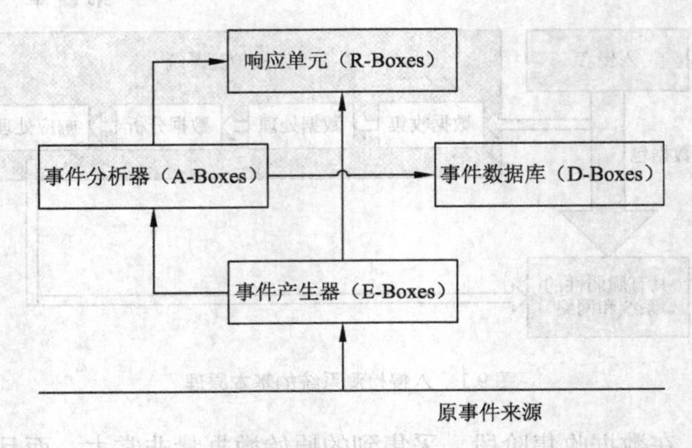

图 9.3　入侵检测通用模型

（1）事件产生器：是入侵检测的第一步，即传感器，它把网络或系统中获取的系统日志、应用程序日志、系统调动、网络数据等信息和数据包提供给系统其他部分。

（2）事件分析器：是 IDS 的核心部分，负责分析事件产生器提供的数据，得到分析结果，它的效率直接影响 IDS 的性能。

（3）事件数据库：记录事件产生器产生的事件及事件分析结果等各种中间或者最终数据结果。

（4）响应单元：根据事件分析器最终的分析结果，作出报警反应，如人为改变物理连接、或是简单的报警，具体可根据分析结果的严重程度做出不同的反应。

9.2　入侵检测系统分类

入侵检测系统根据审计数据来源的差异可分为：主机数据入侵检测系统（Host-based Intrusion Detection System，HIDS）、网络数据入侵检测系统（Network-based Intrusion Detection System，NIDS）和分布式入侵检测系统（Distributed Intrusion Detection System，DIDS）；根据不同的数据分析办法又可以分为：异常入侵检测（Anomaly Detection）和误用入侵检测（Misuse Detection）。

入侵检测系统的设计方案多样，但是其实现办法也离不开上述类别。因此，想要设计出一套入侵检测的方案，首先必须在此分类的基础上确定实现的总体框架。本章节将详细描述各个类别的特点，供读者参考。

9.2.1　基于审计数据来源的入侵检测系统

1. 基于主机数据的入侵监测系统

物联网系统中，不同功能模块的安全要求并不一致，由于能耗限制等，我们将入侵检测的功能置于最需要保护的主机中，用以检测入侵是否发生并产生必要响应。在这种数据审计办法中，审计数据以系统审计日志作为数据的来源。HIDS 检测操作系统、应用程序或内核层次上的行为一旦发生变化，IDS 将对比较新的日志记录与攻击签名。若对比成功，则检测系统向安全管理员发出入侵检测报警。HIDS 的优点在于拥有主机的访问特权，可以对攻击进行近实时的检测与应答，比 NIDS 误报率低、准确率高。此外，HIDS 还可以检测出 NIDS

不能检测的攻击，更适用于被加密的和交换的环境，而且还不需要额外的硬件检测设备。但HIDS也有不足，由于部署在被测主机上，对网络拓扑结构的认识有限；不能检测出对其他没有部署HIDS主机的攻击；检测的攻击类型有限，无法提供完全的保护。

2. 基于网络数据的入侵检测系统

为了弥补HIDS无法完整认知网络拓扑所带来的问题，特别是在网状网络结构下，数据交互并不会都需要通过所谓的“重要主机”。以网络信息流作为输入数据的来源，NIDS利用部署在网络关键网段内的网络适配器实时监视与分析网络中传输的各种数据包，保护对象是网络的运行状况。IDS对每个数据包进行特征分析，并与系统内置的规则匹配，检测到攻击后，IDS通过报警或中断连接等方式做出攻击响应。NIDS成本低且反应速度快，可以在网络受到恶意攻击的同时进行攻击检测和应答，并且使攻击者转移证据很困难；其次，对未成功的攻击企图也能检测到；最后，独立的操作系统使IDS不依赖主机的操作系统。当然，NIDS也存在不足，为了保证检测效率就必须高效、大量地捕获网络中的流量，但是随着捕获时间的变长网络流量也会成指数增长，这使得NIDS的处理速度须跟上如此高速网络流量，对于NIDS来说是很大的挑战。

3. 混合式入侵检测系统

无论基于主机数据还是网络数据的单一入侵检测数据来源方案，都存在漏报率或误报率高的缺陷。在此基础上，提出了混合的数据来源方案。其中，网络数据通过边界传感器获得，并被集中到主管传感器中关联、分析。

其体系结构主要包括边界传感器、主管传感器、中央控制台三层，其总体结构如图9.4所示。

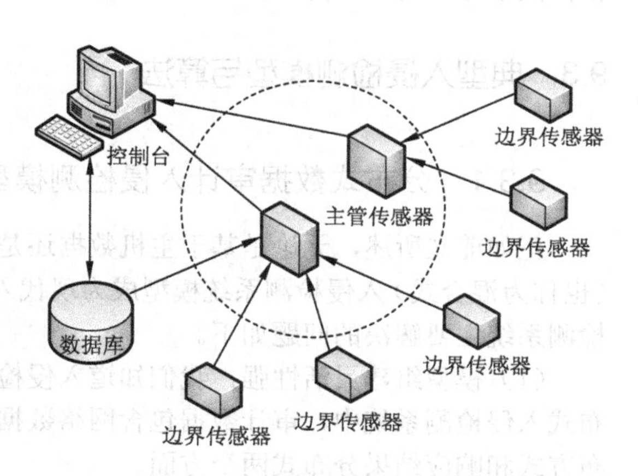

图9.4 混合式入侵检测系统结构

边界传感器负责监视网络中流量的安全事件，接收上层的入侵检测响应要求并执行，同时也将监测数据发送给主管传感器。他们分布于网络的边界，按网络规模大小分成若干组。每个组有一个主管节点，称为主管传感器，负责收集从边界传感器传来的数据，利用本地的规则过滤器简化信息，再传送到中央控制台。中央控制台负责管理各个分布IDS传感器的协同工作，分析检测结果并做出响应。

基于主机数据的审计方案能降低误报率的主要凭据是植入检测系统的主机在网络中非常重要，它会接收来自网络中的大部分数据信息。在混合式数据来源方案中保留了基于主机数据的审计办法的特点，同时，其数据不只是主机本身在运行过程中提取的通信数据，还有边界传感器提供的网络数据，实现了混合式数据来源，综合两个数据来源分析各自的优势。

9.2.2 基于数据审计方法的入侵检测系统

在物联网入侵检测系统中，为了能检测出攻击是否发生，通常的做法都是和一种标准进行比较，进而判断出是否符合对于攻击的操作定义或者不符合合法的操作定义，也就是如下介绍的异常检测与误用检测。

1. 异常检测

异常检测就是指是否出现异常状况的攻击检测办法。当网络中的主机数据或者整个网络中的数据出现不符合正常数据规范的情况时，判定为攻击或者恶意行为的发生。

在实际操作中，首先应总结出正常操作应该具有的特征，例如特定用户的操作习惯或者某些操作的正常频率等；在得出正常操作的模型后，对后续的操作进行监视，一旦发现偏离正常统计学意义上的操作模式，即认为网络遭受了攻击，进行报警。基于遗传的入侵检测多采用统计、专家系统、数据挖掘、神经网络、计算机免疫等技术。该类型的优点在于能发现一些未知的攻击，对具体的系统的依赖性相对较小，但误报率很高，配置和实现也相对困难。

2. 误用检测

异常检测总结起来就是指规定了正常操作后，判定系统行为中出现的非正常行为为恶意行为。误用检测正好相反，它是对于某些特定攻击模型进行建模，并确定出攻击发生出现的特征行为，并和当前行为匹配，当匹配成功时，判定为恶意行为的发生。

在实际操作中，误用检测首先收集入侵行为的特征，建立相关的攻击特征库；在后续的检测过程中，将收集到的数据与特征库中的特征代码进行比较，得出“是否属于入侵”的匹配结果。基于误用的入侵检测常用专家系统、模型推理、状态迁移分析、模式匹配等技术。该类型的优点在于能比较准确地检测到已经标识的入侵行为，但是对具体的系统依赖性太强，移植性不好，而且不能检测到网络中出现的未知攻击。

9.3 典型入侵检测模型与算法

9.3.1 分布式数据审计入侵检测模型

正如前文所述，无论是基于主机数据还是网络数据都存在不同程度的劣势，所以分布式（也称为混合式）入侵检测系统模型成为现代入侵检测研究的主要发展方向之一。分布式入侵检测系统主要解决的问题如下。

（1）模型组建灵活性强：我们知道入侵检测的核心在于审计数据收集和数据审计。在分布式入侵检测系统中，审计数据包含网络数据和主机数据，其灵活性主要体现在数据审计分布方式和响应结果分布式两个方面。

数据审计是指将收集到有关于网络安全的特征数据进行分析的过程，这些数据包括报文信息、流量信息、节点各个时刻发送的有效数据等。这数据特征的相关因素繁多，在分布式入侵检测系统中，可以将不同的特征数据植入不同阶层的IDS代理中，实现审计的分布化。

响应是入侵检测系统的重要环节，在恶意行为识别得出结果后，产生应对措施也是IDS的重要设计指标。正如电网系统的短路保护一样，在不同的网络阶层发生的不同程度的入侵破坏程度其响应办法都不应相同。分布式入侵检测系统才能实现这样的联动保护能力。

（2）能最大限度地发挥资源优势：物联网节点的最大限制在于能量有限性。在网络中，我们总是期望数据通信开销占能量总开销尽可能多的部分。而数据安全相关计算开销、入侵检测开销都不属于数据通信开销。从这个方面来说，分布式入侵检测系统由于审计数据处理办法的灵活性，它能将数据审计任务的能量开销尽可能合理的分摊到各个节点上，而不会集中在某一个能量充沛的节点上或者完全均分到携带能量不一致的不同节点上。

9.3.2　模式匹配与统计分析入侵检测模型

入侵检测数据审计技术主要包括误用检测与异常检测。两种检测技术各有优势，所以人们通常将两种技术结合使用，然后再通过数据融合技术综合分析，输出入侵检测响应。基于统计分析的异常检测与基于模式匹配的误用检测相结合的（Pattern Matching and Statistical Analysis Intrusion Detection System，MAIDS）模型，减少了仅使用单个入侵检测技术时的漏报率与误报率，其结构如图9.5所示。模式匹配IDS将所有入侵行为、手段及其变种的特征组合成模式匹配数据库。检测时，通过判别网络中搜集到的当前数据特征与数据库匹配分析，并输出匹配结果。这种数据处理方式有误报率低的特点，但是若入侵行为的数据特征没有出现在入侵模式库中，则会产生漏报现象。

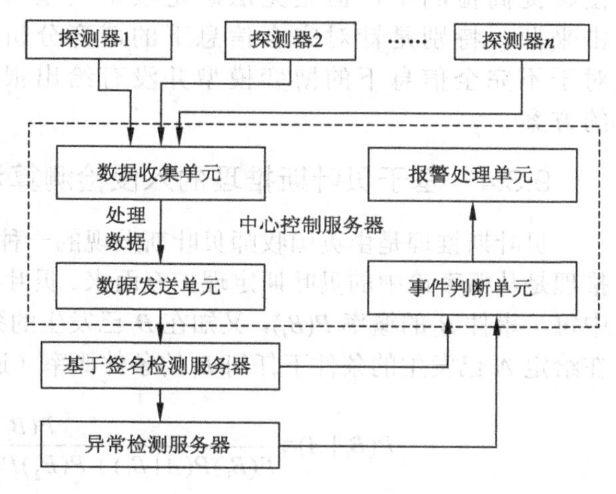

图9.5　MAIDS结构图

通过统计分析方法将流量统计分析后，建立系统正常行为的轨迹，把所有与正常轨迹不同的系统状态视为异常活动，从而检测异常活动。

基于模式匹配与统计分析的入侵检测模型包括4个功能部分：探测器、中心控制服务器、基于签名的检测服务器和异常检测服务器。探测器负责收集系统的审计数据，并将数据处理成适当的格式提交给中心控制服务器；中心控制服务器是系统的控制台，可以配置整个系统信息，接受审计数据，控制系统行为，处理后传送给基于签名的检测服务器，接受基于签名的检测服务器与异常检测器的分析结果，对审计数据做出判断，若发现异常则报警；基于签名的检测服务器包含模式匹配器、攻击特征库与正常特征库，模式匹配器将审计数据与两个特征库通过匹配算法匹配，判断审计数据是否与其中一个特征库符合，从而判断该行为是否异常；异常检测服务器包括轮廓引擎与异常检测器，它对审计数据进行分析，判断该行为与正常行为轮廓是否匹配，若不匹配则报警。

9.3.3　非合作博弈论入侵检测模型

博弈论（Game Theory）是根据信息分析及能力判断，研究多个决策主体之间行为的相互作用及其相互平衡，使得收益或效用最大化的一种对策理论，是运筹学的一个重要学科。博弈主要包括合作博弈与非合作博弈，它们的区别主要是：人们的行为相互作用时，当事人之间是否可以达成一个具有约束力的协议，如果可以，就称之为合作博弈（Cooperative Game），反之则是非合作博弈（Non-Cooperative Game），其结构如图9.6所示。合作博弈论比非合作博弈论复杂，理论上不如非合作博弈论成熟，目前所指的博弈论一般是指非合作博弈论。非合作博弈强调的是个人理性，即个人最优决策，它的结果可能是有效率的，也可能是无效率的。文献[32]提出将非合作博弈模型用于传感器网络的入侵检测系统中，将入侵行为与检测行为作为博弈的双方，建立非合作博弈的模型来衡量传感器网络安全。A.Agah通过协作、信誉与安全质量3个基本要素用来衡量节点是否安全，建立非协作博弈模型，最终得到抵御入侵的最佳防御策略。A.Agah博弈模型虽然可以较好地发现入侵、提高检测率，但是无法确定攻击类型与攻击来源，特别是针对完全信息下的博弈分析，对于不完全信息下的博弈模型并没有给出很好的方案。

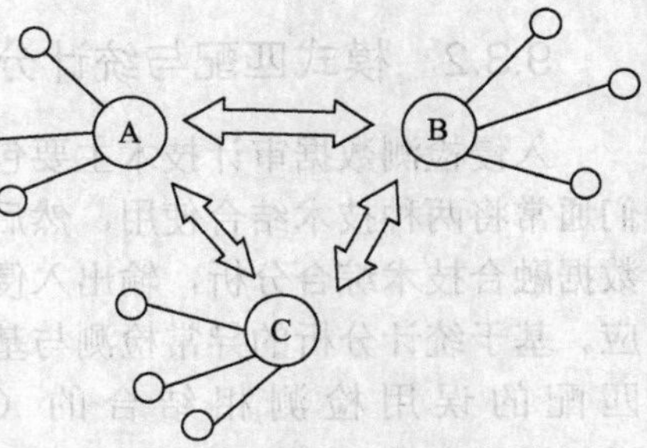

图9.6　非合作博弈模型结构图

9.3.4　基于贝叶斯推理的入侵检测算法

贝叶斯推理是由英国牧师贝叶斯发现的一种归纳推理方法，作为一种推理方法，贝叶斯推理是从概率论中的贝叶斯定理扩充而来。贝叶斯定理断定：已知一个事件集 $B_i(i=1,2,\cdots,k)$ 中每一事件 B_i 的概率 $P(B_i)$，又知在 B_i 已发生的条件下事件A的条件概率 $P(B_i|A)$，就可得出在给定A已发生的条件下任何 B_i 的条件概率（逆概率）$P(B_i|A)$，即：

$$P(B_i \mid A)=\frac{P(B_i)P(A \mid B_i)}{P(B_1)P(A \mid B_1)+P(B_2)P(A \mid B_2)+\cdots+P(B_n)P(A \mid B_n)} \tag{9-1}$$

我们可以选取网络系统中不同方面的特征值（如网络中的异常请求数量或者系统中出错的数量），用 B_i 表示。通过测量网络系统中不同时刻的 B_i 变量值，设定 B_i 变量有两个值，1表示异常，0表示正常。事件A用来表示系统正在受到攻击入侵。每个变量 B_i 的可靠性和敏感性表示为 $P(B_i=1/A)$ 和 $P(B_i=1/\overline{A})$，那么在测定了每个 B_i 值的情况下，由贝叶斯定理可以得出A的可信度为：

$$P(A|B_1,B_2,B_3,\cdots,B_n)=P(B_1,B_2,B_3,\cdots,B_n|A)\frac{P(A)}{P(B_1,B_2,B_3,\cdots,B_n)} \tag{9-2}$$

其中要求给出 A 和 $\overline{A}$ 的联合概率分布，然后设定每个测量值 B_i 仅与 A 相关，并且与其他的测量值 B_j 无关，其中 $i\neq j$，则有：

$$P(B_1,B_2,B_3,\cdots,B_n|A)=\prod_{i=1}^{n}P(B_i|A) \tag{9-3}$$

$$P(B_1,B_2,B_3,\cdots,B_n|\overline{A})=\prod_{i=1}^{n}P(B_i|\overline{A}) \tag{9-4}$$

从而得到

$$\frac{P(A|B_1,B_2,B_3,\cdots,B_n)}{P(\overline{A}|B_1,B_2,B_3,\cdots,B_n)}=\frac{P(A)\prod_{i=1}^{n}P(B_i|A)}{P(\overline{A})\prod_{i=1}^{n}P(B_i|\overline{A})} \tag{9-5}$$

综上所述，依据各种异常检测的值、入侵的先验概率，以及入侵时每种测量值的异常概率，能够判断出入侵攻击的概率。为了检测结果的准确性，还需要考虑各个异常测量值 B_i 之间的独立性，此时可以通过网络层中不同特征值的相关性分析，确定各个异常变量与入侵攻击的关系。

9.4 基于 SRARMA 的 DoS 攻击检测技术

9.4.1 系统结构设计

DoS 是 Denial of Service 的简称，也译为拒绝服务。DoS 攻击的目的是使得计算机或网络无法提供正常的服务。其攻击特点是利用网络协议的漏洞或直接通过野蛮手段耗尽被攻击对象的资源，使其无法对正常服务请求做出回应，使目标系统停止响应甚至直接崩溃。其主要攻击手段包括：耗尽网络带宽、存储空间，以及开发进程或允许连接。DoS 攻击强行使被攻击对象的如上资源被攻击者野蛮占用，无论被攻击者的处理速度有多快、内存有多大、带宽速度有多快都会潜入被占用状态而无法完成正常服务。

针对无线传感器网络自身的特殊性，建立安全、有效、实用的 DoS 攻击检测方案是十分必要的。基于 SRARMA 的 DoS 攻击检测方案，从整个无线传感器网络的角度看来，处于网络的过程监控层与现场设备层。通过部署独立于网络的协议分析设备，监听网络中无线信号的通信状况，同时捕获网络中的通信数据，并传送至检测主机，对网络运行状态进行安全检测，其方案设计的网络结构如图 9.7 所示。

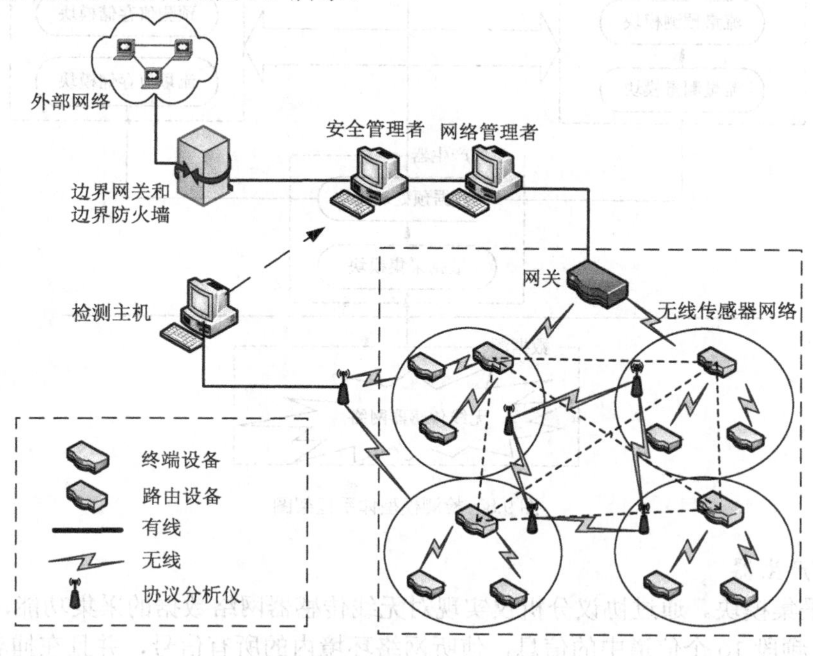

图 9.7　基于 SRARMA 的入侵检测结构图

在图 9.7 中，协议分析仪可以侦听到无线传感器网络 2.4GHz 频段的所有信号，将多个协议分析仪部署在网络中，分别负责侦听所覆盖区域内的信息。在部署协议分析仪时，所部署的位置是安全管理者根据网络中安全需求或遭受威胁的可能性较大的区域而选择的，采用“问诊-确诊”的方式对所覆盖区域的安全状况进行监视。该方式是通过检测主机调取协议分析仪侦听的网络数据来发现被检测网络中的异常流量达到“问诊”的目的。其响应速度快，只判断可能存在的安全隐患。在判断出可能存在安全隐患后，报告给安全管理者。安全管理者得到通知后做出安全决策，启动相应的检测模块，对 DoS 攻击者进行有针对性的“确诊”过程。“确诊”后，输出报警提示，使网络管理者采取相应的安全措施排除隐患。例如，物理移除攻击节点、重新配置网络资源等。

基于 SRARMA 的 DoS 攻击检测方案中，协议分析仪和检测主机均独立于无线传感网络，不会消耗网络本身的数据流量和节点资源。

9.4.2 模型体系框架

基于 SRARMA 的无线传感器网络 DoS 攻击检测方案，以国际入侵检测标准化组织提出的 CIDF 入侵检测通用模型为基础，主要包括事件产生器、事件分析器、事件存储与响应单元 4 部分，其整体检测模型体系框架如图 9.8 所示。

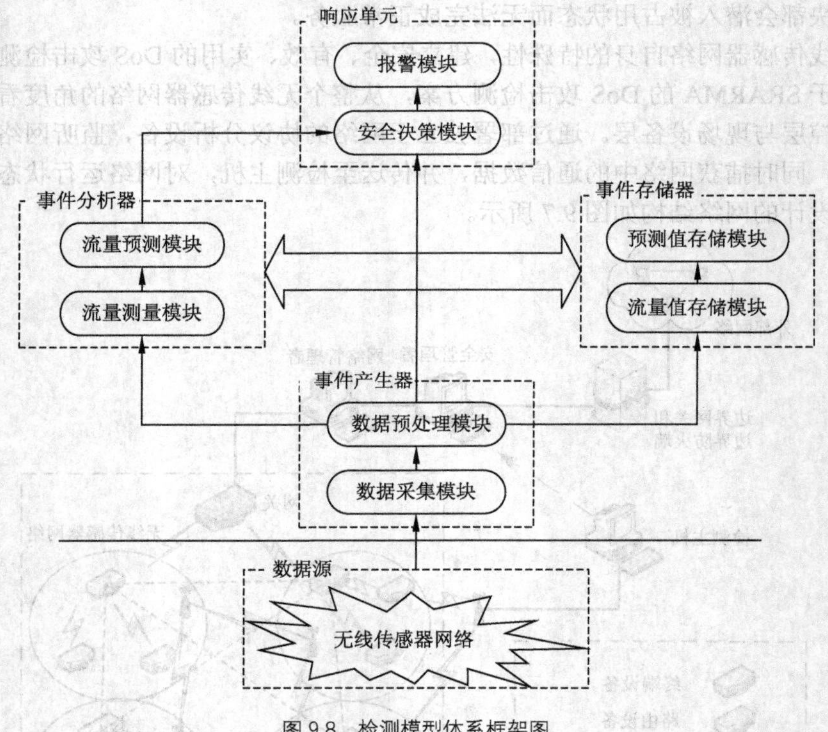

图 9.8 检测模型体系框架图

1. 事件产生器

（1）据采集模块。通过协议分析仪实现对无线传感器网络数据的采集功能，扫描网络覆盖在 2.4GHz 频段 16 个信道中的信息，侦听网络环境内的所有信号，并且在捕获数据包后，对其进行基于信道、数据类型等的筛选与分类，最终得到系统所需的数据信息，进行协议转换后封装为以太网数据包，传输给测试主机的数据预处理模块。

（2）数据预处理模块。检测主机配置该数据预处理模块的功能，主要负责将协议分析仪接收到的数据进行协议解析与数据的特征提取等，详述如下。

① 协议解析。协议解析支持多种协议及不同协议数据包的解码与辨别，方便管理者了解网络的协议与数据包类型。由于网络攻击者在实施攻击行为之前，会对各协议进行深入的分析，然后发现网络中可以利用的漏洞。从而对网络实施攻击，那么检测主机也需要深入分析

不同的协议，为进一步数据特征的提取做准备。

② 数据特征提取。经过协议解析确定网络所使用的协议类型之后，则可以根据该协议所规定的帧格式对数据包进行解析，主要包括数据链路层解析、网络层解析与应用层解析，通过信息各层的字段标识，分析得到数据特性，包括数据包的类型、长度、序列号等。

2. 事件分析器

（1）流量测量模块。经过提取上述数据特征后，流量测量模块负责将数据特征根据网络流量测量所需输入进行分类，去掉多余的属性特征，同时留下与网络流量测量相关的特征，并将其用于网络流量参数的测量与统计，转换成基于时间的参数序列输入数据预测模块。

（2）流量预测模块。流量预测模块的主要任务是：通过基于 SRARMA 的 DoS 攻击检测方案所提出的 SRARMA 预测算法对统计后得到的网络流量参数序列进行预测，稀疏分解可以去除序列中的无用信息，经过平稳性判定后，通过 ARMA 预测算法对序列中的稀疏成分预测并重构后得到更精确的预测值。

3. 事件存储器

事件存储器主要是在系统需要的时候，保存检测过程中必要的事件、检测对象信息等。基于 SRARMA 的 DoS 攻击检测方案中主要包括以下两个存储模块。

（1）流量值存储模块：用来保存网络流量统计过程中相关的信息，包括统计算法信息、需要的输入信息与测量出的参数序列信息等。

（2）预测值存储模块：用来保存网络流量预测过程中相关的信息，包括预测算法信息、流量参数预测信息等。

4. 响应单元

（1）安全决策模块。响应单元中的安全决策模块，通过对从检测主机转发来的以往或正在发生的状态进行分析的基础上，对网络下一阶段的运行状态做出合理判断。针对特定的安全威胁，拟订相应的安全方案，并做出正确的选择，较好的达到安全目标。

（2）报警模块。报警模块负责对已经得到确认的恶意行为进行报警并把该威胁信息及时通知给安全管理者。安全管理者收到信息后，可以立即采取相应的移除恶意节点、加载不同的安全功能、提高网络安全等级等安全措施。

基于 SRARMA 的无线传感器网络 DoS 攻击检测技术，在网络中部署协议分析仪作为检测节点，侦听网络中的数据并发送至检测主机，并结合对网络流量的测量和预测对网络进行安全性分析后，做出安全决策启动被测网络的本地检测模块，对攻击进行检测。

9.4.3 方案实施流程

基于 SRARMA 的 DoS 攻击检测方案的实施流程主要包括网络流量测量阶段、SRARMA 预测阶段和安全决策阶段。

网络流量测量阶段对网络中的实时信息进行统计分析，得到网络的实时流量值并作为预测算法的输入，同时将测量过程中的参数等信息存入流量值存储模块中。

SRARMA 预测阶段主要包括网络流量处理阶段和异常的判断阶段。其中 SRARMA 预测阶段的具体实施流程如图 9.9 所示。

网络流量测量阶段和 SRARMA 预测阶段共同构成检测的“问诊”阶段。如图 9.9 所示，“问诊”阶段中，快速对安全隐患进行判断。当分析出“存在安全隐患”后，报告安全管理者启动“确诊”阶段。

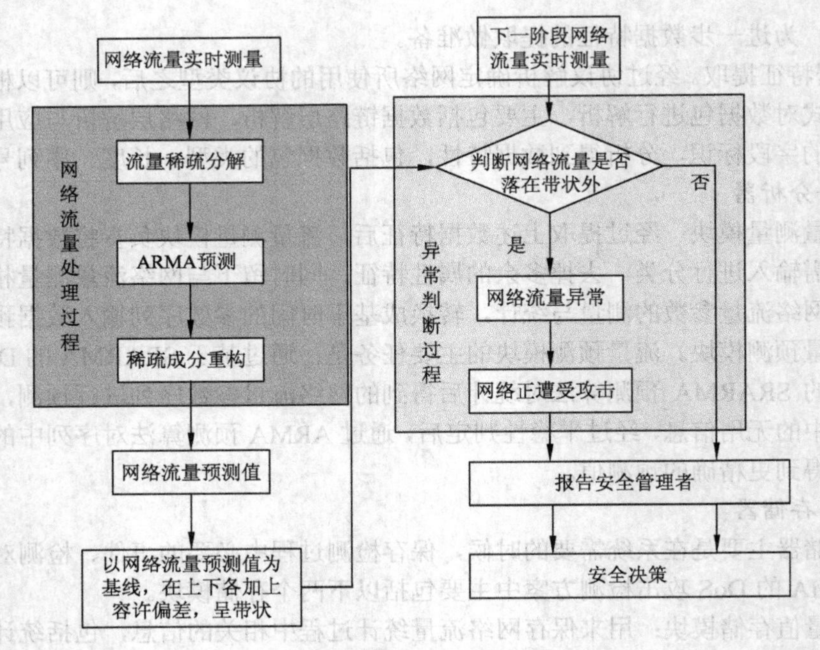

图 9.9 SRARMA 预测流程

9.4.4 各模块的设计与实现

1. 流量监测模块

网络流量，是指单位时间内网络中的通信量，它用来衡量网络运行负荷与状态。通过网络流量的监测可以了解当前网络运行状态是否正常，是否存在瓶颈与潜在的危机；可以通过控制对网络的运行状态进行合理的调节或配置，从而提高网络性能、保证服务、保障网络的高效运行、合理的分配网络资源、避免网络堵塞与拥塞。流量的测量主要包括网络中各节点的信标帧测量、命令帧测量、数据帧测量和全网流量。

参照通信行业标准《YD-T_1171-2001_IP 网络技术要求-网络性能参数与指标》，流量监测采用如下方案。

（1）源地址 SRC 发送配置有包长 L、包类型标识 F（包括信标帧、命令帧、数据帧），以及发送测试包数 N 的测试包，至目的地址 DST。

（2）协议分析仪侦听到测试包，如果测试包在测试时间 $T(s)$外，则认为测试包无效并丢弃，测试结束；若在测试时间 $T(s)$内，则认为测试包有效，接收的测试包数 N 加 1，同时记录测试包长 L。

（3）测量持续时间 $T(s)$后，对不同的包类型进行分类后，对测试结果进行统计。

（4）根据上述描述可确定计算公式 $RF_i=8\times L\times N/T$ 得到各节点上不同包的流量，通过该流量的突变情况可以推测网络中哪个节点受到信息流量的攻击。式中，RF_i 表示节点 i 上一种包类型的流量值。

仅测量一个节点上的流量不足以用来反映整个网络的数据量和链路负荷情况，所以加入了加权平均推测算法。

（5）最后可以通过所有节点上的流量 RF_i，求均值得到整个网络的流量 RF，通过全网流量可以体现整个网络的数据量和链路负荷情况。

$$RF = \left(\sum_{i=0}^{n} RF_i \right) / n \tag{9-6}$$

式中，n 表示全网节点总数。可以看出，若流量值保持较高说明网络中设备传送数据量大，链路负荷重；若流量值较正常说明网络中设备传送数据流量正常，链路质量好；若流量值连续多次出现突然变化则说明网络可能受到DoS攻击。

通过如上流量监测办法，在网络流量的测量过程中，首先判断接收的信息包的类型g_typeStr是否为信标帧Beacon、命令帧MAC Cmd或数据帧Data中的一种，然后根据不同的信息类型从存储该信息结构体record中取出它相应的源地址、目的地址dtRecv、包长Length等信息，并对这些信息进行统计，得到测量时间sumtime内总的包长srcSumLen。

针对网络流量测量的实现，设计flow measurement函数，用于检测主机上。输入协议分析仪接收到信息的包类型、包长、包个数、接收包的时间后，根据所提出的网络流量测量方法进行运算，得到网络中各设备的流量值。

flow measurement函数原型：float flow measurement (int L，int N，long int T)。flow参数说明如表9.1所示。

表9.1 flow参数说明

参数类型	名　称	类　型	描　述
输入参数	Length	int	2个字节的包长
	N	int	2个字节的接收包个数
	Time	long int	4个字节的时间数
输出参数	flowvalue	int	2个字节的流量值

部分实现代码如下。

```
if((g_typeStr=="Broadcast"))
{
if(g_routerSelStr=="0x0001")                    //广播包存在下表为0的变量中
{
if (MacFrameType=="Bean" || MacFrameType=="Broadcast")
{
    if (!m_devDscription[0].routerData[0].flowDraw[0].state)
    {
     m_devDscription[0].routerData[0].flowDraw[0].flow=0;
     m_devDscription[0].routerData[0].flowDraw[0].state=true;
     m_devDscription[0].routerData[0].flowDraw[0].srcSumLen+=record.Length;
     m_devDscription[0].routerData[0].flowDraw[0].tm=pNet->dtRecv;
    }
else
    {
    m_devDscription[0].routerData[0].flowDraw[0].srcSumLen+=record.Length;
    COleDateTime tmp=pNet->dtRecv;
    m_packetTimeDiffrent=tmp-m_devDscription[0].routerData[0].flowDraw[0].tm;
```

```
int sumtime;
sumtime =m_packetTimeDiffrent.GetTotalSeconds();
int flowvalue;
flowvalue =m_devDscription[0].routerData[0].flowDraw[0].srcSumLen*8/sumtime;
……
```

2. 网络流量预测模块

无线传感器网络面临着各种各样的安全威胁，通常以网络流量的变化作为网络是否受到攻击的判断依据。但发现攻击时，网络已经严重受损甚至瘫痪。那么，如何尽早发现攻击，并采取措施予以抵御，最终保证网络健康平稳运行，这点对于网络显得尤为重要。基于此目的，在测量得到网络流量的基础上，启用预测机制，预测判断网络流量是否发现突变，从而预警网络是否将受到 DoS 攻击。基于 SRARMA 的 DoS 攻击检测方案提出的预测算法是 SRARMA 算法，它是稀疏表示算法与 ARMA 算法的结合算法，可以得到较精确的预测值。

换句话说，该模块是为了预测出可能的 DoS 攻击发生，其核心功能是根据流量信息对可能出现的安全隐患做出预测，达到预防的目的。

在实际网络流量的预测过程中，测量出上一步的实时流量值并采用匹配追踪算法将流量离散时间序列分解为有用信息和其他信息，直到重构后数据包的流量序列与原始流量序列之间的方差小于误差值时结束分解。设定经过分解后所有分量的 ARMA 模型阶次都相同，将各个分解后的分量通过 ARMA 算法进行预测，预测后得到各分量的预测序列，并将各预测分量通过分解的逆变换过程重构回去，得到较精确的数据包分解的预测值。

针对网络流量预测的实现，设计 fflow 函数，用于检测主机。将统计出的实时流量值作为输入，根据所提出的网络流量预测方法进行运算，得到网络中各路由下的流量预测值。

fflow 函数原型：float fflow (int flowvalue)。fflow 参数说明见表 9.2。

表 9.2　fflow 参数说明

参数类型	名　称	类　型	描　述
输入参数	flowvalue	int	2 个字节的流量值
输出参数	prediction	int	2 个字节的流量预测值

部分代码实现如下。

```
if (!flowvalue)
{
m_devDscription[0].routerData[0].flowDraw[0].tm=tmp;
m_devDscription[0].routerData[0].flowDraw[0].srcSumLen=0;
}
m_devDscription[0].routerData[0].flowDraw[0].flow= flowvalue;
if (m_pPerformdlg!=NULL)
{
int sumCount=m_pPerformdlg->m_list1.GetItemCount();
if (sumCount>500)
{ m_pPerformdlg->m_list1.DeleteAllItems();}
m_pPerformdlg->m_list1.InsertItem(0,MacSrcAddr);
m_pPerformdlg->m_list1.SetItemText(0,0,MacSrcAddr);
CString tmpstr;
tmpstr.Format("%d%s", flowvalue,"bit/s");
```

```
m_pPerformdlg->m_list1.SetItemText(0,1,tmpstr);
}
…
int prediction;
for (int i = 1; i <=3; i++)
{
prediction = flowvalue[i]=pApp->m_ prediction [i-1];
m_flow.InsertItem(0,"");
CTime tm=CTime::GetCurrentTime();
CString tmp=tm.Format("%H::%M::%S");
m_flow.SetItemText(0,0,tmp);
m_chart.Series(0).AddXY(i, flow value [i],NULL,colors[i%6]);
}
…
```

3. 安全决策模块

当“问诊”结果呈现“网络可能存在安全隐患”时，就需要向安全管理者报告，由安全管理者组织针对性的检测，也就是安全决策。

在进行安全决策时，安全管理者将每轮的真实流量值与预测值进行比较，判断它们差值的绝对值是否超过阈值。通过预测观察网络是否发生异常行为来检测出恶意节点。

基于 SRARMA 的 DoS 攻击检测方案中通过 SRARMA 预测算法对网络的流量值进行预测，利用此预测值与实际流量值之差可以较好的判定网络中是否存在恶意行为。通常通过分析无线传感器网络的特点及应用场景状况设定一个阈值，当预测值与实际流量值之差超过该阈值时，则产生报警信息。以上设定阈值的方法，对于网络偶尔出现的流量增大但是网络中并不存在攻击节点的情况，很容易出现误检现象。因此考虑到无线传感器网络的自组织性，基于 SRARMA 的 DoS 攻击检测方案提出在网络运行过程中，以预测出的流量值作为基线，在该基线上、下各加上容许偏差，形成一个以基线为中线的带状图形，如图 9.10 所示，若网络中某区域中传感器节点流量值落在此带状内，说明网络正常；若落在此带状外，表明网络中存在异常行为；在设定的一定时间内，若出现连续的异常行为且次数大于预设门限值，则立刻发送决策消息给相应的检测节点，开启本地检测模块，降低了网络中因流量波动产生的误报。

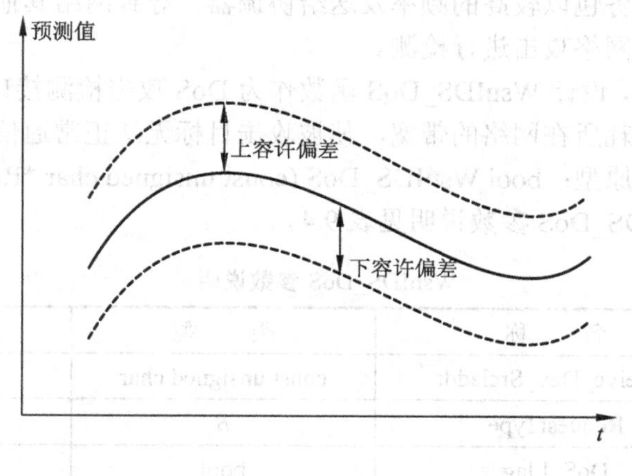

图 9.10 带状图

根据以上实现流程，设计 Sdecision 函数作为判断网络异常的接口函数，应用于检测主机上。对网络中各设备的实际流量与流量预测值进行分析处理，判断是否异常并报告给安全中心。

Sdecision 函数原型：float Sdecision (int flowvalue, int prediction)。Sdecision 参数说明见表 9.3。

表 9.3　Sdecision 参数说明

参数类型	名　称	类　型	描　述
输入参数	flowvalue	int	4 个字节的流量值
	prediction	int	4 个字节的流量预测值
输出参数	*src	UINT8	开启命令

部分代码如下。

```
if((prediction <30 && prediction >0) || prediction >1000)
    {
        sendAlarm();
        tmp.Format("%d",i);
        tmp="路由"+tmp+"出现异常";
        m_flow.SetItemText(0,1,tmp);
        tmp+=",已上报安全中心。";
        GetDlgItem(IDC_EDIT1)->SetWindowText(tmp);
    }
else
    {
       tmp.Format("%d",i);
        tmp="路由"+tmp+"运行正常";
        m_flow.SetItemText(0,1,tmp);
    }
...
```

对本地 DoS 攻击检测功能的实现，是安全管理者通过统计接收的请求报文的频率，判断是否超过设定的阈值，阈值由配置的 DoS 攻击检测参数获得，用户根据不同网络的特性设定该参数。通过这个方法对攻击者通过截获网络正常的入网服务请求包、提前入网信息，并伪造身份，将这个请求服务包以较高的频率发送给协调器，导致网络其他设备无法与协调器正常通信，从而对实施的网络攻击进行检测。

根据以上实现流程，设计 WsnIDS_DoS 函数作为 DoS 攻击检测接口函数。对网络中通过不断请求网络资源，消耗所在网络的带宽，使被攻击目标无法正常通信的攻击者进行检测。

WsnIDS_DoS 函数原型：bool WsnIDS_DoS (const unsigned char *Receive_Dev_Srcladdr, *B* RequestType)。WsnIDS_DoS 参数说明见表 9.4。

表 9.4　WsnIDS_DoS 参数说明

参数类型	名　称	类　型	描　述
输入参数	Receive_Dev_Srcladdr	const unsigned char	入网设备长地址
	RequestType	*B*	请求服务类型
输出参数	DoS_Flag	bool	DoS 攻击标志位

部分代码如下。

```
void WsnIDS_DoSCoord()
{
UINT32 RoutJoinTimeSecond;
  RoutJoinNum++;
  if(2==RoutJoinNum)
  {
    RoutJoinTimeFirst = TAI_Second;
  }
  if(5==RoutJoinNum)
  {
   RoutJoinTimeSecond = TAI_Second;
    if(RoutJoinTimeSecond-RoutJoinTimeFirst<15)          //判断4路由入网的间隔时间
    {
        halRawPut(0x66);                                 //报警信息
        halRawPut(0xAE);
…
}
```

4. 信息存储模块

为了实现检测方案中的信息存储模块，在检测主机上定义多个结构体提供相关数据信息的存储功能。设计的结构体主要包括：DEV_SRC（设备信息结构体）、DEV_DATA（路由下设备的信息结构体）、DEV_DESCRIPTION1（路由上命令帧信息结构体）等。而结构体中存储的流量统计、流量预测相关信息又主要包括：flow（流量值）、state（状态）、COleDateTimetm（收集时间）等。进行统计、预测等处理的时候，采用链表对结构体中的信息进行提取。部分代码如下。

```
typedef struct{
    int flow;                                            //流量值
    bool state;                                          //状态
    COleDateTime   tm;                                   /收集时间
    unsigned __int64 srcSumLen;                          //长度
    int energy;                                          //能量值
    unsigned __int64 num;
}DEV_SRC;

typedef struct DEV_DATA{
    CString dstAddr;                                     //目的地址
    COleDateTime   tm;
    bool bState;
    DEV_SRC flowDraw[11];
    int devOn;
}DEV_DATA;

typedef struct DEV_DESCRIPTION{
    DEV_DATA routerData[11];
    CString cmdType;                                     //命令类型
}DEV_DESCRIPTION1;
```

9.4.5 方案分析

SRARMA预测算法是基于SRARMA的DoS攻击检测方案的核心，本节重点利用MATLAB强大的数值分析能力对该算法进行仿真，并与ARMA预测算法进行对比，以证明前者的预测效果优于后者。其主要从两方面进行仿真分析：通过KDD Cup99网络入侵检测数据集作为基于SRARMA的DoS攻击检测方案算法的输入，对算法进行验证；通过传感网中得到的流量信息作为输入对算法进行验证。

首先，使用Kddcup.data_10_percent.gz作为原始数据集，它是对KDD Cup99数据集的10%抽样，总的数据记录条数在4万条左右，仿真过程中随机选取其中500条数据作为测试的输入数据。选择匹配迭代次数为50次，将输入数据同时经过ARMA(2, 1)与基于SRARMA的DoS攻击检测方案所提出的预测算法进行预测，预测结果如图9.11所示。

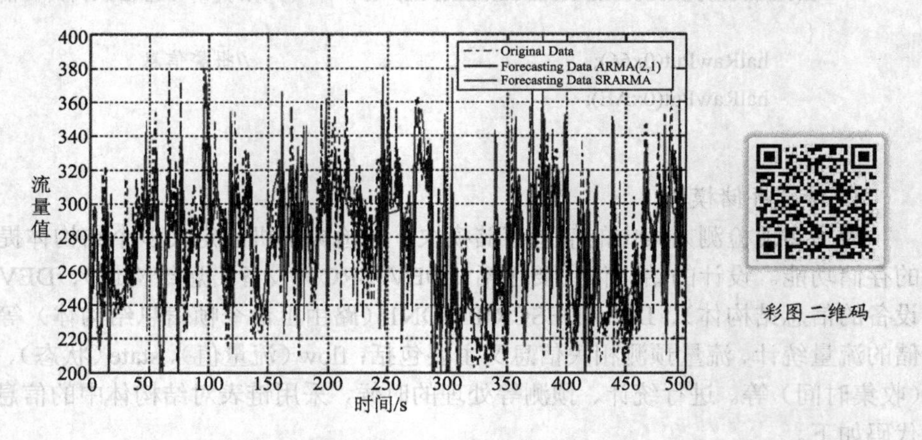

彩图二维码

图9.11 入侵检测数据集的SRARMA预测序列图

扫描二维码后，可见图9.11的彩图，在彩图中，蓝色的线表示输入的原始数据，红色的线表示经过ARMA(2,1)预测后的数据，绿色表示经过基于SRARMA的DoS攻击检测方案预测后的数据。对它们分别做残差分析，得到残差分析图如图9.12（a）所示。

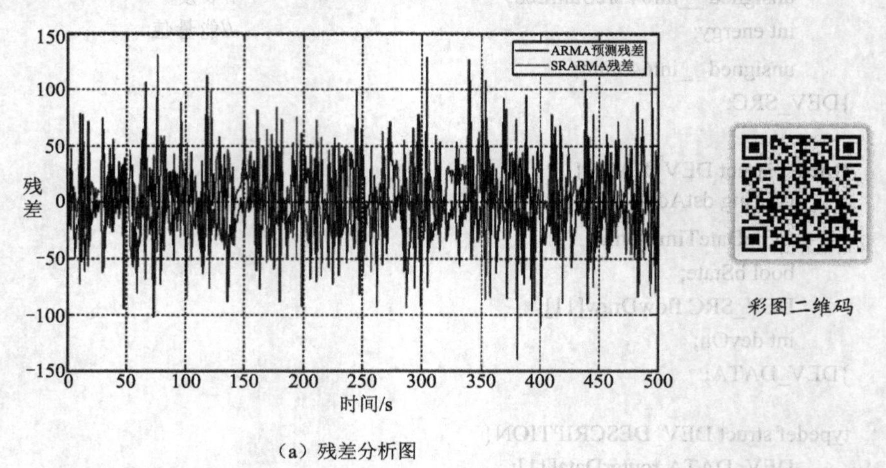

彩图二维码

（a）残差分析图

图9.12 残差分析图（一）

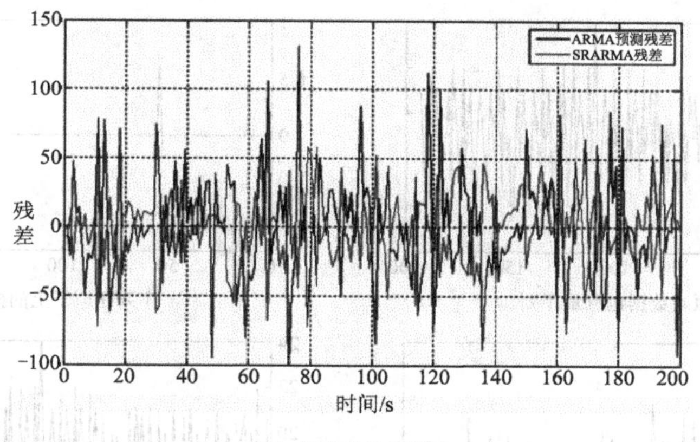

（b）部分残差分析图

图 9.12 残差分析图（一）（续）

如图 9.12（b）所示，提取残差分析图中横坐标在 0～200，纵坐标在-100～150 的部分残差序列，可以明显看出基于 SRARMA 的 DoS 攻击检测方案提出的预测算法与原序列的残差比 ARMA 预测算法与原序列的残差小。从而说明，基于 SRARMA 的 DoS 攻击检测方案网络流量预测算法的准确性较高。

将传感网中的流量信息作为输入再次对算法进行验证时，由于每轮节点传感数据所用的流量是随机且独立的变量，那么，可以首先确定稀疏表示中迭代次数，以获取到的节点每轮流量值序列作为输入，定义匹配迭代次数，将重建序列清零，原始序列赋值给剩余待分解序列后，对流量值序列进行分解、变换与重组。通过仿真可以看出，iterative_number 定义为匹配迭代次数，不同的迭代次数分解出的序列与重建后的序列也不同。图 9.13 表示迭代次数为 10 的时候，分组重建后的序列。

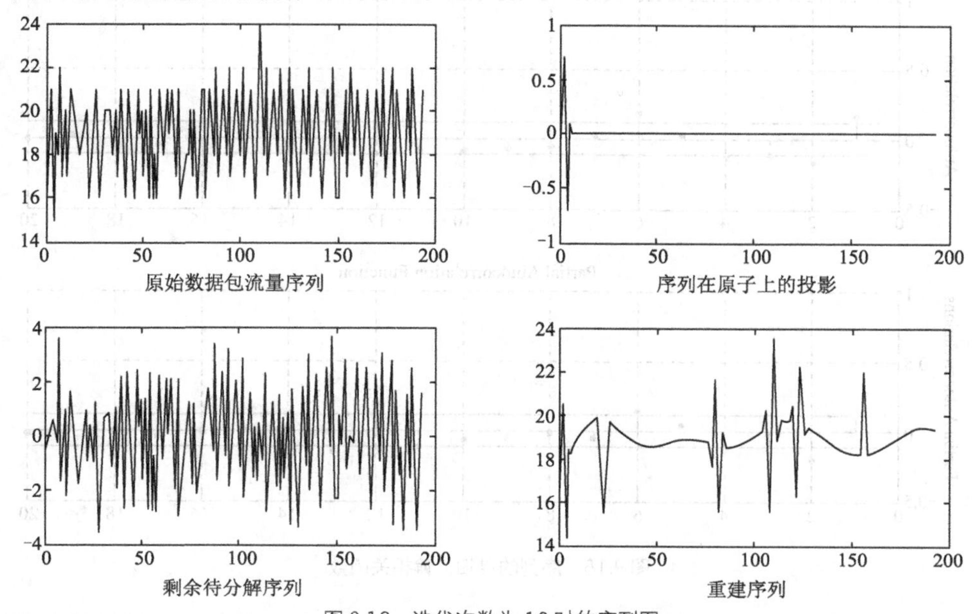

图 9.13 迭代次数为 10 时的序列图

图 9.14 表示迭代次数为 100 的时候，分组重建后的序列。

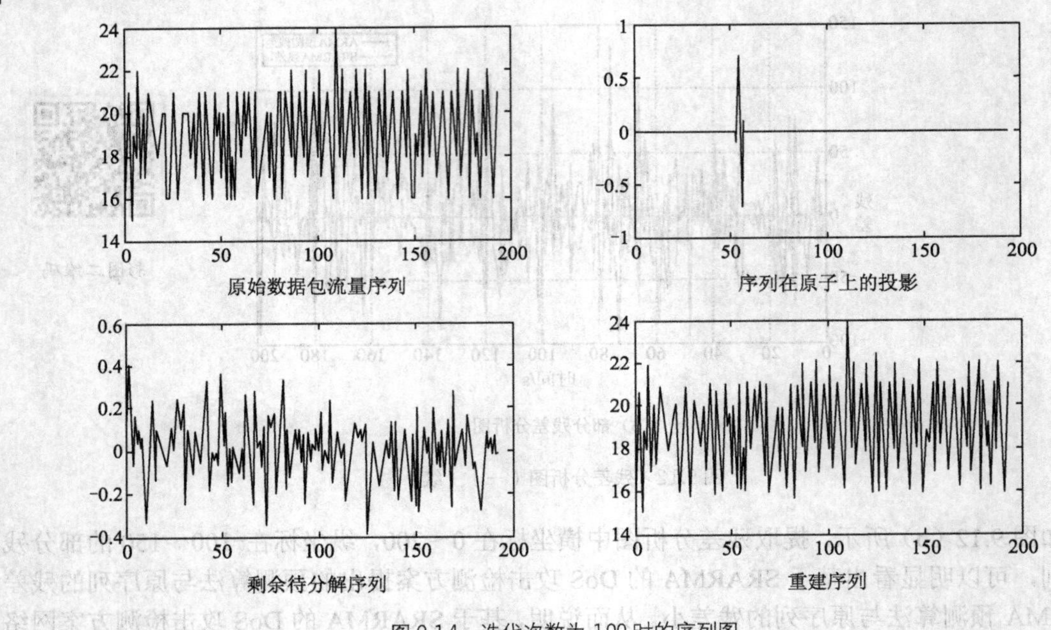

图 9.14　迭代次数为 100 时的序列图

由以上两个图可以看出，迭代次数为 100 时，重建的序列越接近原始序列。但是通过不同迭代次数对流量序列的分解重组试验后，发现迭代次数与序列分解重组效果的好坏并不成线性关系，考虑到预测的实时性与精确性，采用 50 作为迭代次数对流量序列进行分解。

经过分解后的序列首先要进行平稳性判定，通过得到该序列的自相关函数与偏相关函数判定其是否呈现出明显的拖尾现象，如图 9.15 所示。

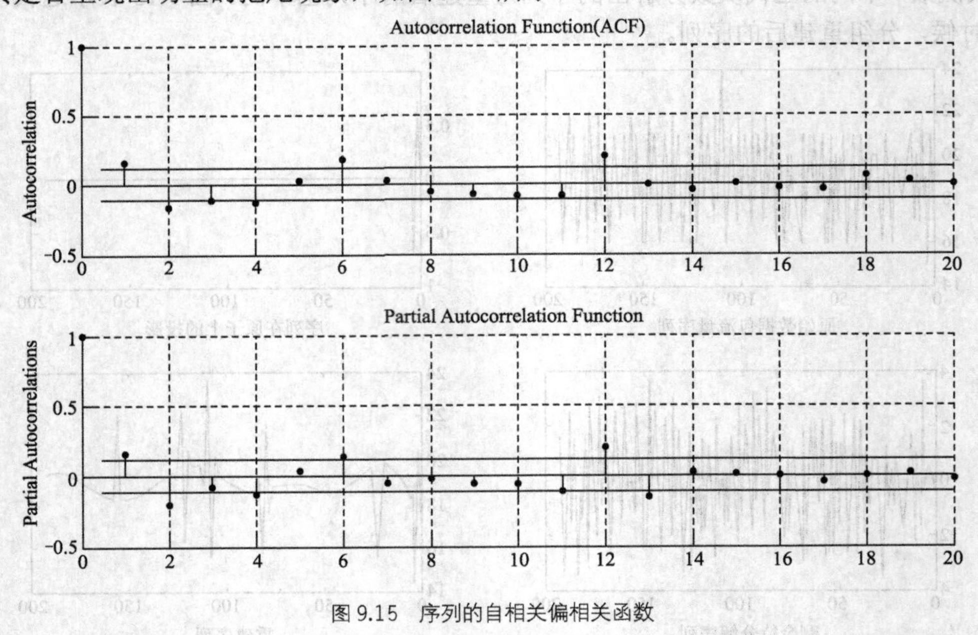

图 9.15　序列的自相关偏相关函数

自相关与偏相关函数呈现拖尾现象即会按指数衰减或正弦震荡衰减，则判断序列稳定并进行 ARMA 预测与重组，如图 9.16 所示。

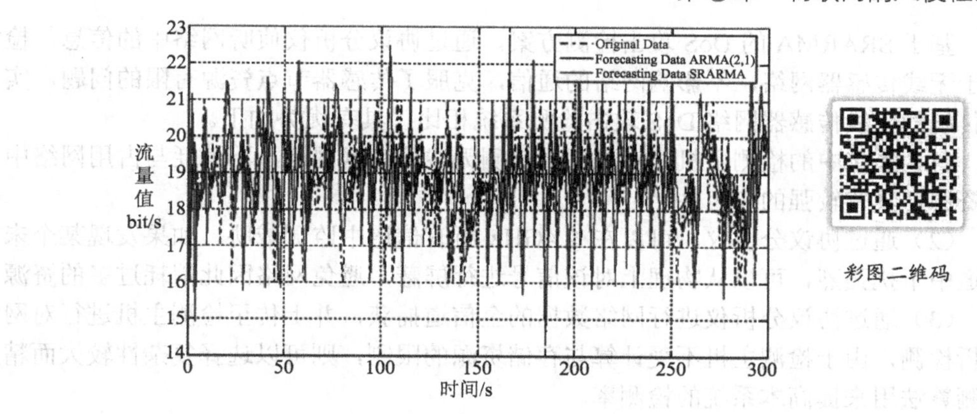

彩图二维码

图 9.16 流量序列的 SRARMA 预测序列图

扫描二维码后，可见图 9.16 的彩图，彩图中蓝色的线表示原始数据，红色的线表示经过 ARMA(2,1)预测后的数据，绿色表示经过基于 SRARMA 的 DoS 攻击检测方案预测后的数据，分别对他们分别做残差分析，得到残差分析图如图 9.17（a）所示。

如图 9.17（b）所示，提取残差分析图中横坐标在 150～250，纵坐标在-4～4 的部分残差序列，也可以明显看出基于 SRARMA 的 DoS 攻击检测方案提出的预测算法与原序列的残差比 ARMA 预测算法与原序列的残差小。进一步说明，SRARMA 的 DoS 攻击检测方案网络流量预测算法用在传感网中对流量进行预测的准确性较高。

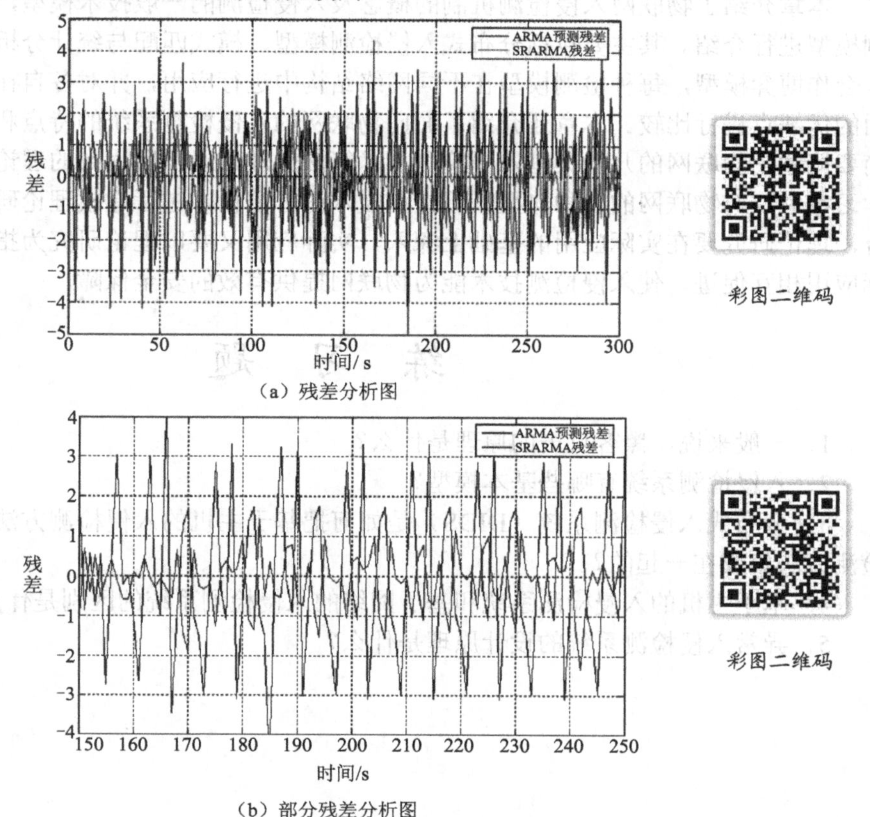

彩图二维码

（a）残差分析图

彩图二维码

（b）部分残差分析图

图 9.17 残差分析图（二）

基于 SRARMA 的 DoS 攻击检测方案，通过协议分析仪侦听网络中的信息，检测主机独立于无线传感器网络，不影响网络的通信，克服了传感器节点资源有限的问题，实用性强，与传统的无线传感器网络 DoS 攻击检测系统相比，具有优势如下。

（1）系统中的检测主机相对独立于被测无线传感器网络，不消耗与占用网络中节点的任何资源，具有较强的实用性。

（2）通过协议分析仪，可以在 2.4GHz 所有信道中监测威胁，如果发现某个未被利用的信道中干扰强烈，可以从物理上对该信号进行屏蔽，避免网络因此消耗过多的资源。

（3）通过协议分析仪进行网络数据的全信道捕获，并上传至检测主机进行对网络行为的分析检测，由于检测主机不受计算与存储资源的限制，则可以选择复杂性较大而精度较高的检测算法用来提高本系统的检测率。

（4）检测主机具有较强的处理能力，通过对异常行为的预测，可以提示测试人员针对网络存在的威胁及时做出安全对策，采取相应的安全措施，最大可能地减少网络资源损耗。

（5）系统中，检测主机独立于网络采用稀疏表示与 ARMA 预测结合的算法，对网络性能进行预测发现异常后，动态地开启本地入侵检测模块，识别攻击类型，即使本地没有相应的检测模块，也可以发现网络中的异常，从而降低网络的漏检率。

本章小结

本章介绍了物联网入侵检测机制的概念及入侵检测的一般技术模型，对几种典型入侵检测模型进行介绍。其主要包括分布式入侵检测模型、模式匹配与统计分析的入侵检测模型和非合作博弈模型，每种检测模型在不同网络结构中进行应用，并对各自在开销、检测率等方面的优缺点进行比较。本章还介绍了面向物联网的入侵检测系统的特点和体系结构及构成，简要概述了物联网的几种典型入侵检测技术算法原理，以及所用到的理论基础，以便今后的学习参考。对物联网的几种典型入侵检测技术进行分析，进行建模理论研究与实际应用相结合，理论研究要在实际应用的基础上深入，实际应用又要以理论研究为指导，理论研究与实际应用相互促进，使入侵检测技术能为物联网提供有效的安全保障。

练习题

1．一般来说，黑客攻击的原理是什么？

2．入侵检测系统有哪些基本模型？

3．分布式入侵检测系统（DIDS）是如何把基于主机的入侵检测方法和基于网络的入侵检测方法集成在一起的？

4．基于主机的入侵检测系统和基于网络的入侵检测系统的区别是什么？

5．异常入侵检测系统的设计原理是什么？

第10章 物联网安全系统实现

本章将结合前面章节讲解的安全技术机制，详细介绍物联网安全机制的具体实现过程。通过对物联网安全系统平台的介绍，使读者了解物联网安全系统的总体设计架构和物联网安全通信协议栈的开发过程。

10.1 系统架构

物联网安全系统由传感器节点、路由节点（安全管理代理）、协调器节点（安全管理者）及上位机构成，其系统结构如图 10.1 所示。

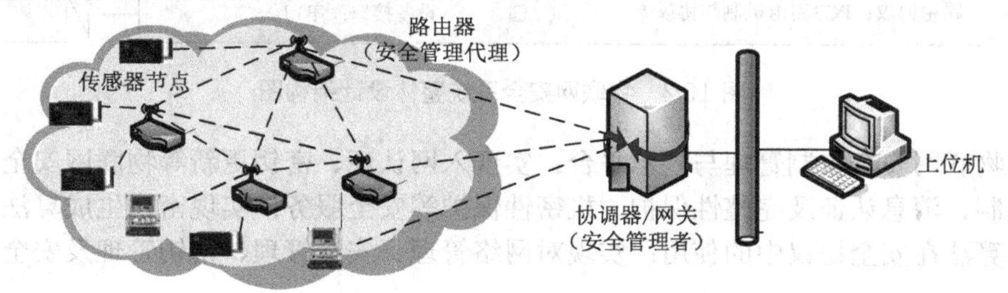

图 10.1 物联网安全系统结构

在图 10.1 中，传感器节点为物联网安全系统中的终端节点，主要负责采集现场数据，并将采集后的现场数据经过安全处理，发送至路由设备。物联网安全系统在终端节点中采用的安全功能包括入网认证、加密/解密、完整性校验与密钥协商。路由设备收到传感器节点发送的数据后，主要负责数据的安全转发，其主要安全功能包括安全路由、访问控制、加密/解密、完整性校验和密钥协商。协调器节点作为物联网安全系统的安全管理者，其具备的安全功能包括入网认证、密钥管理、访问控制、加密/解密、完整性校验等。上位机主要负责网络的管理，实时显示网络动态，依据网络安全需求下发安全配置命令，完成安全机制的参数设定。

图 10.2 所示为物联网安全系统的总体设计架构图，其主要包括安全机制管理与展示平台、安全监测系统和模拟攻击及入侵检测系统。在安全机制管理平台中，主要包括入网认证、密钥管理、访问控制、消息安全处理等安全机制。

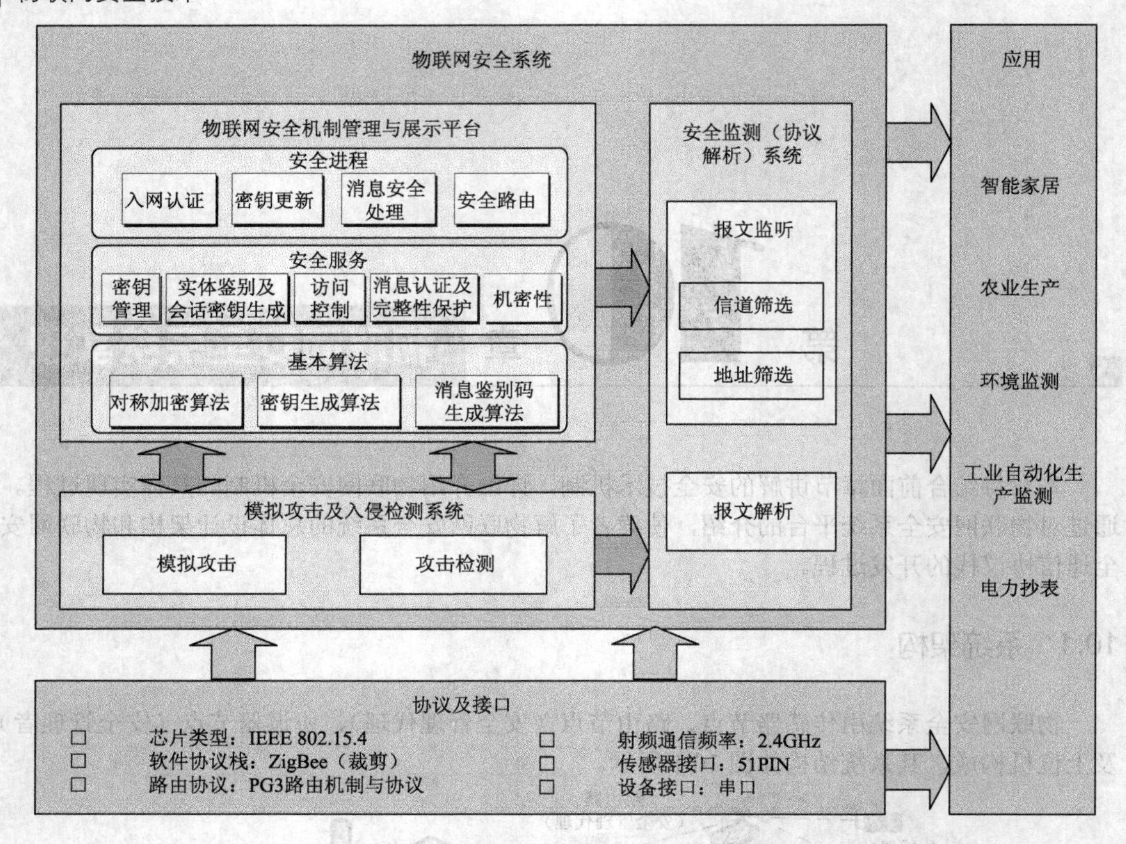

图 10.2 物联网安全系统整体设计架构图

（1）物联网安全机制管理与展示平台：实现入网认证、密钥更新等物联网安全进程；实现访问控制、消息认证及完整性保护、机密性保护等安全服务；实现密钥生成算法，加密算法和校验算法在安全协议中的使用；实现对网络管理、安全管理、密钥管理及安全机制的实时显示。

（2）安全监测（协议解析）系统：实现对物联网安全系统报文的监听以及对信道和地址的筛选；实现对不同协议报文的区分；实现对数据链路层、网络层、应用层数据的解析。

（3）模拟攻击及入侵检测系统：实现对非法节点接入等 5 种物联网典型攻击的模拟；实现对网络攻击的检测、定位、分析和预警；实现对攻击源、攻击目标、攻击类型的实时显示和响应。

10.2 系统设计与实现

10.2.1 安全通信协议栈设计

物联网安全通信协议栈是以工业无线通信标准 WIA-PA 协议栈为基础，以集成化、模块化的设计思路开发而成，图 10.3 所示为物联网安全通信协议栈架构。

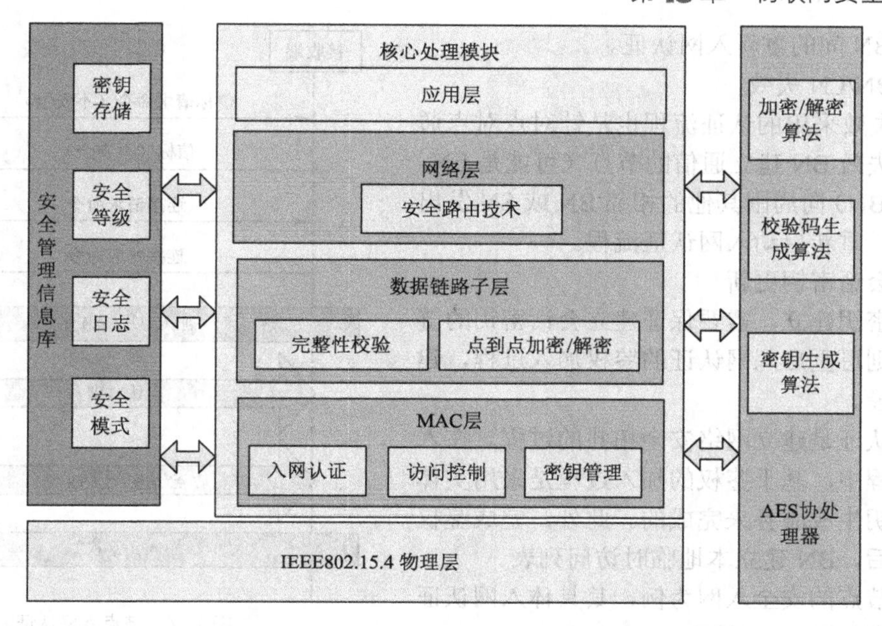

图 10.3 物联网安全通信协议栈架构

物联网安全通信协议栈由安全算法模块、安全管理信息库和核心处理模块构成。

（1）安全管理信息库是安全协议栈开发的基础，为安全协议栈提供安全算法，以及安全函数的接口，并存储安全属性表，访问控制列表与密钥属性表等。

（2）核心处理模块是针对物联网安全通信协议的 MAC 层、数据链路层、网络层及应用层，用于实现安全关键技术的模块。安全通信协议栈底层采用了 IEEE802.15.4 协议定义的物理层和 MAC 层，物理层提供基础的通信能力；MAC 层通过设置密钥、安全级别及访问控制等控制 MAC 安全处理操作；数据链路子层实现点到点机密性保护与数据完整性保护；网络层提供安全路由技术，用于保障节点组网的路由建立、路径查询及路径安全维护。

（3）在此软件架构中，AES 协处理器为协议栈各层的安全机制提供安全算法，AES 协处理器将根据协议栈各层所需的安全机制，调用安全管理信息库中的信息作为安全算法的输入，以此完成所需的安全服务。安全算法模块集成 AES 加解密等安全算法，HMAC 算法为核心处理模块提供支持。

10.2.2 安全功能模块的设计与开发

1. 入网认证

入网认证是点对点通信设备间实现的安全操作流程，其交互图如图 10.4 所示，有 3 种情况会导致系统启动入网认证流程。

（1）新节点加入网络

① 若新节点是 LN（RFD 和未开启路由功能的 FFD），则执行该节点与相邻 BN（开启路由功能的 FFD）或 SN（汇聚节点）间的认证。

② 若新节点是 BN，则执行该节点与相邻 BN 或 SN 间的认证，接着执行相邻 LN 与该 BN 的入网认证。

③ 若新节点是 SN，则执行相邻 BN 到 SN 的认证过程，再执行 BN 间的入网认证，以

及 LN 到 BN 间的重新入网认证。

（2）BN/LN 失效

BN 失效采用的认证流程也是针对点对点通信的。与失效 BN 建立通信的节点（可能是 LN，也可能是 BN）向周围其他的相邻 BN 或 SN 发出入网请求，重新启动入网认证流程。

（3）会话密钥更新

会话密钥建立，需要保证建立会话密钥的链路可信，则可重启入网认证的鉴权加入过程，建立可信路径。

入网认证是建立网络安全拓扑的过程。在入网认证流程中，基于鉴权的加入过程是采用实体鉴别及密钥生成服务来完成的。此外，完成鉴权加入过程后，BN 建立本地临时访问列表。

以新节点的安全入网为例，其具体入网认证实现流程图如图 10.5 所示。

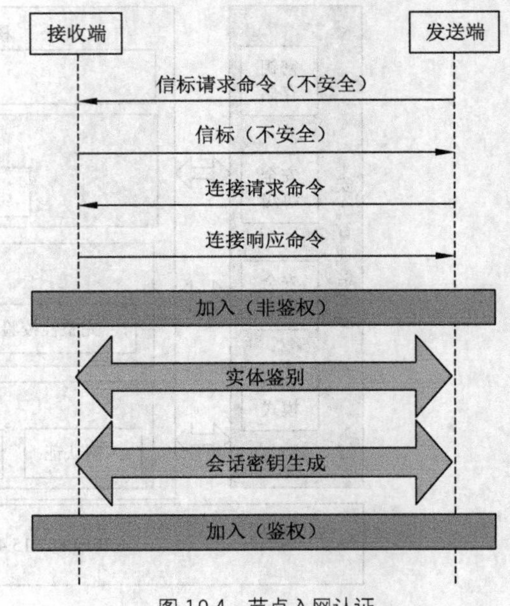

图 10.4　节点入网认证

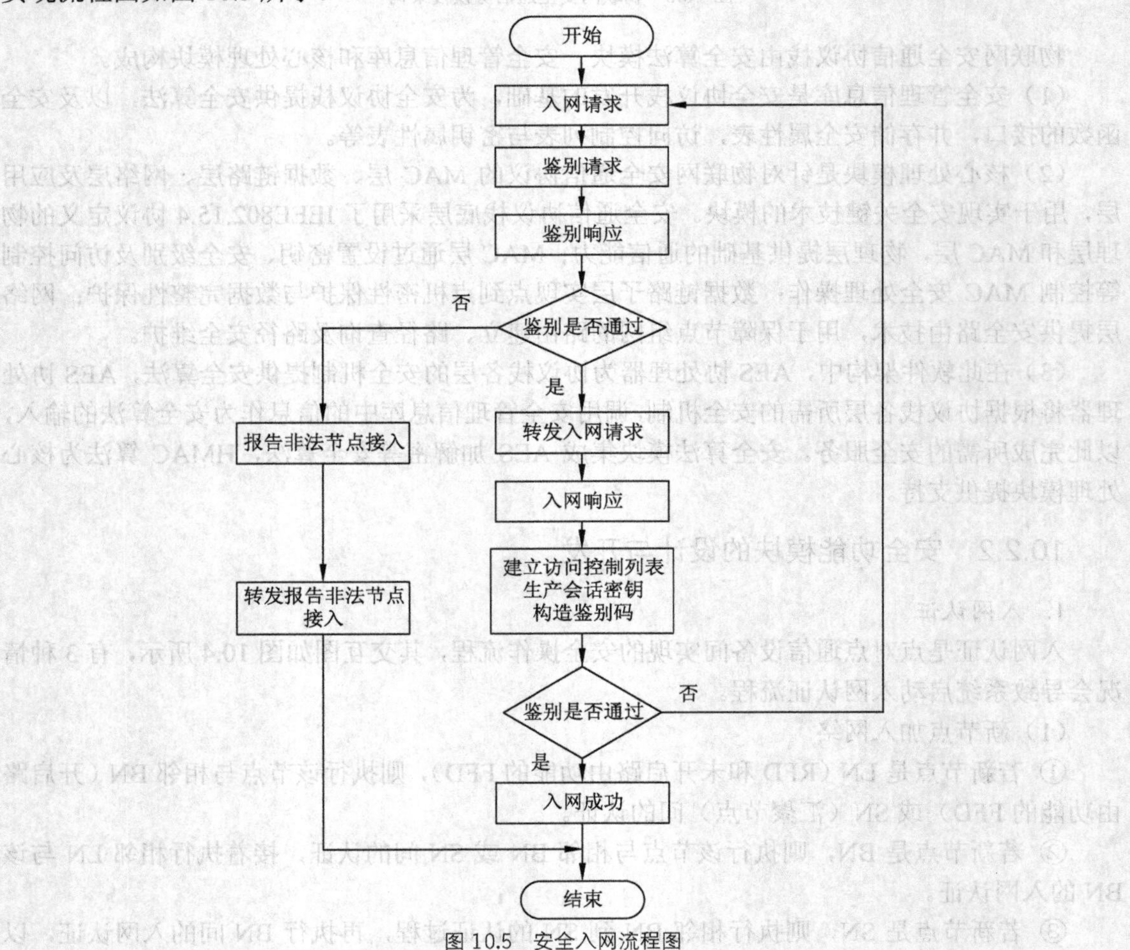

图 10.5　安全入网流程图

其具体过程如下。

(1)传感器节点入网前初始化。传感器节点入网前初始化配置初始密钥和唯一的长地址。

(2)传感器节点安全入网过程。已经初始化的传感器节点，安全入网过程需要经过以下步骤。

① 传感器节点在空闲时隙，在MAC层主状态机调用macFormatAssocRequest()函数，构造MAC层入网请求报文。

② 路由节点在MAC层接收状态机接收到入网请求报文，进入安全管理实体调用macPraseAssocRequest()函数解析传感器节点的入网请求，在MAC层主状态机调用Format_Auth_Request()函数，将生成随机数Random1载入鉴别请求消息（格式见表10.1）一起发送给传感器节点。

表10.1 鉴别请求报文格式

参数名称	参数标识	参数描述
安全头类型	1	类型：Unsigned8 默认值：0B = 鉴别请求
路由节点生成128位随机数	2	类型：Unsigned16 默认值：可变
路由节点长地址	3	类型：Unsigned64 默认值：可变

③ 传感器节点在MAC层主状态机的安全管理模块调用Format_Hmac()函数生成随机数Random2并将随机数Random1和随机数Random2用初始密钥加密构造鉴别响应（格式见表10.2）报文发送给路由节点。

表10.2 鉴别响应报文格式

参数名称	参数标识	参数描述
安全头类型	1	类型：Unsigned8 默认值：0A = 鉴别响应
鉴别码MIC	2	类型：Unsigned48 默认值：可变
传感器节点生成128位随机数	3	类型：Unsigned16 默认值：可变

④ 路由节点在MAC层接收状态机的安全管理模块对鉴别响应报文进行解密校验。如果鉴别成功，则转发入网请求至协调器节点；如果鉴别失败，则发送非法节点接入报警报文到协调器节点并在上位机显示。

⑤ 协调器节点解析入网请求后，协调器节点将传感器节点的入网信息通过网关上传至上位机存储并显示，然后调用macFormatAssociationResponse()函数将通信资源及用初始密钥加密的全局密钥等构造入网响应报文发送给路由节点。

⑥ 路由节点的安全管理模块收到该响应报文并解析传感器节点的短地址，在MAC层主状态机调用BuildACL()函数建立传感器节点的访问控制列表，并调用HMAC()函数建立与传感器节点的会话密钥，之后构造用于传感器节点认证自己身份的鉴别码，与入网响应报文一起发送给传感器节点。

⑦ 传感器节点的安全管理模块对转发的入网响应报文进行处理，鉴别路由节点身份，得到通信资源，生成与路由节点的会话密钥，完成安全入网过程，之后进行安全通信。

可信物联网安全系统入网认证功能实现上位机界面如图10.6所示。

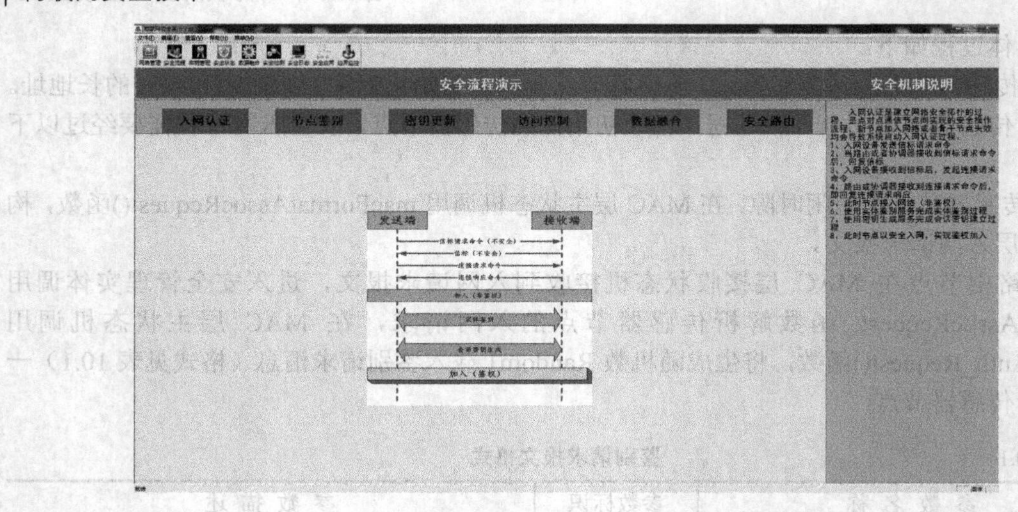

图 10.6 可信物联网安全系统入网认证上位机界面

2. 密钥管理

密钥管理主要分为密钥预配置、密钥生成和密钥更新 3 个功能模块，并由这 3 个功能模块共同完成密钥建立和密钥更新。其中密钥建立功能主要是安全管理者与节点之间建立会话密钥。密钥更新功能则包括安全管理者对当前密钥的主动更新与密钥失效后节点的被动更新。

（1）密钥预配置

所有预配置密钥长度均为 128bit，具体分类如表 10.3 所示。

表 10.3 预配置密钥种类

密钥种类	描 述
初始密钥	LN 的出厂密钥，用于网络部署初期的连通，以及新节点设备的入网认证
全局密钥	全网统一产生及更新的密钥，用于网络运行中周期性的实体鉴别
会话密钥	设备完成入网认证的鉴权过程后产生的密钥，用于保证网络点对点通信链路安全

（2）密钥生成

① 初始密钥生成：服务器选取随机数 IK∈R{0,1}*，作为整个无线传感器网络的初始密钥，即所有节点的初始密钥。

② 全局密钥生成：接收安全管理者下发的密钥生成材料，SN 本地生成新的全局密钥。

③ 会话密钥生成：节点之间通过实体鉴别操作交互随机数，并使用该随机数、EUI 地址及全局密钥作为密钥材料，通过密钥生成函数生成会话密钥，生成方法如图 10.7 所示。

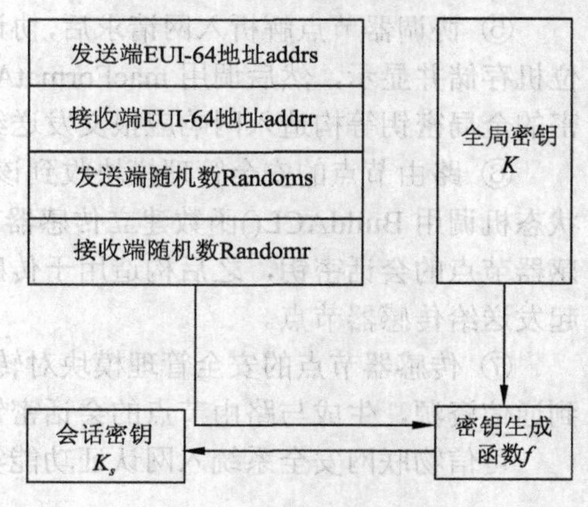

图 10.7 基于随机数的密钥生成算法

（3）密钥更新及撤销

全局密钥更新及撤销：基于设定更新周期，SN 和 BN 利用当前的会话密钥 K_s 对新的全局密钥进行加密，LN 利用 K_s 解密得到新的全局密钥，并撤销当前的会话密钥 K_s 和原来的全局密钥。

全局密钥的更新过程则需要保证密钥分发过程链路的高安全性，其操作步骤如下。

① SN 接收安全管理者下发的密钥生成材料，本地生成新的全局密钥。

② 利用原有会话密钥对更新过程中的 MAC 帧实现消息源认证和完整性保护，保证链路安全；与此同时，利用原有会话密钥对 MAC 帧进行加密处理，保证密钥信息安全。

③ 节点接收新的全局密钥，删除原有全局密钥和会话密钥。

④ 节点间重启鉴权认证流程，完成会话密钥更新。

会话密钥更新及撤销：会话密钥的更新是在全局密钥更新的基础上完成的，根据节点实体鉴别周期，重新完成实体鉴别和会话密钥生成流程，进而节点生成新的会话密钥。

全局密钥的更新是全网性的更新，系统定时性的自动更新，也可以通过手动下发更新，全局密钥更新流程如图 10.8 所示。

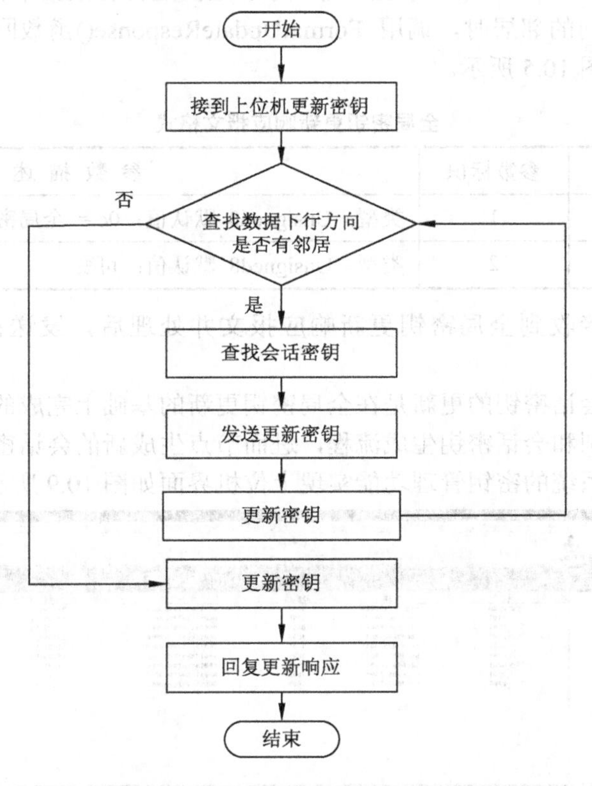

图 10.8　全局密钥更新流程

具体过程如下。

A．当密钥更新周期到达或者上位机主动发起密钥更新时，协调器节点接收上位机下发的新的全局密钥。

B．协调器节点在接收到报文后，在 MAC 层主状态机执行安全管理模块，调用 MacdownFindNextHopAddr()函数查询邻居表，查找是否有数据下行方向的邻居，假设有邻居节点，调用 FindSessionKey()函数查找与该邻居节点所使用的会话密钥，使用会话密钥加密新的全局密钥。调用 FormatUpdateRequest()函数构造全局密钥更新报文并根据安全等级完成数据安全处理后发送给邻居路由节点，如图 10.4 所示。

表 10.4　　　　全局密钥更新包格式

参 数 名 称	参数标识	参 数 描 述
安全头类型	1	类型：Unsigned8 默认值：15=全局密钥更新请求
更新的全局密钥（密文）	2	类型：Octetstring 默认值：可变

C．路由节点接收到全局密钥更新报文，根据安全级别处理 DPDU，判断完整性并进行解密。调用 PraseUpdateRequest()函数，利用原有的会话密钥对新的全局密钥进行解密。继续 A 中所描述的过程，发送全局密钥更新命令给传感器节点。

D．传感器节点接收到全局密钥更新报文后，继续 C 中的过程进行解析新的全局密钥。调用 MacdownFindNextHopAddr()函数查询邻居表，查找是否有数据下行方向的邻居。传感器节点已无数据下行方向的邻居时，调用 FormatUpdateResponse()函数回复全局密钥更新响应报文给路由节点，如图 10.5 所示。

表 10.5　　　　全局密钥更新响应报文格式

参 数 名 称	参数标识	参 数 描 述
安全头类型	1	类型：Unsigned8 默认值：0c＝ 全局密钥更新响应
更新结果标识	2	类型：Unsigned8 默认值：可变

E．协调器节点接收到全局密钥更新响应报文并处理后，发送信息到上位机显示更新结果。

会话密钥更新：会话密钥的更新是在全局密钥更新的基础上完成的，根据上位机更新命令，重新完成实体鉴别和会话密钥生成流程，进而节点生成新的会话密钥。

可信物联网安全系统的密钥管理功能实现上位机界面如图 10.9 所示。

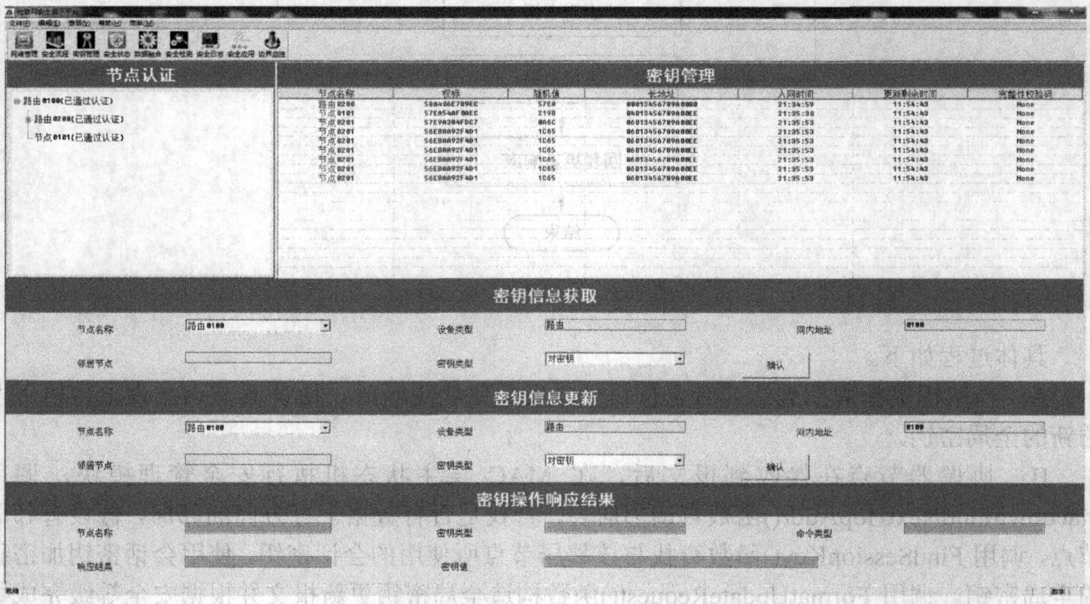

图 10.9　可信物联网安全系统密钥管理功能上位机界面

3. 安全路由

路由把 RREQ 路由请求包应用在信标请求报文里，把收到的第一个信标帧（RREP 路径响应报文）用来确认路径信息。本系统完成了路由发现和路由维护两方面的功能。

路由发现：在入网时，已入网路由先完成新入网节点的认证后判断其合法性，然后发起路由发现，并按照 AODV 的要求发现新的节点之后回复响应报文，实现了 AODV 的路由发现过程。新入网节点的目的序列号最小（初始为 0），因为新入网节点的上一跳节点已入过网，序列号必然大于新入网节点的序列号，所以由上一跳已入网节点回复确认信息（信标帧）。针对新入网节点的路由发现，只要寻找到一跳节点的最短路径即可，即上述入网过程。

路由维护：在已入网后，节点时刻广播一个检测包，如出现问题造成节点不能正常工作，问题节点的下一跳节点在一段时间内若不能接收到问题节点的检测报文，则认为自己上一跳节点出了问题，该节点将重新进行 AODV 的路由发现过程，进而完成 AODV 中路由维护的过程。

（1）组网时的路由发现

图 10.10 所示为组网时的路由发现过程，具体的步骤如下所示。

① 节点发起信标请求命令，该信标请求包括三部分有效信息，即路由请求 RREQ，随机数 $Random_1$ 和 MAC，其中，路由请求的目的序列号为 0，生成 MAC 码的密钥为初始密钥。

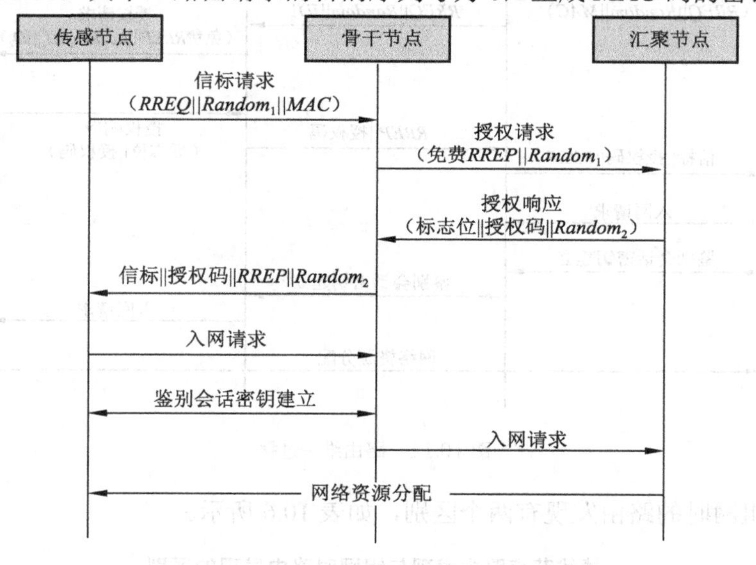

图 10.10 路由发现过程

② 骨干节点接收到信标请求命令，首先计算 MAC 码，比对完成后则通过对传感节点的认证，然后查看自己的路由表，比对目的序列号，由于在入网过程中，RREQ 中的目的序列号必然小于骨干节点路由表项中的目的序列号，则可由骨干节点直接回复 RREP 消息。

为保证路由的双向性，建议将 RREQ 中的 G（Gratuitous RREP Flag）置位，即回复路由响应的节点向目的节点发送一条 RREP 响应消息，从而让目的节点得知反向路由。

③ 骨干节点生成授权请求命令，该授权请求包括两部分有效信息，即 RREP 响应消息，随机数 $Random_1$ 和 MAC 码，其中生成 MAC 码的密钥使用骨干节点与汇聚节点之间的对密钥。授权请求报文的格式为：$RREP||Random_1$。

④ 汇聚节点接收到授权请求命令后，查看发起路由请求的节点是否已入网，如果是新入网节点，汇聚节点生成随机数 $Random_2$，使用会话密钥生成算法计算汇聚节点与新入网节点之间的临时会话密钥 K_{sn}。授权响应报文格式：$Flag \| Random_2 \| MAC(K_{sn}, ID \| Random_1)$，其中 ID 为骨干节点 ID。

⑤ 骨干节点接收到授权响应后，判断标志位 Flag，若为 1 则将信标，RREP，$Random_2$ 和授权码下发给节点。

⑥ 传感节点接收到信标后，首先使用 $Random_2$ 计算临时会话密钥 K_{sn}，对授权码进行校验，若成功，则更新路由表项。

注：骨干节点与汇聚节点之间的安全等级按照原方案要求执行。

（2）掉线节点路由发现

在物联网系统环境中，由于传感器网络通信受链路故障等影响，这将会导致在动态的网络拓扑中节点发生故障。所以设计路由维护过程，保证系统的鲁棒性是有必要的，图 10.11 所示为路由维护过程。

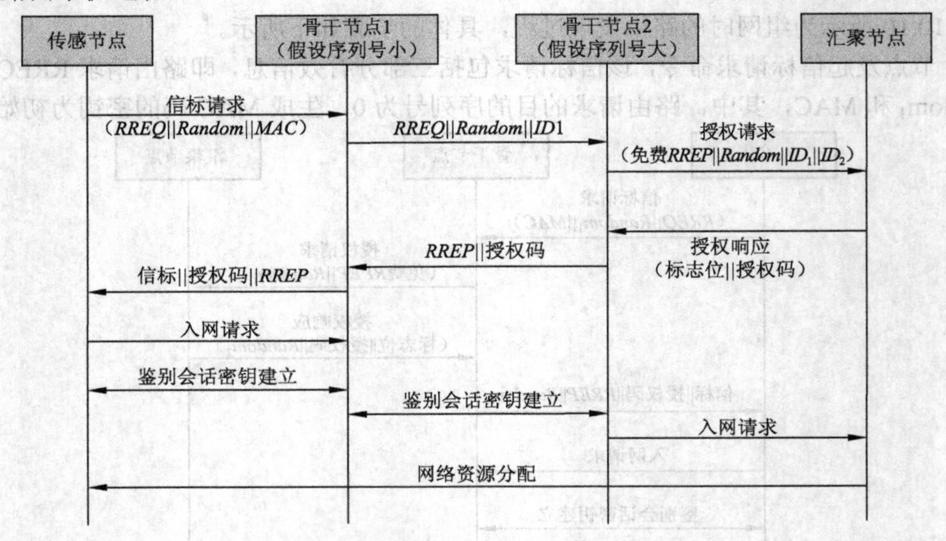

图 10.11 路由维护过程

该过程与组网时的路由发现有两个区别，如表 10.6 所示。

表 10.6 掉线节点路由发现与组网时路由发现的区别

编号	不同点描述
1	当节点再次发起路由时，其序列号可能大于一跳内所有路由节点，这时存在信标发起者与 RREP 回复者不是同一个路由。当骨干节点 1 接收到传感节点信标请求，在完成对传感节点的身份认证后，由于自己的目的序列号小于传感节点的目的序列号，因此转发该路由请求消息，直到到达能够回复 RREP 消息的节点
2	掉线节点由于已存在与汇聚节点之间的对密钥，此时就不存在这个对密钥的建立过程

路由发现过程发起节点可以是路由节点或者是传感器设备，安全路由发现过程具体实现流程如图 10.12 所示。

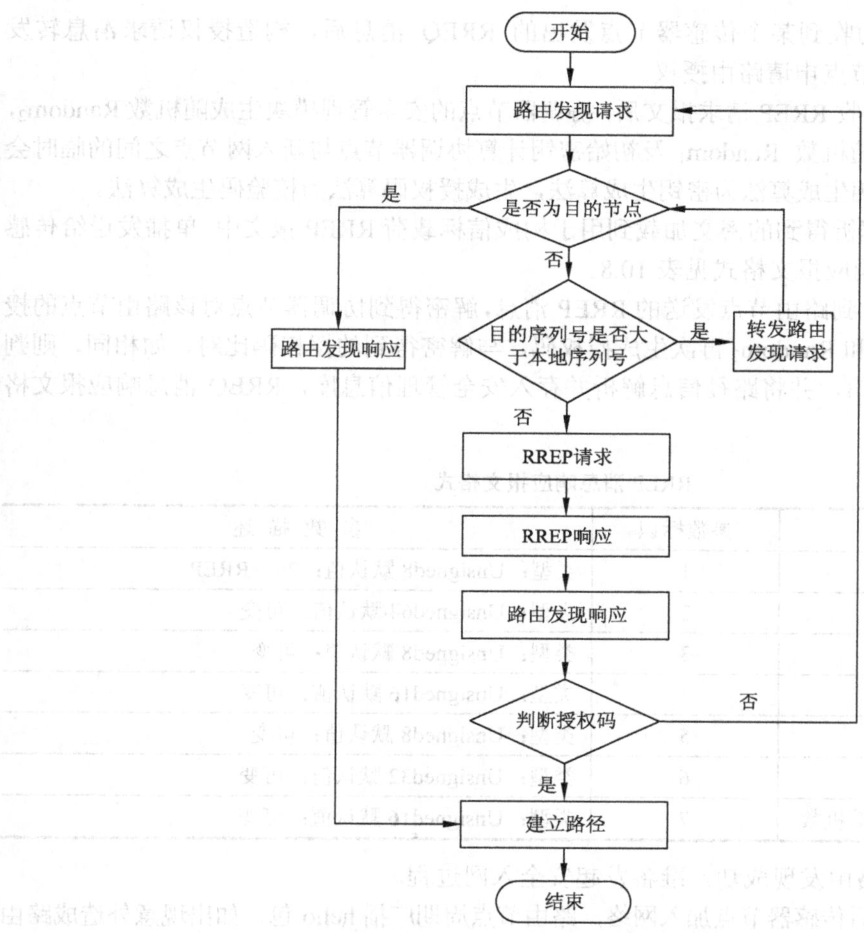

图 10.12　安全路由发现过程流程

一个物联网传感器节点发起安全路由发现时需要经过以下步骤。

① 传感器节点在发起路由发现前应该具有 128 位的初始密钥和 64 位的长地址。

② 传感器节点用随机数生成算法生成用于生成授权码的 Random1 加载到用于构造安全路由发现请求 RREQ 消息分组中，并在网络中广播该消息分组，RREQ 消息请求报文格式如表 10.7 所示。

表 10.7　　RREQ 消息请求报文格式

参 数 名 称	参数标识	参 数 描 述
安全头类型	1	类型：Unsigned8 默认值：25 = RREQ
广播 ID	2	类型：Unsigned8 默认值：可变
源节点长地址	3	类型：Unsigned64 默认值：可变
目的序列号	4	类型：Unsigned8 默认值：可变
源序列号	5	类型：Unsigned8 默认值：可变
目的地址	6	类型：Unsigned16 默认值：可变
跳数	7	类型：Unsigned8 默认值：可变
源节点产生的 128 位随机数	8	类型：Unsigned16 默认值：可变

③ 路由节点成功收到某个传感器节点发出的 RREQ 消息后，构造授权请求消息转发 Random1，向协调器节点申请路由授权。

④ 协调器节点接收 RREP 请求报文后，协调器节点的安全管理模块生成随机数 $Random_2$，与传感器节点生成的随机数 $Random_1$ 及初始密钥计算协调器节点与新入网节点之间的临时会话密钥。临时会话密钥生成算法为密钥生成算法，生成授权码算法为校验码生成算法。

⑤ 路由节点将解析得到的密文加载到用于构成信标载荷 RREP 报文中，单播发送给传感器节点，RREP 消息响应报文格式见表 10.8。

⑥ 传感器节点收到路由节点发送的 RREP 消息，解密得到协调器节点对该路由节点的授权消息，用 $Random_1$ 和 $Random_2$ 再次生成授权码，与解密得到的授权码比对，如相同，则判断该路由节点合法可信，并将路径信息解析并存入安全管理信息库，RREQ 消息响应报文格式如表 10.8 所示。

表 10.8　　RREP 消息响应报文格式

参 数 名 称	参数标识	参 数 描 述
安全头类型	1	类型：Unsigned8 默认值：26 = RREP
源节点长地址	2	类型：Unsigned64 默认值：可变
目的序列号	3	类型：Unsigned8 默认值：可变
源地址	4	类型：Unsigned16 默认值：可变
跳数	5	类型：Unsigned8 默认值：可变
授权码	6	类型：Unsigned32 默认值：可变
目的节点产生的 16 位随机数	7	类型：Unsigned16 默认值：可变

⑦ 传感器节点路由发现成功，准备发起安全入网过程。

在路由发现结束后传感器节点加入网络，路由节点周期广播 hello 包，如出现意外造成路由节点不能工作，问题节点的下一跳节点调用 DevJudgeRouteIsExist()函数，当在阈值时间内没有接到上一跳节点 hello 包时，重新发起 AODV 的路由发现过程。与上述路由发现过程函数调用相同。

可信物联网安全系统安全路由实现上位机界面，如图 10.13 所示。

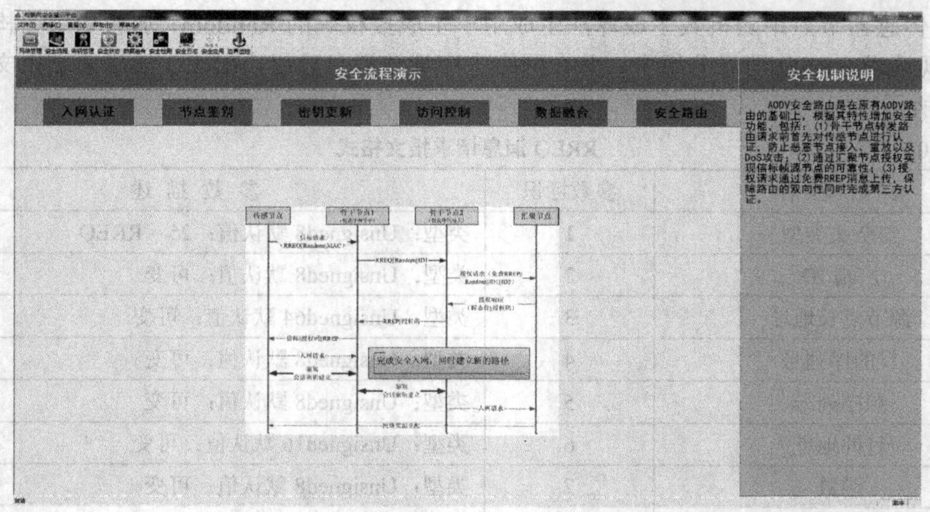

图 10.13　可信物联网安全系统安全路由功能上位机界面

4. 访问控制

访问控制是指 BN 针对接入的 LN 间的通信，是通过建立、检测和维护访问控制列表来实现的，访问控制列表生成流程如图 10.14 所示，其操作步骤如下所述。

（1）骨干节点在叶子节点完成接入认证后建立访问控制列表，保存合法节点的身份信息；

（2）骨干节点记录单个周期内叶子节点的访问次数(包括周期性的采集信息)，当访问次数超出阈值时，将该叶子节点从访问控制列表中剔除，且不再接收该叶子节点的信息；

（3）被剔除的叶子节点只有再次进行接入认证，才能进行访问。

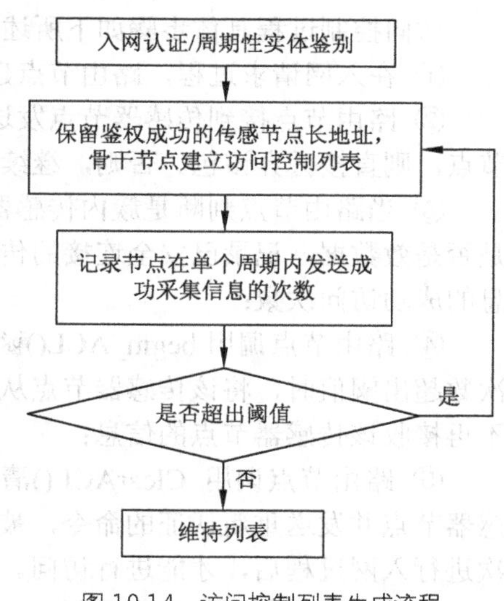

图 10.14　访问控制列表生成流程

访问控制模块共分两个部分，即访问控制过程与访问控制阈值的配置。物联网访问控制过程由传感器节点、路由节点构成；阈值配置过程由路由节点和协调器节点构成。

（1）传感器节点的访问控制过程

在入网认证阶段，路由节点建立对传感器节点数据访问的访问控制列表，在通信阶段，路由节点对传感器节点进行访问控制。访问控制过程流程如图 10.15 所示。

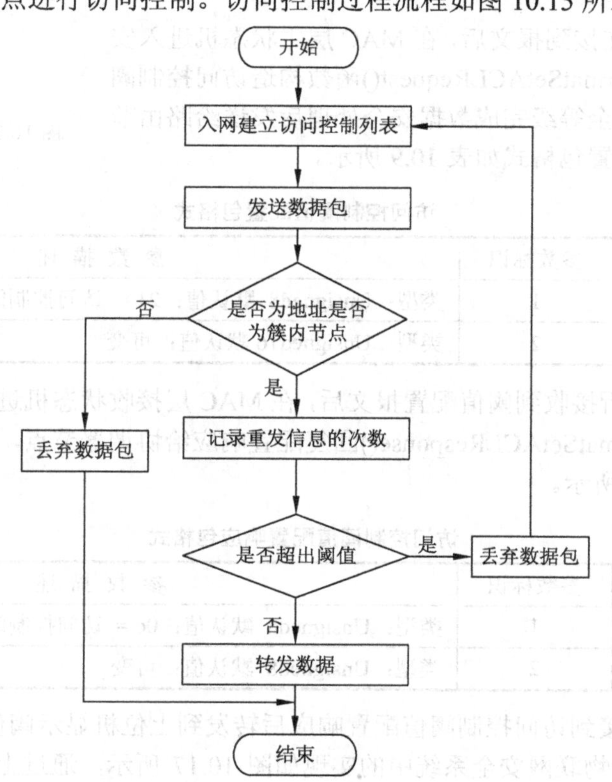

图 10.15　访问控制过程流程

访问控制过程具体步骤如下所述。

① 在入网请求过程，路由节点建立访问控制列表；

② 路由节点接到传感器节点发送的数据包后，首先判断是否是簇内节点，如果不是簇内节点，则直接丢弃该包。否则，继续下一步处理；

③ 当路由节点判断是簇内传感器节点后，通过序列号判断是否是效数据，记录已安全连接的传感器节点发送同一采集信息的成功访问次数；

④ 路由节点调用 begin_ACL()函数进行访问控制，当访问次数超出阈值时，将该传感器节点从访问控制列表中剔除，且不再接收该传感器节点的信息；

⑤ 路由节点调用 ClearACL()清空访问控制列表，隔离传感器节点并发送重新认证的命令，被剔除的传感器节点只有再次进行入网过程后，才能进行访问。

（2）访问控制阈值配置过程

当需要更改访问控制阈值时，阈值的配置是通过上位机手动下发更新。访问控制阈值配置流程如图 10.16 所示。

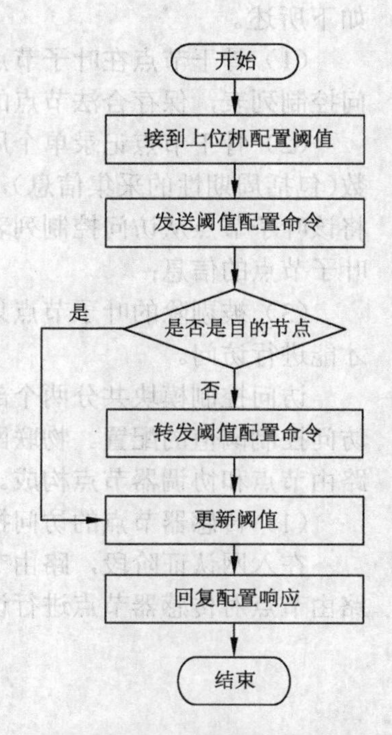

图 10.16 访问控制阈值配置流程

访问控制阈值配置具体步骤如下所述。

① 上位机主动发起阈值配置时，协调器节点接收上位机下发的新的阈值；

② 协调器节点在接到报文后，在 MAC 层主状态机进入安全管理模块。调用 FormatSetACLRequest()函数构造访问控制阈值配置报文并根据安全等级完成数据安全处理后发送给路由节点，访问控制阈值配置包格式如表 10.9 所示。

表 10.9 访问控制阈值配置包格式

参数名称	参数标识	参数描述
安全头类型	1	类型：Unsigned8 默认值：21 = 访问控制阈值配置请求
阈值	2	类型：Unsigned16 默认值：可变

③ 路由节点解析接收到阈值配置报文后，在 MAC 层接收状态机进入安全管理模块解析新的阈值，调用 FormatSetACLResponse()回复配置响应给协调器节点，访问控制阈值配置响应包格式如表 10.10 所示。

表 10.10 访问控制阈值配置响应包格式

参数名称	参数标识	参数描述
安全头类型	1	类型：Unsigned8 默认值：0c = 访问控制阈值配置响应
配置结果标识	2	类型：Unsigned8 默认值：可变

④ 协调器节点接到访问控制阈值配置响应后转发到上位机显示阈值配置结果。

访问控制在可信物联网安全系统中的实现如图 10.17 所示，通过上位机界面管理端，可以人为地配置阈值，访问控制列表也可以直观地显示出来。

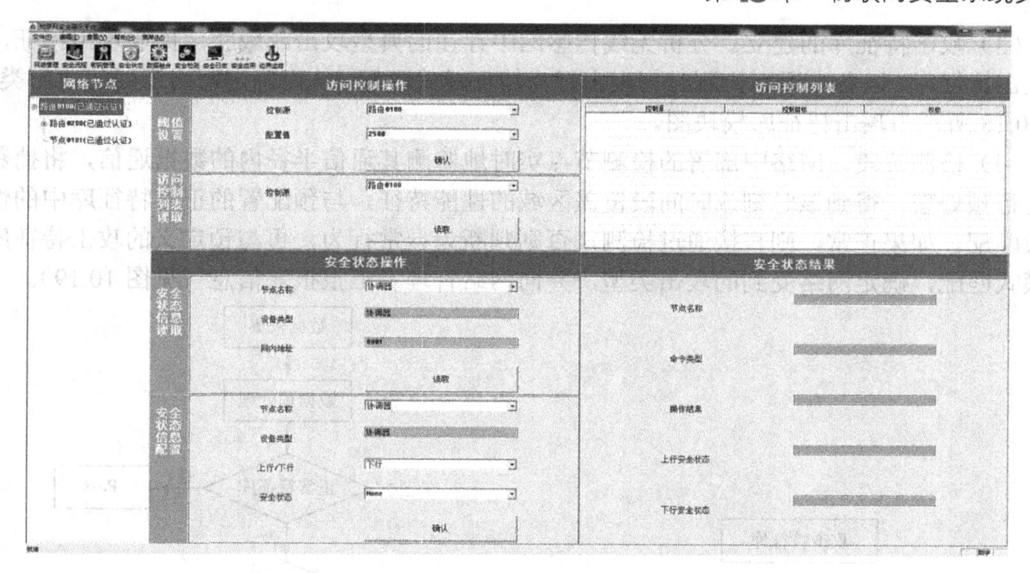

图 10.17 访问控制界面图

5. 攻击检测

入侵检测包括攻击模拟和攻击检测两部分，攻击模拟实现对非法节点接入等 5 种无线传感器网络典型攻击的模拟；攻击检测实现对无线传感器网络攻击的检测、定位、分析和预警，实现对攻击源、攻击目标及攻击类型的实时显示和响应。

（1）攻击模拟：提供独立节点，分别模拟非法节点接入攻击、泛洪攻击、重放攻击、选择性转发攻击、teardrop 攻击 5 种无线传感器网络典型攻击。

（2）攻击检测：根据硬件需求及网络特点，提供攻击构建接口，设计并加载适当攻击检测系统，对网络参数进行实时监控，实现对非法节点接入攻击、泛洪攻击、重放攻击、选择性转发攻击、teardrop 攻击 5 种无线传感器网络典型攻击的检测、定位、分析和预警，为网络安全提供保障。

在进行入侵检测前，首先需要在检测节点中加载本地入侵检测模块，对传感网中存在的典型攻击进行特征提取，建立攻击特征库；检测过程中，检测节点实时监控网络的工作状况，与配置的网络正常工作参数比较，检测出网络中的异常行为；当发现异常行为时，再与预定义的攻击特征库进行模式匹配，如果匹配成功，则可判定网络中存在该攻击，检测节点向网络管理者发送报警信息。

攻击特征库可根据网络中存在的攻击类型实时更新，实现对未知攻击的检测。通过实时地分析网络性能，监控网络或设备的工作运行状况，发现一些异常行为，从而检测出网络中存在的攻击或威胁，检测节点构造报警信息发送给网络管理者，并建议管理者采取相应的安全措施。

攻击检测的具体实施过程如下。

（1）检测节点的选取。检测节点一般选择网络中可信任汇聚节点，其能量、计算能力方面都必须要有保障。基于网络的拓扑结构的特点，选取路由节点和汇聚节点作为检测节点。

（2）正常特征库的性能参数配置。针对不同的传感网的性能特征，配置网络正常工作情况下的性能特征参数，以备在异常检测时与网络实际工作的性能参数模式匹配。

（3）攻击特征库的建立。分析无线传感网中存在的典型攻击或威胁，提取攻击特征，建立攻击特征库，以备在误用检测时与攻击行为特征模式匹配，从而确定网络遭受的攻击类型。图 10.18 所示为攻击特征库模块图。

（4）检测阶段。网络中部署的检测节点实时地监测其通信半径内的数据通信，将捕获数据进行预处理，得到该时刻或时间段覆盖区域的性能特征，与预配置的正常特征库中的性能参数匹配。如果正常，则直接通过检测，否则判断为异常行为，再与预定义的攻击特征库进行模式匹配，确定网络受到的攻击类型，并向网络管理者汇报报警信息（见图 10.19）。

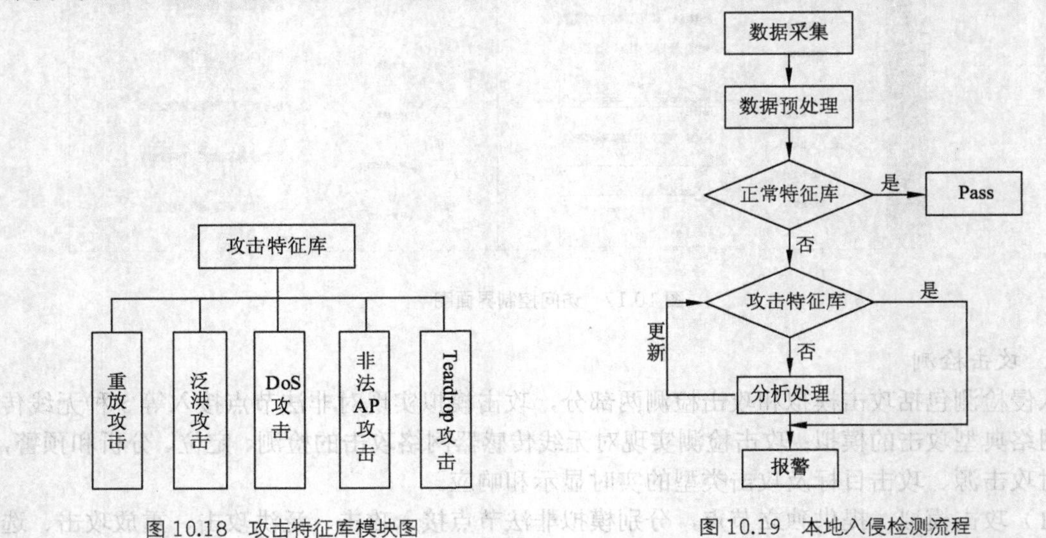

图 10.18　攻击特征库模块图　　　　图 10.19　本地入侵检测流程

攻击检测在可信物联网安全系统的实现如图 10.20 所示，由图可看出，检测模块可以对攻击时间、次数，攻击目标及类型进行记录。

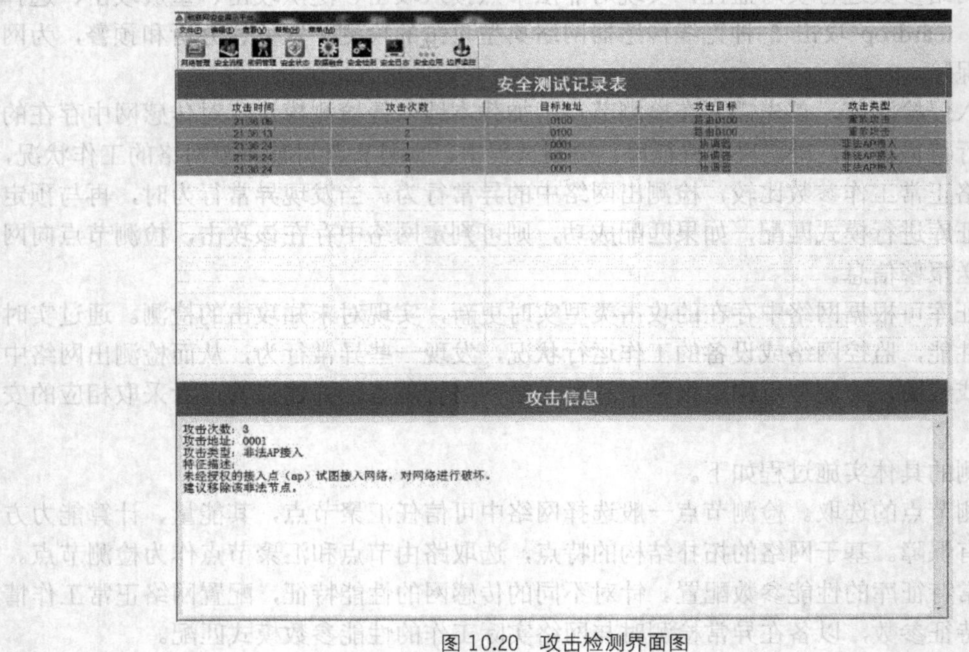

图 10.20　攻击检测界面图

10.3　可信物联网安全系统

可信物联网安全系统是严格遵照物联网安全国际标准 ISO/IEC 29180 和国家标准《传感器网络信息安全 通用技术规范》的技术纲要设计并开发的，它采用集中式与分布式相结合的管理策略，集成了多种安全机制，其中的多项关键技术（“物联网安全模型”和“物联网安全数据融合”）所形成的标准提案已经被 ISO/IECJTC1 国际标准组织所接受和采纳，并在渝“芯”一号芯片的安全模块设计与开发中得到了应用。系统特点如下。

（1）研制了功耗低、开销小、时间和空间复杂度低的轻量级安全通信协议栈，通过不同组件组合实现相应安全功能。

（2）集成了轻量级密码算法、密钥管理、访问控制、广播认证、安全数据融合、入侵检测系统、轻量级 IPSec 技术、基于 RPL 的安全路由等安全机制，为物联网提供了一个安全屏障。

（3）在智能电网、工业物联网和机场防入侵系统中得到示范应用。

可信物联网安全系统采用集中式与分布式相结合的管理策略，集中式管理策略主要体现在安全管理者和安全管理代理端，而分布式管理主要体现在路由节点对簇内节点的管理鉴权。系统集成了入网认证、密钥管理、访问控制、安全数据融合等安全机制。集成在协议栈中的检测模块实时检测分析攻击报文，迅速发现非法节点攻击源，攻击时间、次数，攻击目标及类型，并实时在监控系统中报警。

可信物联网安全系统的上位机界面如图 10.21 所示，系统的结构示意图如图 10.22 所示。

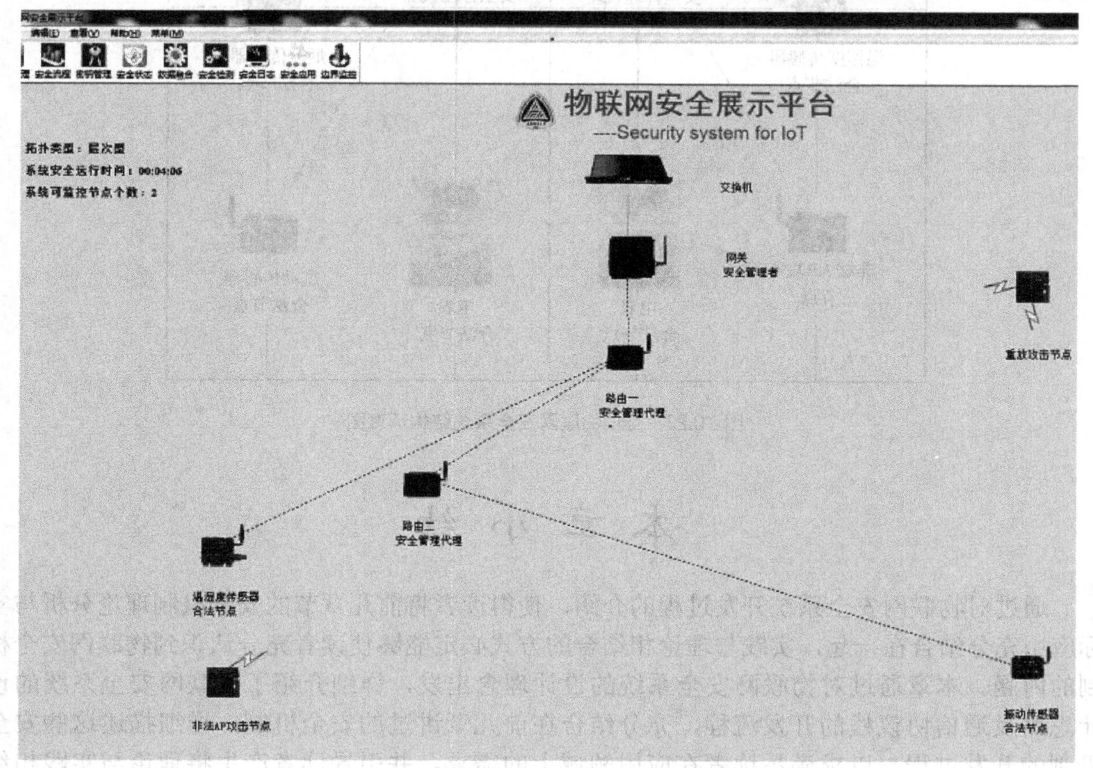

图 10.21　可信物联网安全系统上位机界面图

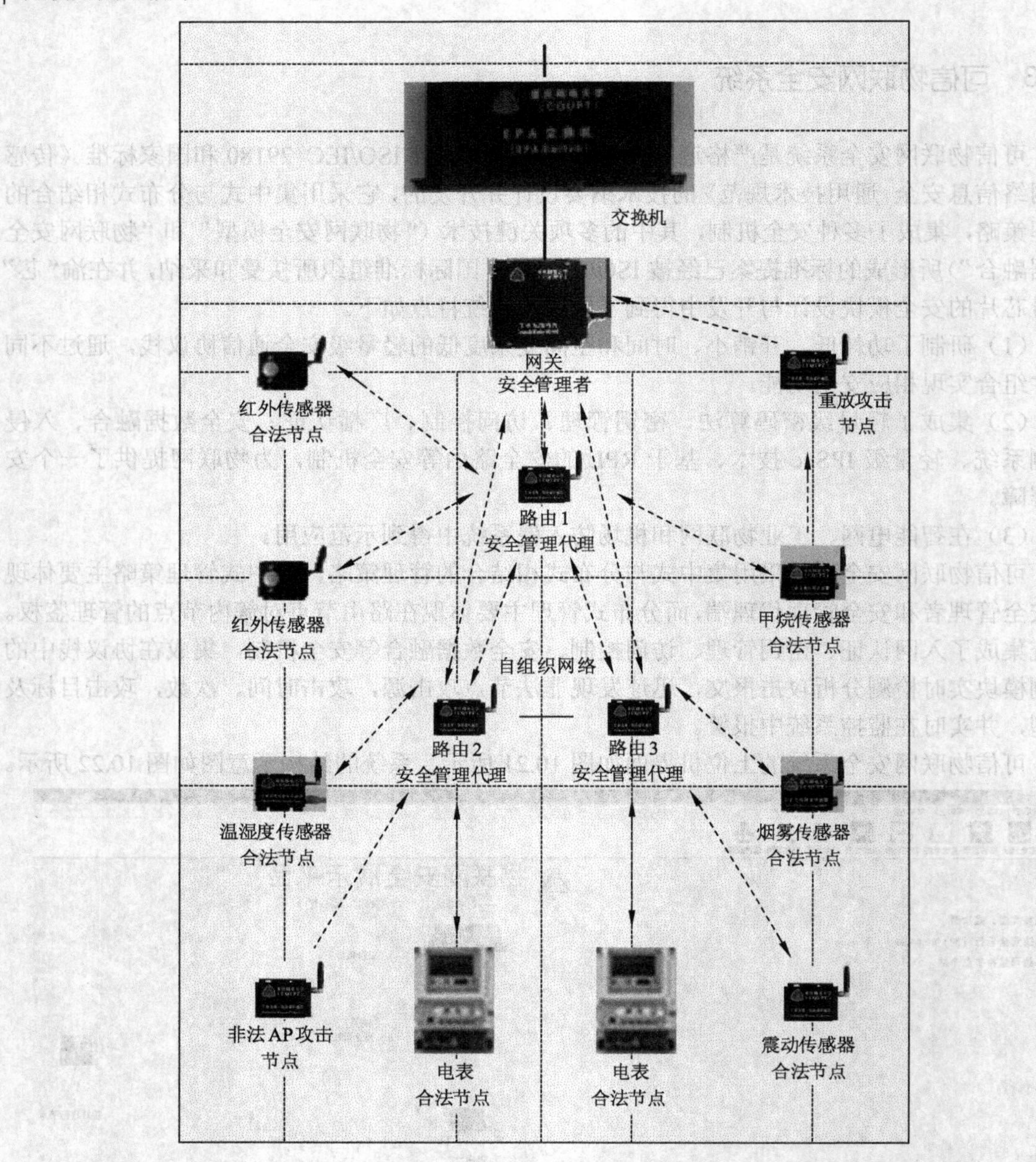

图 10.22 可信物联网安全系统结构示意图

本 章 小 结

通过对物联网安全系统开发过程的介绍，使得读者将前几章节的安全机制理论分析与实际应用充分结合在一起，实践与理论相结合的方式必定能够使读者充分认识到物联网安全机制的内涵。本章通过对物联网安全系统的设计理念出发，详细介绍了物联网安全系统的设计思路及通信协议栈的开发流程，充分结合在前几章讲过的安全机制，详细描述这些安全机制的开发过程，以求满足读者在应用领域上的需求，并引导读者产生将理论与实践相结合的理念。

练　习　题

1．物联网安全系统由哪些结构组成？分别负责什么功能？

2．简述物联网安全系统中安全通信协议栈的架构。

3．物联网安全系统中新节点的安全入网认证具体包括哪些步骤？

4．访问控制是通过什么实现的？它包括哪两个部分？

5．简述攻击检测的实施步骤。

6．列出可信物联网安全系统参考的标准及其特点。

参考文献

[1] 胡向东. 物联网研究与发展综述[J]. 数字通信，2013，37（2）：17-21.

[2] 薛燕红. 物联网导论[M]. 北京：机械工业出版社，2014.

[3] 孙利民，李建中，陈渝，朱红松. 无线传感器网络[M]. 北京：清华大学出版社，2005.

[4] William Stallings[美]. 密码编码学与网络安全——原理与实践（第3版）[M]. 北京：电子工业出版社，2006.

[5] Spencer J. The strange logic of random graphs [M]. Paris: Springer Science & Business Media, 2001.

[6] Blom R. An Optimal Class of Symmetric Key Generation Systems[C]//Advances in Cryptology. Paris: Springer Berlin Heidelberg, 1984: 335-338.

[7] O. Goldreich, S. Goldwasser and S. Micali. How to construct randomfunctions, Journal of the ACM, 33(4) (1986) 792–807.

[8] 张萱. WIA-PA 网络安全通信协议栈研究与实现[D]. 重庆邮电大学, 2010.

[9] ISO/IEC 29180:2011 (E).Information technology – Security fram ework for ubiquitous sensor networks[S].

[10] Zinaida Benenson，Ntis Gedicke，and Ossi Raivio，Realizing Robust User Authentication in Sensor Networks．Workshop on Real-Word Wireless Sensor Networks(REALWSN)，2005.

[11] 方闻娟. 无线传感器网络广播认证机制的研究与实现[D]. 重庆邮电大学，2013.

[12] Liu D G, Ning P. Efficient Distribution of Key Chain Commitments for Broadcast Authentication in Distributed Sensor Networks[C]. Proceedings of the 10th Annual Network and Distributed System Security Symposium (NDSS'03), 2003: 263-276.

[13] Du X, Yang X, Chen H, et al. Secure cell relay routing protocol for sensor networks[J]. Wireless Communications & Mobile Computing, 2006, 6(3):375-391.

[14] Li X, Lyu M R, Liu J. A trust model based routing protocol for secure ad hoc networks[C]//Aerospace Conference, 2004. Proceedings. 2004 IEEE. IEEE, 2004, 2: 1286-1295.

[15] 危严广. 适用于 WIA-PA 网络的安全路由研究与实现[D]. 重庆邮电大学，2014.

[16] 胡向东，余朋琴，魏琴芳. 物联网中选择性转发攻击的发现[J]. 重庆邮电大学学报:自然科学版，2012, 24(2):148-152.

[17] Elson J, Girod L, Estrin D. Fine-grained network time synchronization using reference broadcasts[J]. AcmSigops Operating Systems Review, 2002, 36(1):147-163.

[18] Elson J, Mer K. Wireless sensor networks: a new regime for time synchronization[C]// Proc. First Workshop Hot Topics in Networks. 2003:149-154.

[19] Ren Junn Hwang, Fern Fu Su. A New Efficient Authentication Protocol for Mobile Networks[J]. Computer Standards & Interfaces, 2005, 28: 241-252.

[20] 李晓峰，冯登国，陈朝武，等. 基于属性的访问控制模型[J]. 通信学报，2008, 29(4): 90-98.

[21] 王浩，吴博，葛劲文，等. 物联网中基于受控对象的分布式访问控制[J]. 电子科技大学学报，2012, 41(6): 893-898.

[22] Le X H, Lee S, Butun I, et al. An energy-efficient access control scheme for wireless sensor networks based on elliptic curve cryptography[J]. Communications & Networks Journal of, 2009, 11(6):599-606.

[23] Xuan Hung Le, Murad Khalid, Ravi Sankar. An Efficient Mutual Authentication and Access Control Scheme for Wireless Sensor Networks in Healthcare[J].Journal of Networks, 2011, 6(03):355-364.

[24] H.Wang，B.Sheng，Q.Li. Elliptic curve cryptography- based access control in sensor networks[J]. Security and Networks，2006，1:127－137.

[25] 秘明睿. 无线传感器网络数据融合安全的研究[D]. 重庆邮电大学, 2011.

[26] 何舜斌. 无线传感器网络安全数据融合的研究与实现[D]. 重庆邮电大学, 2015.
[27] Zhang H,LiX,Ren R. A novel self-renewal hash chain and its implementation[C]//Embedded and Ubiquitous Computing,2008.EUC'08.IEEE/IFIP International Conference on.IEEE, 2008, 2: 144-149.
[28] Hyncica O, Kucera P, Honzik P, et al. Performance evaluation of symmetric cryptography in embedded systems[C]//Intelligent Data Acquisition and Advanced Computing Systems (IDAACS), 2011 IEEE 6th International Conference on. IEEE, 2011, 1: 277-282.
[29] Goyal V. How To Re-initialize a Hash Chain[J]. IACR Cryptology ePrint Archive, 2004, 2004: 97.
[30] 赵源超, 李道本. 可再生散列链的精巧构造[J]. 电子与信息学报,2006, 28(9):1717-1720.
[31] Zhang H, Zhu Y. Self-Updating hash chains and their implementations[M]//Web Information Systems–WISE 2006. Springer Berlin Heidelberg, 2006: 387-397
[32] 段晓阳，马卉芳，韩志杰，王冠男. 无线传感器网络入侵检测系统研究综述[J]. 电脑知识与技术，2011，7（13）：3004-3006.